工程结构优化设计方法与应用

柴 山 尚晓江 刚宪约 等 编著

中国铁道出版社

2015年·北京

内 容 简 介

本书分为两部分,第一部分为结构优化设计的基本理论与方法。在这一部分中,讨论了结构优化设计的数学模型,并重点论述了结构优化设计数学模型的特点及其与一般非线性规划问题的不同之处。在此基础上,讨论了基于准则法的结构优化设计、离散变量结构优化设计、结构拓扑优化设计、结构多目标优化设计。由于有关数学规划方法的书籍和资料很多,因此这一部分内容注重结构优化设计基本概念和基本方法的讨论,而不过多去讨论数学规划方法。第二部分结合 ANSYS 软件,讨论应用结构分析和结构优化设计软件进行工程结构优化设计的方法。这一部分内容包括 ANSYS 结构分析基础、基于 APDL 脚本的结构优化技术和基于 ANSYS Workbench 的结构优化技术,另外结合作者的研究工作,介绍了基于二次开发的载货车车架结构参数化建模和优化设计系统。

本书可作为工科相关专业的研究生及高年级本科生教材,也可作为工程技术人员学习结构优化设计理论及 ANSYS 软件应用技术的参考书。

图书在版编目(CIP)数据

工程结构优化设计方法与程序应用/柴山等编著 . —北京:
中国铁道出版社,2015.11
ISBN 978-7-113-21015-1

Ⅰ . ①工… Ⅱ . ①柴… Ⅲ . ①工程结构—结构设计 Ⅳ . ①TU318

中国版本图书馆 CIP 数据核字(2015)第 236029 号

书 名:工程结构优化设计方法与应用
作 者:柴 山 尚晓江 刚宪约 等

策 划:陈小刚
责任编辑:陈小刚 编辑部电话:010-51873193
封面设计:郑春鹏
责任校对:孙 玫
责任印制:郭向伟

出版发行:中国铁道出版社(100054,北京市西城区右安门西街 8 号)
网 址:http://www.tdpress.com
印 刷:北京尚品荣华印刷有限公司
版 次:2015 年 11 月第 1 版 2015 年 11 月第 1 次印刷
开 本:787 mm×1 092 mm 1/16 印张:17.25 字数:430 千
书 号:ISBN 978-7-113-21015-1
定 价:42.00 元

前　　言

　　结构优化设计是一种集计算力学、数学规划、计算机科学以及其他工程学科于一体的寻求工程结构在满足约束条件下按预定目标求出最优方案的设计方法。结构优化设计从马克斯威尔（Maxwell）理论和米歇尔（Michelle）桁架出现起已有 100 多年，从施密特（Schmit）用数学规划来解决结构优化设计算起亦有 50 多年的历史，特别是过去的 40 多年，在理论、算法和应用方面都取得了长足的发展。目前结构优化设计已成为工程结构创新设计的一种重要和有效的方法。

　　本书写作的指导思想是理论与应用相结合，理论为应用服务。

　　本书分为两部分，第一部分为结构优化设计的基本理论与方法。在这一部分中，讨论了结构优化设计的数学模型，并重点论述了结构优化设计数学模型的特点及其与一般非线性规划问题的不同之处。在此基础上，讨论了基于准则法的结构优化设计、离散变量结构优化设计、结构拓扑优化设计、结构多目标优化设计。由于有关数学规划方法的书籍和资料很多，因此这一部分内容注重结构优化设计基本概念和基本方法的讨论，而仅将常用的非线性规划算法作为一个附录供读者参考。第二部分结合 ANSYS 软件，讨论应用结构优化设计软件进行工程结构优化设计的方法。这一部分内容包括 ANSYS 结构分析基础、基于 APDL 脚本的结构优化技术和基于 ANSYS Workbench 的结构优化技术，另外结合作者的研究工作，介绍了基于 ANSYS 二次开发的载货车车架结构参数化建模和优化设计系统。

　　本书第一章、第二章、第四章和第十章由柴山执笔，第七章、第八章和第九章由尚晓江执笔，第三章、第五章、第六章以及附录由刚宪约执笔。荆栋博士和王友刚、王孟、郭明硕士为本书做了大量工作，胡凡金硕士协助测试了部分 ANSYS 算例，在此表示衷心的感谢。

　　本书可作为工科相关专业的研究生及高年级本科生教材，也可作为工程技术人员学习结构优化设计理论及 ANSYS 软件应用技术的参考书。

　　由于作者水平有限，书中难免存在不妥和错误之处，敬请读者批评指正。

目　　录

第 1 章　结构优化设计的概念 ··· 1

1.1　结　　构 ··· 1

1.2　结构设计 ··· 2

1.3　结构优化设计 ··· 3

1.4　结构优化设计的研究、应用概况 ······································· 5

1.5　结构优化设计软件 ··· 7

第 2 章　结构优化设计的数学模型 ··· 8

2.1　设计变量、目标函数、约束条件 ······································· 8

2.2　可行域、可行集、目标函数等值面 ··································· 14

2.3　结构优化设计的特点 ··· 15

2.4　几种解决方案 ··· 15

第 3 章　基于准则法的结构优化设计 ··· 25

3.1　满应力准则 ··· 25

3.2　满位移准则法 ··· 41

3.3　能量准则 ··· 48

第 4 章　离散变量结构优化设计 ··· 52

4.1　概　　述 ··· 52

4.2　离散变量优化问题的可行集与最优解 ······························· 53

4.3　离散变量结构优化设计的特点 ··· 57

4.4　离散变量结构优化设计的一维斐波那契搜索算法 ············· 61

4.5　离散变量结构优化设计的序列二级算法 ····························· 68

4.6　离散变量结构优化设计的相对差商法 ································· 69

第 5 章　结构拓扑优化设计 ··· 95

5.1　概　　述 ··· 95

5.2　杆系结构的结构拓扑优化设计 ··· 96

5.3　连续体的结构拓扑优化设计 ··· 111

第 6 章　结构多目标优化设计 ··· 124

6.1　多目标优化设计的概念 ··· 124

6.2　多目标优化算法 ·· 126

6.3　结构多目标优化设计 ·· 132

第 7 章　ANSYS 结构分析基础 ······································ 134

7.1　ANSYS 结构分析的理论背景 ································ 134

7.2　ANSYS 结构分析模型的构建 ································ 141

7.3　ANSYS 结构分析要点及例题 ································ 149

第 8 章　基于 Mechanical APDL 的结构优化方法 ··············· 166

8.1　基于 APDL 语言的参数化有限元分析 ·················· 166

8.2　基于 Mechanical APDL 的参数优化方法 ··············· 171

8.3　Mechanical APDL 参数优化例题 ························· 188

第 9 章　基于 Workbench 的结构优化技术 ······················ 199

9.1　ANSYS Workbench 参数管理及设计优化技术概述 ······· 199

9.2　参数相关性、DOE 与响应面技术 ························· 202

9.3　目标驱动优化（GDO）技术及应用 ······················ 216

9.4　形状优化技术及应用 ·· 239

第 10 章　基于 ANSYS 二次开发的载货车车架结构参数化建模和优化设计系统实例 ··· 243

10.1　基于 ANSYS 二次开发的载货车车架参数化建模系统 ········ 243

10.2　基于 ANSYS 二次开发的载货车车架轻量化设计系统 ········· 252

附录 A　数学规划方法 ·· 259

A.1　数学规划概述 ·· 259

A.2　一维搜索方法 ·· 260

A.3　无约束优化方法 ·· 262

A.4　约束优化方法 ·· 266

参考文献 ··· 269

第1章 结构优化设计的概念

1.1 结 构

所谓结构,是指由若干构件连接而构成的承受荷载而起骨架作用的平面或空间体系。根据组成结构的材料可分为金属结构、钢结构、混凝土结构、砌体结构、轻型钢结构、木结构和组合结构等。如图 1.1~图 1.4 所示即为常见的结构。

图 1.1 港口门式起重机

图 1.2 山西应县木塔

图 1.3 四川甘孜泸定桥

图 1.4 河北赵县赵州桥

承受载荷并保证装备或建筑安全、可靠地工作是结构的基本功能,因此结构必须满足基本的力学条件:

(1)不破坏(强度要求);

(2)不产生影响结构正常工作的变形(刚度条件);

（3）不失稳（稳定性条件）。

1.2　结　构　设　计

结构设计主要包括以下几个方面：

1. 设计结构的类型

结构类型的设计是结构设计的第一步，由于结构的类型往往决定了结构的整体设计方案，因此结构类型的设计也是对整个结构设计起决定性作用的关键步骤。

例如移动式起重机主要包括轮式起重机和履带式起重机两种。轮式起重机（如图 1.5 所示的 QAY500 全地面汽车起重机）是装在普通汽车底盘或特制全地形底盘上的一种起重机，优点是机动性好，转移迅速。底盘性能等同于同样整车总质量的载重汽车，符合公路车辆的技术要求，因而可在各类公路上通行无阻。一般备有上、下车两个操纵室，作业时伸出支腿保持稳定。适用于货场、码头、各类建设工地等场所的吊重作业。

履带起重机简称履带吊（如图 1.6 所示 QUY450 履带式起重机），是一种下车底盘是履带行走机构，靠履带行走的吊车，具有较强的吊装能力，起重量大，防滑性能好，对路面要求低，可以吊重行走，适合大型工厂如石化、电力、冶金、化工、核能建设工地的厂区作业。

两种起重机具有不同的结构形式，以起重吊臂为例，一个是多节的封闭箱式结构，一个是单节的桁架结构。就材料利用率来讲，桁架结构优于箱式结构，但加工制造精度较低，很难做成伸缩式结构。履带起重机的吊臂是现场组装，不需要考虑整机的机动性，因此可以采用桁架结构，而汽车起重机的特点是机动性好，要求符合公路车辆的技术要求，可在各类公路上通行，其吊臂需要自由伸缩，因此就要选用多节的封闭箱式结构。

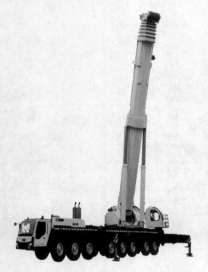

图 1.5　QAY500 全地面汽车起重机

图 1.6　QUY450 履带式起重机

2. 选择结构的材料

根据结构形状的不同，要选取不同的材料。如图 1.4 所示的拱式石桥，根据拱的受力分析,在横向载荷作用下,拱受压力,根据石材耐压不耐拉的特点,选用石材就能合理利用其抗压性能。如图 1.3 所示的泸定桥,在横向载荷作用下,所受的均为拉力,因此需要选用抗拉性能好的金属材料。

3. 选择截面形状

不同的截面形状具有不同的承载特性,例如对于受轴向力作用的构件,影响其强度、刚度的是截面的面积,截面形状对承载能力没有影响,为制造、安装方便,一般可选取圆形或矩形的截面形状;对于受扭矩作用的构件,影响其强度、刚度的是截面的抗扭截面模量,截面形状对承载能力有很大影响,一般多采用圆形或空心圆形的截面形状(如图 1.7 所示);对于受弯矩作用的构件,影响其强度、刚度的是截面的抗弯截面模量,为提高截面的抗弯截面模量,多采用工字形、槽形或空心矩形等截面形状(如图 1.8 所示)。因此,在进行结构设计时,要根据各构件不同的受力状态选择合适的截面形状。

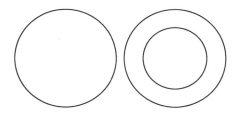
图 1.7　受扭矩作用的构件常用截面

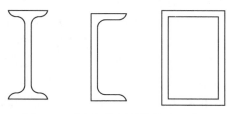
图 1.8　受弯矩作用的构件常用截面

4. 拟定截面尺寸

根据结构的需要,对截面尺寸大小进行初步的拟定,然后进行相关的分析操作,而后根据分析的结果改变截面尺寸,使其符合强度和刚度等要求。

5. 进行各项验算(强度、刚度、稳定性条件)

对于已经设计好的结构,需要对其进行各项参数的校核,如:强度,刚度,稳定性,抗拉抗压性等,以确定结构是否能够满足实际需要,避免出现设计的不合理性。

1.3　结构优化设计

结构优化设计是相对于传统结构设计而言的。传统的结构设计是设计者根据设计要求,按本人的实践经验,参考类似的工程设计,完成结构的类型设计、材料选择、截面形式和尺寸设计,然后进行强度、刚度、稳定性等各方面的计算,以保证结构设计满足要求。传统的结构设计的特点是所有参与计算的量必须是以常量出现,这种设计是"可行的"而未必是"最优的"。

结构优化设计是设计者根据设计要求,在全部可能的结构方案中,利用数学手段,从中选择出一个最好的方案。优化设计所得到的结果,不仅仅是"可行的",而且是"最优的"。这里所说的"最优"的概念是相对的,随着科学技术的发展及设计条件的变动,不但最优的结果会发生改变,甚至最优的标准也会发生变化。

结构优化设计是一门新兴的技术科学。它的任务是以现代数学、现代力学的理论与数值方法为基础,以电子计算机为工具,研究工程结构设计优化与自动化的理论与方法。从被动的分析、校核而进入主动的设计,是结构设计的一次飞跃。与常规结构设计方法比较,用优化设计方法可以显著提高工程设计的效率和品质,节约设计成本,缩短设计周期。

结构优化设计能最合理地利用材料的性能,使结构内部各单元得到最好的协调,并具有规范所规定的安全度。同时它还可以为整体性方案设计进行合理的决策。结构优化设计是实现设计的最终目标"适用、安全和经济"的有效途径。

对于设计者评价涉及"优"的标准,在优化设计中称为目标函数;结构设计中的量,以变量形式参与结构优化设计者称为设计变量;设计时应遵守的几何、强度及刚度等条件称为约束条件。

目标函数、设计变量和约束条件称为结构优化设计的三要素,因此结构优化设计的研究内容为:

(1)选择设计变量;

(2)确定目标函数;

(3)列出约束条件;

(4)选择合适的优化方法,进行结构优化设计。

其中前三项构成了结构优化设计的数学模型。

例 1.1　如图 1.9 所示两杆桁架结构,材料的许用拉应力为 $[\sigma_t]$,许用压应力为 $[\sigma_c]$,垂直许用位移为 δ , α 为 30°,设计变量为两杆的横截面面积,要求结构重量最轻,建立结构优化设计的数学模型。

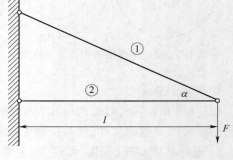

图 1.9　两杆桁架结构

解:(1)设计变量:两杆的横截面面积 A_1, A_2;

(2)目标函数:由于杆件采用的都是钢材,所以结构的质量可以用材料的体积 V 来衡量:

$$V = A_1 \frac{2l}{\sqrt{3}} + A_2 l$$

(3)约束条件:

①杆的强度条件:$\sigma_1 = \dfrac{F_{N1}}{A_1} = \dfrac{2F}{A_1} \leqslant [\sigma_t]$

②杆的强度条件:$\sigma_2 = \dfrac{F_{N2}}{A_2} = \dfrac{\sqrt{3}\,F}{A_2} \leqslant [\sigma_c]$

结构的位移条件:$\delta = 2\Delta l_1 + \sqrt{3}\,\Delta l_2 = \dfrac{8Fl}{\sqrt{3}\,EA_1} + \dfrac{3Fl}{EA_2} \leqslant [\delta]$

横截面积必须为正:$A_1 > 0, A_2 > 0$

这个结构优化设计的数学模型可以表达如下:

求设计变量　　　　　　　　　　　$\boldsymbol{A} = \begin{bmatrix} A_1 \\ A_2 \end{bmatrix}$

使目标函数　　　　　　　　　$V(\boldsymbol{A}) = A_1 \dfrac{2l}{\sqrt{3}} + A_2 l$

为最小,并满足约束条件:

$$
\begin{cases}
\sigma_1 = \dfrac{F_{N1}}{A_1} = \dfrac{2F}{A_1} \leqslant [\sigma_t] \\[3mm]
\sigma_2 = \dfrac{F_{N2}}{A_2} = \dfrac{\sqrt{3}\,F}{A_2} \leqslant [\sigma_c] \\[3mm]
\delta = 2\Delta l_1 + \sqrt{3}\,\Delta l_2 = \dfrac{8Fl}{\sqrt{3}\,EA_1} + \dfrac{3F}{EA_2} \leqslant [\delta] \\[3mm]
A_1 > 0,\, A_2 > 0
\end{cases}
$$

1.4　结构优化设计的研究、应用概况

结构优化设计从马克斯威尔(Maxwell)理论和米歇尔(Michelle)桁架出现起已有 100 多年,从施密特(Schmit)用数学规划来解决结构优化设计算起亦有 50 多年的历史,特别是过去的 40 多年,在理论、算法和应用方面都取得了长足的发展。

由于实际结构的复杂性,结构优化设计问题往往涉及各种因素(环境、荷载、几何特征、材料、施工、费用等),受多方面的制约,其数学模型十分复杂。因此必须抓住问题的主要方面和主要矛盾,删繁就简、进行抽象,简化其数学模型,才能实施优化。因此优化设计的价值与有效性取决于所用的数学模型和相应的寻优算法,特别与所选用的设计变量,所考虑的约束条件和规定的目标或评价函数有密切关系。结构优化设计所得到的最优解或最优设计只是一个相对的最优结构,它仅仅是在所选用的约束与评价函数下才是最优的。由于理论上的局限,很多算法仅当模型性态良好时,才能获得稳定的收敛解,因此大量的文章都限于讨论连续型设计变量(实数集上的变量)、单一目标和确定性问题的优化,而客观世界中的现实问题常包含有离散变量,评价设计优劣的标准不是一个而是多个,模型和有关参数亦不是完全确定的而是随机的、模糊的。可见模型与现实之间存在较大差距,有些甚至是根本性的差距,而忽略这些,过分简化,即使得到了最优解亦很难回归到真实世界中去。另外作为工程设计往往积累有很多经验与知识,形成规范与常识来指导设计过程,其中有些是难于进行数学描述的[1]。

结构优化设计可以根据设计变量的类型分为不同的层次:

1. 尺寸优化

在给定结构的类型、材料、布局拓扑和几何尺寸的情况下,优化各个组成构件的截面尺寸,使结构最轻或最经济,通常称为尺寸优化,它是结构优化设计中的最低层次,也是在工程实际中应用最为广泛的结构优化设计形式。尺寸优化中的设计变量可以是杆的横截面积、梁的惯性矩、板的厚度,或是复合材料的分层厚度和材料铺层的方向角度等,所以,用有限元计算结构位移和应力时,尺寸优化过程不需要网格重新划分,直接利用敏度分析和合适的数学规划方法就能完成尺寸优化。对于一定的几何状态,如固定节点位置和单元连接的桁架结构,有限元分析只是在杆件的横截面特性发生变化时需要重复进行。对于具有连续性结构的板或壳,也只是把各单元厚度作为设计变量,则优化结果是阶梯形分布的板厚度或壳厚度。这类优化过程中,设计变量与刚度矩阵成正比。因此,尺寸优化研究重点主要集中在优化算法和敏度分析上。这一层次的研究经历了许多年,虽然是结构优化中的最低层次,但它却为加深对结构优化问题的认识、使用各种不同类型的算法提供了宝贵的经验。

2. 形状优化

如果让结构的几何形状也可以变化,例如,把桁架和刚架的节点位置或连续体边界形状的几何参数作为设计变量,则结构优化设计又进入了一个较高的层次,即所谓的结构形状优化。结构形状优化的主要特征是,待求的设计变量是所研究问题的控制微分方程的定义区域,所以是可动边界问题。它主要研究如何确定结构的边界形状或者内部几何形状,以改善结构特性。确定结构的边界形状如水工建筑中双曲拱坝的体形设计,其目的在于满足工程要求的前提下寻求用材最省的坝形;确定内部几何形状如结构内部开孔尺寸和形状的选择,其目的是降低应力集中、改善应力分布状况。许多重要结构或部件往往因为局部的应力集中而造成疲劳、断裂破坏。实践表明,结构的形状优化设计是解决这类问题的有效途径之一。形状优化设计相对尺寸优化设计,研究起步较晚,已经取得的研究成果相对较少。主要有两方面的原因:其一,由于在形状优化过程中分析模型不断变化,因而必须不断地重新生成有限元网格并进行自适应分析,有一定的难度;其二,由于形状优化过程中,单元刚度矩阵、结构性态与设计变量之间的非线性关系,使得形状优化的敏度分析计算量比尺寸优化要大得多,也困难得多。形状优化设计也因此引起了工程界、数学界和力学界的极大兴趣。

3. 拓扑优化

若再允许对桁架节点联结关系或连续体结构的布局进行优化,则优化达到更高的层次,即结构的拓扑优化。结构拓扑优化包括离散结构的拓扑优化和连续体结构的拓扑优化。拓扑优化的主要思想是将寻求结构的最优拓扑问题转化为在给定的设计区域内寻求材料的最优分布问题。虽然结构拓扑优化的概念已经提出100多年了,但直到近几十年才得到迅速的发展,而且大部分的研究都是针对连续体结构的,针对离散结构的研究较少。

4. 离散变量优化

按照设计变量的取值范围,结构优化设计可分为连续变量结构优化设计和离散变量优化设计。离散变量结构优化设计是指在优化设计过程中,设计变量的取值不是在某一范围内连续变化而是只能取某些符合一定条件的离散值。在国际上,20世纪60年代末期和70年代初期,研究人员已开始对工程离散变量结构优化设计问题进行研究,但由于当时对于连续变量非线性规划问题的研究还不够深入,所以在70年代和80年代,研究的重点集中于连续变量的非线性规划问题。经过三十多年的努力,连续变量非线性规划问题的研究取得了重大的进展,因此,近年来人们在进行连续变量形状、拓扑优化设计的同时,研究的重点也逐步转回到具有重大实际应用价值的离散变量结构优化设计上来了。由于离散变量优化的目标函数和约束函数是不连续、不可微的,可行域退化为不可连通的可行集,所以研究难度大大高于连续变量优化问题。

目前常用的离散变量优化设计算法有三类:

(1)精确算法。这类算法可求得问题的全局最优解,但一般来讲这些算法都是指数型算法。

(2)近似算法。这类算法求得的不是精确最优解而是近似最优解,但是该类算法可以保证近似最优解与精确最优解的相对误差不超过某一固定的比值。

(3)启发式算法。这类算法的基本思想不是一定要求得精确最优解,而是在允许的时间内求得一近似最优解。

5. 多学科优化设计

20世纪80年代末,飞行器设计领域兴起了一种新的设计方法——多学科设计优化

（MDO）。该方法要求设计者在进行复杂系统的设计时,必须充分考虑各个学科之间的相互耦合关系,并利用适当的方法将系统分解为以学科为基础的模型,然后根据学科之间的相互关系,通过特定的框架协调和控制这些子系统(学科),从而最终获得系统的全局最优解。

　　MDO 是一种并行工程思想在设计阶段的具体体现和实施技术。其主要内容主要包括:①面向设计的多学科分析设计的软件集成;②有效的多学科优化设计方法,实现多学科并行设计,获得系统最优解;③MDO 分布式计算机网络环境。MDO 的方法可以分为两类:一类是基于试验设计的 MDO 方法,另一类是基于优化算法的 MDO 方法。第一类的方法大都用于工程问题概念和方案设计阶段,往往作为开展第二类 MDO 研究的基础。

　　显然,随着结构优化层次的提高,其难度也越来越大。

1.5　结构优化设计软件

　　工程结构优化设计研究的一个重要目的就是要将理论研究成果应用于实际工程,解决工程结构的优化设计问题。由于结构优化设计问题的复杂性,只有应用计算机才能完成实际工程结构的优化设计问题。目前结构优化设计的软件主要有两类:

　　一类是专用的结构优化设计软件,如 OptiStruct、Tosca 等。这些结构优化设计软件拥有强大、高效的概念优化和细化优化能力,优化方法多种多样,可以应用在设计的各个阶段,其优化过程可对结构在静力、模态、屈曲等约束条件下进行优化。有效的优化算法允许在模型中存在上百个设计变量和响应,并且支持多种有限元结构分析程序的求解器和前后处理器,使其应用更加灵活、方便。

　　另一类是具有结构优化设计功能的通用有限元分析软件,例如 ABAQUS, ANSYS, MSC. Marc, MSC. Nastran 等,这些有限元分析软件由于结构分析功能强大,前后处理界面友好,因而得到了广泛的应用。而在这些有限元分析软件基础上发展起来的结构优化设计模块,与有限元分析模块可以实现完美结合,充分发挥了有限元分析软件在求解器、数据结构、存储器管理等方面的优势,将结构分析与结构优化设计结合起来,得到了广泛的应用。表 1.1 是 2013 年 9 月在中国知网以在“篇名”中包含“软件名称”和“优化”进行精确检索所检索到的文献篇数。

表 1.1　应用不同结构优化设计软件的文献篇数

软件名称	ANSYS	Nastran	ABAQUS	Marc	OptiStruct	Tosca
文献篇数	553	36	29		32	8

　　由表 1.1 可见,ANSYS 在结构优化设计的研究与应用方面的文献最多,这一方面是因为 ANSYS 拥有很大的用户群体,另一方面也说明 ANSYS 在结构优化设计方面的功能较为实用、完善,可以用来解决工程实际中的许多实际问题。

第2章 结构优化设计的数学模型

如前所述,结构优化设计的数学模型是由设计变量、目标函数、约束条件构成的非线性规划模型,但与一般的非线性规划问题相比,结构优化设计问题又有其独特的特殊性,本章将详细讨论结构优化设计的数学模型。

2.1 设计变量、目标函数、约束条件

2.1.1 设计变量

在一个结构设计方案中,全部参数可分为三种类型,即设计参数、性态参数和中间参数。

(1)设计参数是设计中的自变量,通常由设计者主动选择;

(2)性态参数是结构的各种性态变量,例如应力、位移、自振频率等,是设计参数的因变量,设计者不能直接选出所需要的性态参数,而只能靠结构分析来描述性态参数;

(3)中间参数是由设计参数求性态参数运算过程中的一些量。例如单元的应力是一个性态参数,求应力时所需的内力就是一个中间参数。

在优化过程中,针对具体问题,往往将设计参数中的一部分事先给定(例如我们在截面优化设计中,结构的坐标给定,结构中杆件连接关系给定,材料给定,这些是确定参数)而调整另一部分设计参数(截面面积)。这些可调整的设计参数就称为设计变量。

设计变量在数学上的分类有连续变量和离散变量两种。

连续变量可以用定义域进行描述,定义域内的任何值都是有效的。例如,若在结构设计中采用钢板,取钢板的厚度 t 为设计变量,且要求 $10\ \text{mm} \leqslant t \leqslant 20\ \text{mm}$。若视 t 为连续变量,则在 $10\ \text{mm} \leqslant t \leqslant 20\ \text{mm}$ 的范围内任一值都是可取的。

但在实际工程中,热轧钢板的厚度并不是连续的,按国家标准,在 10 mm 至 20 mm 之间,钢板的厚度只有几个规格,取这几个规格之外的数值是没有意义的。因此,离散的设计变量不能用定义域表示,只能用集合将其可取值一一给出。上面的问题就可表示为:

$$t \in \{t_1, t_2, \cdots, t_N\} \tag{2.1}$$

式中 N——离散变量可取值的个数。

设计变量的选取问题:一般说来,影响力学性能的截面几何特性最多可有九个,用 X 表示截面几何特性集合,则可将其表示为:

$$X = \{A, F_y, F_z, I_x, I_y, I_z, W_x, W_y, W_z\} \tag{2.2}$$

式中　　A——截面面积;

F_y, F_z——截面对 y,z 轴的有效剪切面积;

I_x, I_y, I_z——截面的抗扭惯性矩及对 y,z 轴的抗弯惯性矩;

W_x, W_y, W_z——截面的抗扭截面模量及对 y,z 轴的抗弯截面模量。

对于工字钢、槽钢、角钢等型钢来说,以上各项几何性质都是由一个截面形状所决定的,一旦截面选定,各项几何性质就完全确定了。因此,在结构设计中,只能取一个作为设计变量。否则,不但会使设计变量的数量增加,更为严重的是会出现在优化结果中按某一设计变量选取为一种规格,而按另一设计变量选取则为另一种规格的荒唐结果。

尽管在截面的各几何性质间存在着一定的关系,但这些关系是很难用数学形式来描述的。可按型钢表提供的数据建立截面几何性质之间的近似关系式[2]:

$$A = aI^b \qquad A = a'W^{b'} \qquad W = a''I^{b''} \tag{2.3}$$

有了这些关系后就可取其中之一作为独立设计变量,其他几何性质可由该变量导出。

但对于形状复杂的截面,建立以上的近似关系是相当困难的,甚至是不可能的。解决离散设计变量选取问题的一种较好办法是采用工程数据库的办法将每一规格的型钢按截面面积的升序存于一个工程数据库中,在优化设计中以截面性质 x 为设计变量,对于 i 单元(或经过变量连接后的单元组),根据可选型钢在工程数据库中的记录号建立集合 K_i:

$$K_i = \{ k_i \mid i \text{ 单元可选型钢在工程数据库中的编号} \}$$

这样,每一 k_i 代表一个规格的型钢,当 k_i 给定后,相应的截面性质也就给定了。截面性质 X_{k_i} 可表示为:

$$X_{k_i} = \{ A_{k_i}, F_{yk_i}, F_{zk_i}, I_{xk_i}, I_{yk_i}, I_{zk_i}, W_{xk_i}, W_{yk_i}, W_{zk_i} \} \tag{2.4}$$

2.1.2　变量连接

从理论上讲,每一单元的截面都是相互独立的,可以独立变化。也就是每个单元都有一个独立的设计变量,设计变量的个数和单元的个数一样。但是在实际工程结构设计和制造中却往往不允许这样。

图 2.1 所示为一杆系结构,共剖分为 10 个单元,其中单元①、②、③为一连续梁,其余为杆单元。由结构对称性,要求④、⑥号单元选择同一截面,⑦、⑩号单元和⑧、⑨号单元分别选择同一截面。这样,这一有十个单元的问题就只有五个独立的设计变量了。

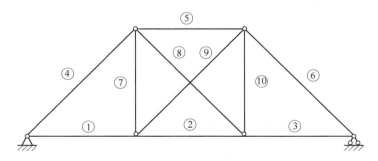

图 2.1　杆系结构图

这种由于结构、工艺等的原因要求结构的若干个单元取同一设计变量的情况称为变量连接。经过变量连接后,结构的设计变量大大减少,变量连接实际上相当于在结构各截面的设计变量间加了一些等式约束。例如对于图 2.1 所示的结构,这种等式约束可表述为:

$$\begin{aligned} x_1 = x_2 = x_3, \qquad & x_4 = x_6 \\ x_7 = x_{10}, \qquad & x_8 = x_9 \end{aligned} \tag{2.5}$$

采用工程数据库的方法处理上述约束是非常简单的,只需在进行结构描述时将取同一设计变量的各单元的截面几何性质用工程数据库中的同一记录号表示即可,各截面几何性质的具体数据可从数据库中读取。

2.1.3　目标函数

优化设计的目的就是要设计出最优的结构。要评价一个结构设计方案的优劣,必须要有一个评价设计方案优劣的函数,这个函数就称为目标函数。

目标函数是设计变量的函数,是对设计方案进行比较选择的指标,也就是判断设计方案优劣的标准。在优化设计中,我们一般总是要求目标函数最小。在某些问题中(如使用寿命、有效载重、安全系数等)要求目标函数最大。为统一处理起见,可人为地对要求目标函数最大的问题在数学上规定目标函数为负的形式,将求最大值的问题转化为求最小值的问题,这样就可以将结构优化设计问题统一成为求目标函数最小的数学规划问题。

很多工程结构的优化设计是在满足所有约束条件的前提下以降低结构的重量为目标的。例如,在钢结构设计中,结构的重量越轻,消耗的材料就越少,一般地说工程造价就越低,同时,钢结构重量降低还可减少基础的承重,改善基础的受力情况。在各种运输设备中(如各种车辆、飞机等),降低设备自身的重量即可提高有效载重量,提高能源利用率。

结构最轻重量优化设计的目标函数可写为:

$$\min \quad W = \sum_{i=1}^{n} \rho_i V_i \tag{2.6}$$

式中　　n——结构的单元数;

　　　　ρ_i——第 i 单元材料的比重;

　　　　V_i——第 i 单元的体积。

对于等截面梁、杆等细长类单元,V_i 可写为:

$$V_i = A_i l_i \tag{2.7}$$

式中　　A_i——单元横截面面积;

　　　　l_i——单元长度。

对于平面应力、板、壳类单元,V_i 可写为:

$$V_i = A_i t_i \tag{2.8}$$

式中　　A_i——单元表面积;

　　　　t_i——单元厚度。

对于既有梁单元又有板、壳单元的组合结构,目标函数写为:

$$\min W = \sum_{i=1}^{M} \rho_i A_i l_i + \sum_{j=1}^{N} \rho_j A_j t_j \tag{2.9}$$

式中　　M,N——梁、杆类单元及板、壳类单元的个数。

在有些情况下,以最轻重量作为目标函数就不合适了。例如,在钢筋混凝土结构设计中,最轻设计会得出不合理设计。因为从重量上来说混凝土的重量占绝对优势,而从材料价格来说,钢筋却占较大比重。为了使重量最小,得出的设计必然是截面很小、钢筋很密的结构,这显然在造价上是不经济的,施工上也不方便。对于这类问题,我们一般以造价为目标函数。钢筋混凝土框架结构最低造价的目标函数为:

$$\min W = \sum_{i=1}^{M} C_{\mathrm{b}i} l_i + \sum_{j=1}^{N} C_{\mathrm{c}j} l_j \tag{2.10}$$

式中　　$C_{\mathrm{b}i}$，$C_{\mathrm{c}j}$——第 i 根梁和第 j 根柱单位长度的价格。

在结构优化设计中，除了以上提到的两类目标函数外，有时还会遇到可靠性最大、应力集中系数最小、最大应力最小等类型的目标函数，也有多个目标函数的情形。因此，在实际结构优化设计问题中，应当取怎样的目标函数应根据具体情况进行分析，依据起决定作用的因素来确定。

只考虑其数学形式，目标函数可分为线性函数与非线性函数两种。线性目标函数（最轻重量目标函数属此类）是设计变量的线性函数。在设计变量空间中，其等值线或等值面是直线或平面（超平面），在求解具体问题时，可利用它的这一线性性质，构造简单、有效的方法。

2.1.4　约束条件

要使设计的工程结构能够满足设计者所要求的各项功能，设计者必须对结构的应力、位移、自振频率、临界载荷等性态变量提出一定的要求（或者说限制）。前面已经指出，性态变量是设计变量的函数，因此，对性态变量的限制实际上就是对设计变量的限制。在优化设计问题中，我们把这些对设计变量的限制称为约束条件。

在进行结构设计时，往往需要考虑结构使用期间所可能遇到的几种载荷情况。在结构设计中认为这些载荷情况分别发生，互不影响。在结构优化设计中称每一种载荷情况为一种工况。显然在建立性态约束时必须考虑所有工况。

在工程结构设计中常遇到的关于性态变量的约束条件有：

（1）应力约束条件。这是以避免发生常见的各种形式的破坏而建立起来的条件，破坏形式有断裂、屈服等。

（2）变形约束条件。这是在规定的荷载条件下，满足所要求的刚度特性而建立起来的条件。

（3）动态特性约束条件。它是保证结构在承受动载荷作用下不会引起结构产生危险的共振，以保证结构的安全、正常运行、工作人员的舒适等。

（4）整体稳定性约束条件。这是要求结构具有良好的承压稳定性，不会在给定载荷作用下发生整体失稳破坏。

下面分别讨论这些约束的数学表达式[3]。

1. 强度与刚度约束

这些约束可写为：

$$\begin{aligned} \sigma_{il} &\leqslant [\sigma]_i \\ \delta_{jl} &\leqslant \bar{\delta}_j \end{aligned} \qquad l = 1,2,\cdots,L \tag{2.11}$$

式中　　σ_{il}——在 l 工况下 i 号单元的应力；

$[\sigma]_i$——i 单元的许用应力；

δ_{jl}——l 工况下 j 号单元的位移；

$\bar{\delta}_j$——j 号位移的允许上限。

2. 频率禁区约束

众所周知,受周期性激振力作用的结构,若其固有频率与激振力的频率相同,结构就会发生共振。因此,在设计有周期性激振力作用的结构时,必须考虑对结构固有频率的约束,使结构各阶固有频率都在激振力频率禁区以外,以确保结构不发生共振,维持正常工作。

结构运动微分方程为:

$$[M]\{\ddot{\delta}\} + [C]\{\dot{\delta}\} + [K]\{\delta\} = \{P\} \tag{2.12}$$

式中 $[M]$ ——结构的质量矩阵;

$[C]$ ——阻尼矩阵;

$[K]$ ——刚度矩阵;

$\{\delta\}$ ——位移向量;

$\{P\}$ ——激振力向量。

结构的 n 个固有频率按上升次序排列为:

$$\omega_1^2 \leqslant \omega_2^2 \leqslant \cdots \leqslant \omega_n^2$$

设给定的频率禁区为 $[\underline{\omega},\overline{\omega}]$,则频率禁区约束要求结构满足约束条件:

$$\omega_i^2 \leqslant \underline{\omega}^2, \omega_{i+1}^2 \geqslant \overline{\omega}^2 \tag{2.13}$$

式中 ω_i, ω_{i+1} ——频率禁区附近的两个固有频率,称为关切频率。

由结构动力学分析,求得结构对应于 i 阶固有频率的特征向量 $\{\delta\}_i$ 后,可得到由特征向量表示的固有频率:

$$\omega_i^2 = \frac{\{\delta\}_i^T[K]\{\delta\}_i}{\{\delta\}_i^T[M]\{\delta\}_i} \tag{2.14}$$

由于 $[K]$ 和 $[M]$ 都是由设计变量决定的,所以式(2.14)就是固有频率与设计变量的关系式。

当结构刚度矩阵与质量矩阵的阶数较高时,计算矩阵乘法的工作量相当大,且结构的刚度与质量矩阵都是由单元矩阵组装而成的,若修改某一单元的设计变量,必须重新组装结构刚度矩阵与质量矩阵,工作量是相当大的。考虑到

$$[K] = \sum_{k=1}^m [K]_k \qquad [M] = \sum_{k=1}^m [M]_k \tag{2.15}$$

式中 m ——结构的单元数目;

$[K]_k$, $[M]_k$ ——扩充为与 $[K]$ 和 $[M]$ 同阶的单元 k 的刚度阵与质量阵。于是有

$$\{\delta\}_i^T[K]\{\delta\}_i = \{\delta\}_i^T\left(\sum_{k=1}^m [K]_k\right)\{\delta\}_i$$

$$\{\delta\}_i^T[M]\{\delta\}_i = \{\delta\}_i^T\left(\sum_{k=1}^m [M]_k\right)\{\delta\}_i$$

又由于 $[K]_k$ 和 $[M]_k$ 是扩充后的单元刚度阵和质量阵,除单元自由度对应的行列外,矩阵其余的元素全部为零。因此

$$\{\delta\}_i^T[K]\{\delta\}_i = \sum_{k=1}^m (\{\delta\}_{ik}^T[K]_k^e\{\delta\}_{ik})$$

$$\{\delta\}_i^T[M]\{\delta\}_i = \sum_{k=1}^m (\{\delta\}_{ik}^T[M]_k^e\{\delta\}_{ik}) \tag{2.16}$$

式中 $\{\delta\}_{ik}$ ——i 阶特征向量中和 k 单元相关的分量;

$[K]_k^e$，$[M]_k^e$——k 单元的刚度阵和质量阵。于是式(2.14)可改写为：

$$\omega_i^2 = \frac{\sum\limits_{k=1}^{m} \{\delta\}_{ik}^{\mathrm{T}} [K]_k^e \{\delta\}_{ik}}{\sum\limits_{k=1}^{m} \{\delta\}_{ik}^{\mathrm{T}} [M]_k^e \{\delta\}_{ik}} \tag{2.17}$$

这样，将结构刚度阵、质量阵和位移向量的矩阵乘法化为单元刚度阵、质量阵与单元位移向量的矩阵乘法，既不必组装结构刚度阵、质量阵，又大大降低了矩阵乘法的阶数，计算工作量大大地降低了。

3. 整体稳定约束

结构在承受压力作用时，大部分构件或单元会产生压应力。柔度较大的结构当压应力超过一定极限时，结构会发生整体失稳，导致整个结构的破坏。因此，在进行柔度较大的结构优化设计时，必须考虑整体稳定约束。

整体稳定性分析的特征方程为：

$$([K] - \lambda [K]_G)\{\delta\} = \{\Phi\} \tag{2.18}$$

式中　$[K]$——结构刚度矩阵；

$[K]_G$——结构的几何刚度矩阵；

λ——结构的稳定性系数。

在进行结构稳定性分析，求得结构第一阶失稳波形后，稳定系数 λ 可表示为：

$$\lambda = \frac{\{\delta\}^{\mathrm{T}}[K]\{\delta\}}{\{\delta\}^{\mathrm{T}}[K]_G\{\delta\}} \tag{2.19}$$

同样，可将上式进一步写为：

$$\lambda = \frac{\sum\limits_{k=1}^{m} \{\delta\}_k^{\mathrm{T}} [K]_k^e \{\delta\}_k}{\sum\limits_{k=1}^{m} \{\delta\}_k^{\mathrm{T}} [K]_{Gk}^e \{\delta\}_k} \tag{2.20}$$

设结构设计允许的稳定系数为 $[\lambda]$（$[\lambda] > 1$），则稳定性约束条件可写为：

$$\lambda \geqslant [\lambda]$$

2.1.5　尺寸约束

为保证优化设计中所求的设计变量在工程上是许可的，还要求对所求设计变量的大小加以约束。连续变量可以用定义域进行描述，定义域内的任何值都是有效的。例如，若在结构设计中采用钢板，取钢板的厚度 t 为设计变量，且要求 $10\ \mathrm{mm} \leqslant t \leqslant 20\ \mathrm{mm}$。则可定义为 $t_{\min} \geqslant 10\ \mathrm{mm}$，$t_{\max} \leqslant 20\ \mathrm{mm}$。

对于离散变量问题，则采用工程数据库的方法，若以型钢编号 k 为设计变量，可将其表示为：

$$K = \{k\}$$

式中　K——优化设计中所允许取的型钢号码的集合。

除以上所讨论的约束条件外，有时还会有许多其他形式的约束条件。例如在按工程设计规范进行钢结构和钢筋混凝土结构优化设计时，就会有几十个约束条件。

2.2　可行域、可行集、目标函数等值面

由 n 个设计变量可以组成一个 n 维设计空间,每个约束条件在设计空间以一个几何面(或线)的形式出现,它是以等式满足该约束条件的所有可行点的轨迹,它将设计空间划分为两个区域。满足约束条件的点称为可行设计点,由可行设计点组成的区域称为可行域,其余部分为非可行域。如图 2.2 所示。

对于连续变量优化问题,可行设计点连续、致密地充满整个可行域,而对于离散变量优化问题,可行设计点并不是连续、致密地充满了整个可行域,而只能取可行域内的某些离散点,这些离散点的集合称为可行集。如图 2.3 所示。

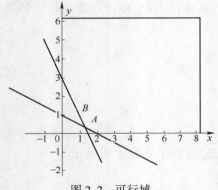

图 2.2　可行域

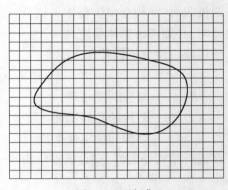

图 2.3　可行集

设目标函数值为 C,满足目标函数为 C 值的设计变量理论上可以有无穷组的解答,这些解答在设计空间中形成一个点集,而这点集称为目标函数为 C 的"等值线"(如图 2.4 所示)或"等值面"。目标函数等值线表现为直线(当目标函数为设计变量的线性函数时)或曲线(当目标函数为设计变量的非线性函数时)。当设计变量为 $n(n > 3)$ 时,表现为超平面或超曲面。

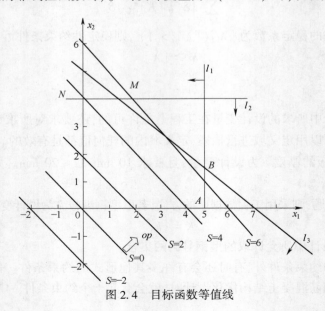

图 2.4　目标函数等值线

2.3　结构优化设计的特点

一般数学规划问题的数学模型为

$$\text{find} \quad X = [x_1, x_2, \cdots, x_n]^T \in R^n$$

$$\min \quad f(X) = f(x_1, x_2, \cdots, x_n)$$

$$\text{s. t.} \begin{cases} g_j(X) \leqslant 0 (j = 1, 2, \cdots, m) \\ h_k(X) = 0 (k = 1, 2, \cdots, n) \end{cases} \tag{2.21}$$

结构优化设计问题的数学模型一般形式为

$$\text{find} \quad X = [x_1, x_2, \cdots, x_n]^T \in R^n$$

$$\min \quad f(X) = f(x_1, x_2, \cdots, x_n)$$

$$\text{s. t.} \begin{cases} \sigma_{il} \leqslant [\sigma]_i \quad (i = 1, 2, \cdots, n; l = 1, 2, \cdots, N) \\ \delta_{lk} \leqslant \bar{\delta}_k \quad (k = 1, 2, \cdots, m) \\ \cdots\cdots \end{cases} \tag{2.22}$$

一般说来,在结构优化设计数学模型中,目标函数是设计变量的函数,而约束条件是对性能变量的某些限制,是性能变量的函数。在有限元方程中,刚度矩阵、质量矩阵、阻尼矩阵是设计变量的函数,而应力、位移这些性能变量是要通过求解有限元方程求得的,因而是设计变量的隐函数。

一般的数学规划问题的目标函数和约束条件都是设计变量的显函数,结构优化设计数学模型这种约束条件是设计变量的隐函数的性质是结构优化设计问题区别于一般的数学规划问题的一个重要特点,由于这一特点,大大增加了结构优化设计问题的复杂性,增加了求解难度。

2.4　几种解决方案

要解决结构优化设计数学模型这种约束条件是设计变量的隐函数这一问题,就必须进行约束条件的显式化,通过变换将约束条件化为设计变量的显函数,然后应用各种优化算法进行求解。

常用的显式化方法有:求显函数方法,响应面技术和泰勒展开方法。

2.4.1　求显函数方法

对于非常简单的结构,可以得到性能变量与设计变量的函数关系。

三杆桁架结构,两种工况如图 2.5 所示。若 $F_1 = F_2 = 20$ kN,许用拉应力 $[\sigma_t] = 200$ MPa,许用压应力 $[\sigma_c] = 150$ MPa,材料密度为 ρ。建立以结构重量最轻为目标的优化设计数学模型。

由于桁架结构对称,工况对称,可令 $A_1 = A_3$,只需考虑 1 个工况。于是结构优化设计的数学模型可

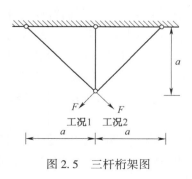

图 2.5　三杆桁架图

写为：

$$\text{find}\quad X = \{A_1, A_2\}$$

$$\min\quad W = (2\sqrt{a} \cdot A_1 + a \cdot A_2)\rho$$

$$\text{s. t.}\quad \begin{cases} \sigma_1 \leqslant [\sigma_\text{t}] \\ \sigma_2 \leqslant [\sigma_\text{t}] \\ |\sigma_3| \leqslant [\sigma_\text{c}] \end{cases}$$

根据结构力学中解超定结构的方法求得：

$$\sigma_1 = \frac{F_1(A_2 + \sqrt{2}A_1)}{\sqrt{2}A_1^2 + 2A_1A_2} \quad \sigma_2 = \frac{F_1\sqrt{2}A_1}{\sqrt{2}A_1^2 + 2A_1A_2} \quad \sigma_3 = \frac{-F_1A_2}{\sqrt{2}A_1^2 + 2A_1A_2}$$

将以上结果代入结构优化设计的数学模型，可得到以显函数表示的数学模型：

$$\text{find}\quad X = \{A_1, A_2\}$$

$$\min\quad W = (2\sqrt{a} \cdot A_1 + a \cdot A_2)\rho$$

$$\text{s. t.}\quad \begin{cases} \sigma_1 = \dfrac{F_1(A_2 + \sqrt{2}A_1)}{\sqrt{2}A_1^2 + 2A_1A_2} \leqslant [\sigma_\text{t}] \\[3mm] \sigma_2 = \dfrac{F_1\sqrt{2}A_1}{\sqrt{2}A_1^2 + 2A_1A_2} \leqslant [\sigma_\text{t}] \\[3mm] |\sigma_3| = \left|\dfrac{-F_1A_2}{\sqrt{2}A_1^2 + 2A_1A_2}\right| \leqslant [\sigma_\text{c}] \end{cases}$$

用参数表示结构的刚度矩阵 $K(X)$，则有限元方程为：

$$K(X)\delta = P$$

随着计算机符号运算功能的发展，应用计算机求解用参数表示的刚度矩阵 $K(X)$ 的逆矩阵，可以得到位移的显函数表达式：

$$\delta = K(X)^{-1}P$$

以及应力的显函数表达式：

$$\sigma = D \cdot B \cdot \delta = D \cdot B \cdot K(X)^{-1}P \tag{2.23}$$

这样即可得到约束条件的显函数表达式。式(2.23)中 D 为弹性矩阵，B 为几何矩阵。

平面刚架以单元截面特性为变量的显函数优化方法的解析解具体做法是[4]：

(1)组装出含参数总刚 $K(X)$；

(2)采用 Mathematica 软件的 Inverse 函数求出含参数的逆阵；

(3)计算位移：$\delta = K(X)^{-1}P$；

(4)计算应力：$\sigma = D \cdot B \cdot \delta = D \cdot B \cdot K(X)^{-1}P$。

采用这种方法可以得到稍微复杂一些的问题以显函数形式表示的约束条件，但真正用于计算大规模的实际结构问题还是难度太大。

求得显函数后，结构优化设计问题的数学模型一般形式为：

$$\text{find}\quad X = [x_1, x_2, \cdots, x_n]^{\mathrm{T}} \in R^n$$

$$\min\quad f(X) = f(x_1, x_2, \cdots, x_n)$$

$$\text{s. t.}\quad \begin{cases} \sigma_{il}(X) \leqslant [\sigma]_i & (i = 1, 2, \cdots, n; l = 1, 2, \cdots, L) \\ \delta_{lk}(X) \leqslant \bar{\delta}_k & (k = 1, 2, \cdots, m) \\ \cdots\cdots \end{cases}$$

2.4.2　响应面方法

由于只有很简单的问题才能通过求解含参数的有限元方程得到位移、应力响应的解析解，即使应用符号计算软件也很难求得实际工程结构响应的解析解。结构优化设计过程又必须要应用约束条件关于设计变量的显式表达式，因此约束条件关于设计变量的近似方法就得到了应用。响应面方法就是这样一种方法。

响应面方法(Response Surface Method，RSM)最早是由数学家 Box 和 Wilson 于 1951 年提出来的[5]，其基本思想是通过一系列确定性实验，用多项式函数来近似隐式极限状态函数。通过合理地选取试验点和迭代策略，来保证多项式函数能够逼近于真实的隐式极限状态函数。当系统参数和系统输出响应以某种隐含的方式存在时，RSM 无疑提供了一种近似表达这种隐含关系的合适手段。RSM 方法在统计数据处理、工业过程控制和可靠度分析等领域已为人们所熟知，近年来在结构优化中也逐步得到了广泛的应用。

RSM 通常使用 1 阶或 2 阶多项式作为近似响应函数的形式，包含 k 个设计变量的结构近似响应函数可表示为：

$$\tilde{y} = \beta_0 + \sum_{i=1}^{k} \beta_i x_i + \sum_{i=1}^{k} \beta_{ii} x_i^2 + \sum_{i=1}^{k-1} \sum_{j=i+1}^{k} \beta_{ij} x_i x_j \tag{2.24}$$

式中，$\tilde{y}$ 为待构造的响应函数；β 为待定系数。第 1 项为常数项，第 2、第 3、第 4 项分别代表线性响应、二次响应、含交叉项的二次响应。

对于二次函数的形式，可对二次项进行变量代换化为增维的线性形式。

$$\tilde{y} = \sum_{i=0}^{n-1} \beta_i x_i \tag{2.25}$$

式中，$x_0 = 1$。

通过 $m(m > n)$ 次试验，得到如下数据：

$$\begin{matrix} x_1^{(0)} & \cdots & x_{n-1}^{(0)} & y^{(0)} \\ \vdots & \vdots & \vdots & \vdots \\ x_1^{(m-1)} & \cdots & x_{n-1}^{(m-1)} & y^{(m-1)} \end{matrix} \tag{2.26}$$

其中右端的数据分别表示各个试验点对应的真实响应值。

假定的函数形式一般不是实际的函数，即假定的函数 $\tilde{y}$ 与实际的函数 y 之间存在误差，设误差为 ε，则实际的函数 y 可表示为 $y = \tilde{y} + \varepsilon$，第 j 次试验的表达式为：

$$y^{(j)} = \sum_{i=0}^{n-1} \beta_i x_i + \varepsilon^{(j)} \tag{2.27}$$

每次试验的表达式可统一写成如下矩阵形式：

$$Y = X\boldsymbol{\beta} + \boldsymbol{\varepsilon} \tag{2.28}$$

其中

$$Y = \begin{Bmatrix} y^{(1)} \\ \vdots \\ y^{(m)} \end{Bmatrix}, X = \begin{bmatrix} 1 & x_1^{(1)} & \cdots & x_{n-1}^{(1)} \\ \vdots & \vdots & \vdots & \vdots \\ 1 & x_1^{(m)} & \cdots & x_{n-1}^{(m)} \end{bmatrix}$$

$$\boldsymbol{\beta} = \begin{Bmatrix} \beta_0 \\ \vdots \\ \beta_{n-1} \end{Bmatrix}, \boldsymbol{\varepsilon} = \begin{Bmatrix} \varepsilon^{(1)} \\ \vdots \\ \varepsilon^{(m)} \end{Bmatrix}$$

系数向量的无偏估计 $\boldsymbol{\beta}$ 可由最小二乘法获得,即令每次试验的误差平方和 δ 为最小

$$\delta = \boldsymbol{\varepsilon}^{\mathrm{T}} \boldsymbol{\varepsilon} = (Y - X\boldsymbol{\beta})^{\mathrm{T}}(Y - X\boldsymbol{\beta}) \to \min \tag{2.29}$$

展开得

$$\delta = (Y - X\boldsymbol{\beta})^{\mathrm{T}}(Y - X\boldsymbol{\beta}) = (Y^{\mathrm{T}} - \boldsymbol{\beta}^{\mathrm{T}} X^{\mathrm{T}})(Y - X\boldsymbol{\beta})$$
$$= Y^{\mathrm{T}}Y - Y^{\mathrm{T}}X\boldsymbol{\beta} - \boldsymbol{\beta}^{\mathrm{T}}X^{\mathrm{T}}Y + \boldsymbol{\beta}^{\mathrm{T}}X^{\mathrm{T}}X\boldsymbol{\beta}$$

令 $\dfrac{\partial \delta}{\partial \boldsymbol{\beta}} = 0$,得 $X^{\mathrm{T}}X\boldsymbol{\beta} = X^{\mathrm{T}}Y$。则系数向量的无偏估计

$$\boldsymbol{\beta} = (X^{\mathrm{T}}X)^{-1}X^{\mathrm{T}}Y \tag{2.30}$$

结构优化要求每次迭代点的响应值都等于准确的有限元分析值,而通常的响应面方法在每个试验点的拟合值都不能保证为精确响应值,为此针对线性响应面提出了在中心点精确拟合的方法,具体实现过程是先将中心试验点 $\boldsymbol{x}^{(0)} = [x_1^{(0)}, x_2^{(0)}, \cdots, x_{n-1}^{(0)}]^{\mathrm{T}}$ 和相应的响应值 y^0 代入近似表达式,求得 $\beta_0 = y^{(0)} - \beta_1 x_1^{(0)} - \cdots - \beta_{n-1} x_{n-1}^{(0)}$,回代入近似表达式,形成新的响应面

$$\hat{y} - y^{(0)} = \beta_1 [x_1 - x_1^{(0)}] + \cdots + \beta_{n-1}[x_{n-1} - x_{n-1}^{(0)}] \tag{2.31}$$

针对新的响应面,利用其余的试验点进行上面所述的最小二乘拟合即可求得待定系数。

为判断响应面近似的质量,可用多重拟合系数

$$R^2 = 1 - \delta/\gamma \tag{2.32}$$

和修正的多重拟合系数

$$R_{\mathrm{adj}}^2 = 1 - (m-1)(1-R^2)/[m-(n-1)] \tag{2.33}$$

衡量。其中 δ 是误差平方和 $(\delta = Y^{\mathrm{T}}Y - \boldsymbol{\beta}^{\mathrm{T}}X^{\mathrm{T}}Y)$, γ 是每个实验值与平均试验值离差的平方和 $(\gamma = Y^{\mathrm{T}}Y - (\sum\limits_{i=1}^{m} y_i)^2/m)$。

R^2 是完全拟合的度量值,反映响应面符合给定数据的程度,其变化范围在 $[0,1]$ 之间,足够的逼近通常要求 R^2 的值在 0.9 以上,由于 R^2 受设计变量个数影响,较大的 R^2 值不一定表明响应面的拟合效果好,而修正的 R_{adj}^2 避免了这一缺点,所以 R_{adj}^2 则更适于评定响应面的拟合精度。

响应面方法是一种拟合方法,根据拟合的空间区域可以分为全局响应面和局部响应面,在全局空间内拟合的响应面称为全局响应面,在局部空间内拟合的响应面为局部响应面。响应面方法通常是仅采用函数值,为了提高拟合的精度,也可以加入导数信息。

应用响应面法时要注意的几个问题:

1. 多项式形式的选择

多项式形式对于响应面的拟合精度以及计算工作量有重要的影响,若

$$\tilde{y} = \beta_0 + \sum_{i=1}^{k} \beta_i x_i + \sum_{i=1}^{k} \beta_{ii} x_i^2 + \sum_{i=1}^{k-1} \sum_{j=i+1}^{k} \beta_{ij} x_i x_j \tag{2.34}$$

则其待定系数的个数为 $n = 1 + 2k + (k-1)^2/2$,若设计变量为 100,则确定这些系数需要 4716 个方程,就需要 4716 次的结构分析。若不考虑交叉项,则待定系数的个数为 $n = 1 + 2k = 201$,计算工作量大大降低。一般说来,多项式越完备,计算精度越高,而计算工作量越大。因此,在实际应用中需在计算精度与计算工作量之间做出平衡的选择。

2. 选择确定多项式的试验点

多项式响应面法的实验点对结果有很大的影响,实验点选取的不合适会使拟合效果很差,甚至结果完全错误。于是便提出了各种确定试验点的方法:

(1)梯度投影法——希望实验点能够落在极限状态方程。

(2)累积响应面法——充分利用已有实验点信息的改进响应面法。

(3)线性加权响应面法——通过使距状态方程越近的点以越高的回归权系数来保证线性多项式响应面能够更好地拟合真实的隐式状态方程。

(4)非线性加权响应面法——重复利用样本和加权回归思想相结合,克服了线性加权响应面法无法考虑非线性影响的缺点,提高了响应面法的拟合精度,并通过重复利用样本和减少后续迭代中新增样本的个数,提高了响应面法的效率。

3. 迭代策略

以不含交叉项的二次型为例,传统响应面法迭代的具体步骤为:

(1)假定初始中心点 $X^{(0)} = (x_1^{(0)}, x_2^{(0)}, \cdots, x_k^{(0)})$,一般取均值点为初始中心点。

(2)在初始点附近进行一组设计实验,得到近似功能函数 $y(x_1^{(0)}, x_2^{(0)}, \cdots, x_k^{(0)})$ 以及 $y(x_1^{(0)}, x_2^{(0)}, \cdots, x_i^{(0)} \pm f s_i, \cdots, x_k^{(0)})$ 的 $2k + 1$ 个试验点估计值。其中 s_i 为随机变量 x_i 的标准差,f 称为迭代步长。通常第一步迭代时 f 可取 2 ~ 3,此后的迭代过程中 f 可取为 1。

(3)利用 $2k + 1$ 个点估计值求解式(2.25)中的待定系数 β,从而得到当前迭代点处功能函数的近似极限状态方程。

(4)求解近似极限状态方程的验算点 $X^{*(k)}$ 和结构可靠指标 $\alpha^{(k)}$,其中上标 k 表示第 k 步迭代。

(5)计算 $| \alpha^{(k)} - \alpha^{(k-1)} | < \varepsilon$(给定精度)。如果满足精度条件,则考虑将是否满足收敛。如果也满足收敛,则迭代过程结束;否则将增加一个设计点,重新进行数值分析,得到新的功能函数。如果精度条件不满足,则根据式(2.35)确定下一步骤的迭代中心点 $X^{(k+1)}$,然后返回步骤(2)进行下一步迭代,直至收敛为止。

$$\begin{cases} X^{(k+1)} = X^{(k)} + (X^{*(k)} - X^{(k)}) \dfrac{y(X^{(k)})}{y(X^{(k)}) - y(X^{*(k)})} & y(X^{*(k)}) \geqslant y(X^{(k)}) \\[3mm] X^{(k+1)} = X^{*(k)} + (X^{(k)} - X^{*(k)}) \dfrac{y(X^{*(k)})}{y(X^{*(k)}) - y(X^{(k)})} & y(X^{*(k)}) < y(X^{(k)}) \end{cases} \tag{2.35}$$

响应面法流程图如图 2.6 所示。

上面介绍的响应面法为传统的响应面法,将它应用于工程优化设计时会出现以下三个问题:

（1）响应面函数在某一点需要给出精确样本值的
问题：

因为每次迭代寻优过程前，要用一组样本点及其
样本值构造近似响应面函数，而结构优化的每次迭代
要以一个点表示当前的设计变量，于是产生了一个问
题：在一组样本点中取哪个点作为设计变量？取中点
应该是最合理的做法，但是响应面法作为无偏估计，
通常使每个样本点上计算出的响应面函数都有一个
误差，中心点也不例外，这样就导致迭代收敛时，约束
在当前设计点（中心点）不能严格满足约束条件。

基于敏度分析建立的约束函数在当前设计点等
于准确值，即严格满足约束条件，不存在误差，这是改
造的方向。可采用了中心对称设计和中心扩展设计
的改进响应面来解决上述问题。

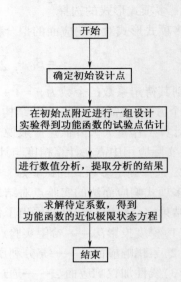

图 2.6　响应面法流程图

（2）运动极限的理性估算问题：

尽管近似模型在一定程度上接近原始模型，但是
近似函数相对于原函数来说精度相对较低。通过中心展开点的改进响应面模型，只在中心展
开点是精确的，越远离中心展开点，其精度越得不到保证。因此近似模型的有效性不是全局
的，而是只在中心展开点周围一个小的范围内能够保证近似模型足够接近原始模型，能够代替
原始模型进行优化。因此必须给近似模型一些限制，使得有化解不超过近似模型的有效范围，
即人为地设置设计变量的上下限。每次迭代中，设计点位置不断发生变化，设计变量的上下限
也随着改变，因此称为运动极限。

（3）反复计算分析的计算量的问题：

应用响应面法时，每次迭代都需要对试验点进行重分析，重分析计算量很大，为了减少计
算量，提高精度，需要改进响应面。有关学者提出的迭代插值技术和插值技术的自适应响应面
法，都具有较高的效率。

对于上述提出的传统的响应面法的缺陷，可以通过采用中心对称设计和中心扩展设计的
改进解决问题（1），通过运动极限的粗估和细估来详细来确定设计变量的上下限，通过改进的
数学规划法提高计算效率和计算精度。详细的解决方法，可以参考隋允康等著的《响应面法
的改进及其对工程优化的作用》[6]，该书对传统的响应面法进行了改进，并利用改进后的方法
来解决工程实例。读者若感兴趣，可以自行去阅读该书。

应用响应面方法求得显函数后，结构优化设计问题的数学模型一般形式为：

$$\text{find}\quad X = [x_1, x_2, \cdots, x_n]^T \in R^n$$

$$\min\quad f(X) = f(x_1, x_2, \cdots, x_n)$$

$$\text{s. t.}\begin{cases} \widetilde{\sigma}_{il}(X) \leqslant [\sigma]_i\ (i=1,2,\cdots,n; l=1,2,\cdots,L) \\ \widetilde{\delta}_{lk}(X) \leqslant \overline{\delta}_k\quad (k=1,2,\cdots,m) \\ \cdots\cdots \end{cases} \tag{2.36}$$

2.4.3　泰勒展开

超静定结构的响应(内力、应力、位移、固有频率、振型以及失稳波形)等都是随设计变量而变化的,是设计变量的函数。

$$S = S(X)$$

式中, S 是广义响应函数, X 是设计变量。

将 S 在 X_0 处进行泰勒展开,有:

$$S = S_0 + \sum_{i=1}^{n} \frac{\partial S}{\partial x_i}(x_i - x_i^0) + \sum_{j=1}^{n} \sum_{i=1}^{n} \frac{\partial}{\partial x_j} \frac{\partial S}{\partial x_i}(x_j - x_i^0)^2 + \cdots \qquad (2.37)$$

式中, S_0 称为 S 的 0 阶泰勒展开。

对于梁、杆、板、壳这类单元,其应力可由内力与截面几何性质的关系式求出,而截面几何性质就是设计变量,因此只要求得内力,就可以得到应力约束的显函数表达式。

最简单的形式,可取 S 的 0 阶泰勒展开,即令

$$S \approx S_0$$

这里 S_0 即为设计变量取 X_0 时内力的有限元解。

这实际上就是结构优化设计中常用的静定化假设:在一轮优化设计中,各单元内力不随设计变量的变化而变化。这一假设虽与实际情况不符,但当设计变量 X 增量不大时,其近似程度还是较好的。

应用这一假设,就可以方便地得到应力约束的显函数表达式。

对于平面壳体类单元,一般应用 Mises 准则建立应力约束条件,于是应力约束条件可写为:

$$(\sigma_{ilx}^2 + \sigma_{ily}^2 - \sigma_{ilx} \cdot \sigma_{ily} + 3\tau_{ilxy}^2)^{1/2} \leqslant [\sigma]_i \qquad (2.38)$$

将其表示为单元内力与截面几何性质的关系(因为平面壳体单元的几何性质都是单元厚度 t 的函数,所以直接表示为 t 的函数)。

$$\sigma_{ilx} = \frac{N_{ilx}}{t_i} \pm \frac{12M_{ily}}{t_i^3} \qquad \sigma_{ily} = \frac{N_{ily}}{t_i} \pm \frac{12M_{ilx}}{t_i^3} \qquad \tau_{ilxy} = \frac{Q_{il}}{t_i} \qquad (2.39)$$

式中, $N_{ilx}, N_{ily}, Q_{il}, M_{ily}, M_{ilx}$ 为壳体单元的内力,在进行结构分析之后,这些内力是已知的,若暂时将其看作常数,可得到对于设计变量的当前显式约束条件。

对于框架类单元,按工程规范要求一般是分别建立正应力强度条件和剪应力强度条件。

$$\min(\sigma_{il}^S) \geqslant -[\sigma]_i^-$$
$$\max(\sigma_{il}^S) \leqslant [\sigma]_i^+ \qquad (2.40)$$
$$\tau_{il} \leqslant [\tau]_i$$

式中, $\min(\sigma_{il}^S)$ 表示 i 单元 S 截面在工况 l 的最大压应力; $[\sigma]_i^-$ 表示许用压应力; $\max(\sigma_{il}^S)$ 表示 i 单元截面 S 在工况 l 的最大拉应力; $[\sigma]_i^+$ 表示许用拉应力。在具体问题中要根据设计规范的计算公式建立设计变量的显式表达式。

由选加原理知,结构某点的整体位移等于结构中各个单元对该点位移贡献的代数和。

$$\delta_{jl} = \sum_{i=1}^{n} \delta_{ijl} \qquad (2.41)$$

在求得结构各单元的内力后,可应用莫尔积分求得在 l 工况下 i 单元对第 j 号位移的贡献。对于框架类单元

$$\delta_{ijl} = \frac{N_{ij}N_{il}l_i}{EA_i} + \int_{l_i} \frac{M_{ixj}M_{ixl}}{GI_{ix}}\mathrm{d}x + \int_{l_i} \frac{M_{iyj}M_{iyl}}{EI_{iy}}\mathrm{d}x + \int_{l_i} \frac{M_{izj}M_{izl}}{EI_{iz}}\mathrm{d}x + \int_{l_i} \frac{Q_{iyj}Q_{iyl}}{GF_{iy}}\mathrm{d}x + \int_{l_i} \frac{Q_{izj}Q_{izl}}{GF_{iz}}\mathrm{d}x$$

(2.42)

式中, N_{ij} , M_{iyj} 等为第 i 号单元在对应于 j 号位移方向加单位力时的内力; N_{il} , M_{iyl} 等为在 l 工况下第 i 号单元的内力。

对于平面壳体类单元

$$\delta_{ijl} = \int_{V_i} \sigma_{il}\varepsilon_{ij}\mathrm{d}V =$$

$$\sum_{p=1}^{Q} \frac{A_{ip}}{3} \sum_{k=1}^{K} \left[\frac{1}{E}\left(\frac{N_{ilkpx} \cdot N_{ijkpx}}{t} + \frac{N_{ilkpy} \cdot N_{ijkpy}}{t} \right. \right.$$

$$\left. + \frac{12M_{ilkpx} \cdot M_{ijkpx}}{t^3} + \frac{12M_{ilkpy} \cdot M_{ijkpy}}{t^3} \right) - \mu\left(\frac{N_{ilkpx} \cdot N_{ijkpy}}{t} \right.$$

(2.43)

$$\left. + \frac{N_{ilkpy} \cdot N_{ijkpx}}{t} + \frac{12M_{ilkpx} \cdot M_{ijkpy}}{t^3} + \frac{12M_{ilkpy}M_{ijkpx}}{t^3} \right) \right]$$

$$+ \frac{1}{G}\left(\frac{12M_{ilkpy} \cdot M_{ijkpy}}{t^3} + \frac{Q_{ilkp}Q_{ijkp}}{t} \right)$$

式中　　　　　　 Q ——平面板壳单元内分三角形的个数;对于三角形单元, $Q=1$,对于四边形单元, $Q=2$;这是作者所采用的方法,这样划分主要是为了提高计算精度;

　　　　　　 A_{ip} ——第 i 个单元的第 p 个三角形的面积;

N_{ilkpx} , M_{ilkpx} ,…——i 单元第 p 个三角形在 l 工况下第 k 个高斯积分点上的内力值;

N_{ijkpx} , M_{ijkpx} ,…——i 单元第 p 个三角形在对应于 j 号位移加单位载荷时第 k 个高斯积分点上的内力值;

　　　　　　 K ——高斯积分点的个数。

设响应 S 为结构的振型,则 S 的 0 阶泰勒展开 $S=S_0$,即表示结构的振型近似等于设计变量取 X_0 时的振型解。这实际上就是结构优化设计中常用的振型冻结假设:在一轮优化设计中,结构的各阶振型不随设计变量的变化而变化。

在频率约束条件

$$\omega_i^2 = \frac{\sum\limits_{k=1}^{m} \{\delta\}_{ik}^{\mathrm{T}} [K]_k^{\mathrm{e}} \{\delta\}_{ik}}{\sum\limits_{k=1}^{m} \{\delta\}_{ik}^{\mathrm{T}} [M]_k^{\mathrm{e}} \{\delta\}_{ik}}$$

(2.44)

中,单元刚度阵、单元质量阵是设计变量的显函数,而单元振型向量是常向量,因此可简单地将频率约束化为设计变量的显函数。

设响应 S 为结构的失稳波形,则 S 的 0 阶泰勒展开 $S=S_0$,即表示结构的失稳波形近似等于设计变量取 X_0 时的失稳波形解。这实际上就是结构优化设计中常用的失稳波形冻结假设:在一轮优化设计中,结构的失稳波形不随设计变量的变化而变化。

在稳定性约束条件

$$\lambda = \frac{\sum\limits_{k=1}^{m} \{\delta\}_k^{\mathrm{T}} [K]_k^e \{\delta\}_k}{\sum\limits_{k=1}^{m} \{\delta\}_k^{\mathrm{T}} [K]_{Gk}^e \{\delta\}_k} \tag{2.45}$$

中，$[K]_k^e$、$[K]_{GK}^e$ 是设计变量的显函数，而单元失稳波形向量是常向量，因此可简单地将稳定性约束化为设计变量的显函数。

例 2.1　平面门式框架，受三种工况作用，结构的几何尺寸如图 2.7 所示。弹性模量 $E = 206.88 \ \mathrm{GN/m^2}$，许用正应力 $[\sigma] = 163.86 \ \mathrm{MN/m^2}$，材料比重 $\rho = 76999.34 \ \mathrm{N/m^3}$，节点水平位移上限 $\bar{\delta} = 12.7 \ \mathrm{mm}$，建立该框架的结构最轻重量优化设计模型。

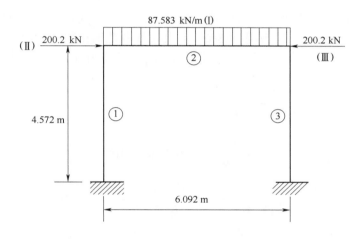

图 2.7　门式框架

解：在以上问题中，结构的尺寸、承受载荷、材料都是确定参数，结构的应力和位移是性态变量，结构的设计变量是各截面的几何性质。该优化设计问题的目标函数是结构的最轻重量，结构重量可表示为：

$$W = \sum_{i=1}^{3} \rho_i V_i = \sum_{i=1}^{3} \rho_i A_i l_i$$

约束条件包括：

①应力约束

这是一个以受弯构件为主的平面框架结构，忽略剪应力的影响，应力约束只有正应力约束：

$$\sigma_{il} \leqslant [\sigma]$$

②位移约束

以上结构中工况 Ⅱ 结点 2 与工况 Ⅲ 结点 3 水平位移的绝对值相等，是结构的最大水平位移，取结点 2 的水平位移为约束位移，则位移约束为：

$$\delta_l \leqslant \bar{\delta}$$

上式要通过前式得到设计变量的显式位移约束条件。

③尺寸约束

该结构设计共有六种截面可供选择,离散变量集合 S 如表 2.1 所示。

表 2.1　离散变量集 S

序号	1	2	3	4	5	6
$A(\mathrm{cm}^2)$	99.000	105.832	112.258	134.916	140.006	144.992
$W(\mathrm{cm}^3)$	1293.46	1429.71	1561.75	2057.72	2175.33	2290.86
$I(\mathrm{cm}^4)$	29136.2	33298.5	37460.3	54110.1	58272.4	62434.7

于是,尺寸约束可表示为

$$x_i \in S_i, S_i \in S, S = \bigcup_{i=1}^{3} S_i \quad i = 1,2,3$$

式中, x_i 为设计变量,表示截面的几何性质, S_i 表示第 i 个设计变量可取的离散值集合, S 是 S_i 的并集。在本例中,由于各杆均为同一类型钢且其选择的范围相同,故有 $S_1 = S_2 = S_3 = S$ 。

综合以上各式,用单元内力和设计变量 A_i 、 I_i 、 W_i 表示应力和位移,可得到该问题的数学模型

$$\min \quad W = \sum_{i=1}^{3} \rho_i l_i A_i$$

$$\text{s.t.} \begin{cases} \dfrac{|N_{il}|}{A_i} + \dfrac{|M_{il}|}{W_i} \leqslant 163.86 \times 10^6 \\ \sum_{i=1}^{3} \left(\dfrac{N_{ij}N_{il}l_i}{EA_i} + \int_{l_i} \dfrac{M_{ij}M_{il}}{EI_i} \mathrm{d}x \right) \leqslant 12.7 \times 10^{-3} \\ \boldsymbol{x}_i = S_i, S_i \in S \quad i = 1,2,3 \end{cases}$$

第3章　基于准则法的结构优化设计

最优准则法是最先发展起来的一种结构优化设计方法。从 20 世纪 50 年代末开始用于工程结构设计,60 年代得到发展,至今仍然是实际工程中常用的一种结构优化方法。它的基本出发点是:不直接求解结构优化设计的数学模型,而是从工程和力学观点出发,预先规定一些优化设计必须满足的准则,根据这些准则建立达到优化设计的迭代公式,然后用迭代方法求出满足这些准则的解,并认为满足准则的解就是结构优化设计的最优解。

准则法优点是物理意义明确,方法相对简便,收敛速度快,易为工程技术人员所接受,而且应力重分析次数与设计变量数无直接关系,结构重分析次数少,故在大型结构优化设计上得到了广泛应用,不过它得到的设计通常只是接近最优。

准则法的优化准则一般是根据已有的实践经验,通过一定的理论分析、研究和判断而得到的。常用的准则法有满应力准则法、满位移准则法和能量准则法等。

3.1　满应力准则

3.1.1　满应力准则的基本思想

满应力设计的基本思想就是在结构几何形状和结构材料已经确定的情况下,通过调整杆件的截面,使结构的各个杆件至少在一组确定的荷载组合下承受极限容许应力或临界力,这时就认为得到的设计是最优设计。

满应力准则就是把“结构的各个杆件至少在一组确定的荷载组合下承受极限容许应力或临界力”作为结构设计中要满足的一条准则,是最先得到发展和用于工程设计的一种结构优化设计方法。它不用数学上的极值原理,而是直接从结构力学的基本原理出发,对于仅有应力约束的结构最轻重量优化设计问题,以满应力为其准则,使结构中的所有杆件同时失效,保证杆件的材料能够得到充分利用,从而实现结构的最轻重量设计。这是一种早期的基于“同时失效”概念的感性准则法,它是传统设计的深化。

3.1.2　桁架结构满应力设计的算法

下面首先介绍桁架结构的满应力设计[7]。

设桁架结构由 n 个单元组成,承受 L 组载荷工况。第 l 组载荷在第 i 单元中引起的应力为 σ_{il},则 L 组载荷在第 i 单元中引起的各应力中的最大应力记为:

$$\sigma_i = \max (\sigma_{il}) \quad l = 1,2,\cdots,L \tag{3.1}$$

桁架结构的满应力准则:当桁架结构中的每个单元的最大应力都达到其许用应力。即

$$\sigma_i - [\sigma]_i = 0 \quad i = 1,2,\cdots,n \tag{3.2}$$

时,桁架结构的重量最小。

将式(3.2)同乘单元的面积 A_i 得：

$$A_i\sigma_i = A_i[\sigma]_i \tag{3.3}$$

由静定化假设，单元内力不随单元的面积 A_i 的变化而变化，可以构造迭代式为：

$$A_i^{(k+1)}[\sigma]_i^{k+1} = A_i^{(k)}\sigma_i^k \tag{3.4}$$

式中 k 为迭代次数。上式可改写为：

$$A_i^{(k+1)} = \frac{\sigma_i^k}{[\sigma]_i^{k+1}}A_i^{(k)} \tag{3.5}$$

当许用应力为常值时，令 $[\sigma]_i^{k+1} = [\sigma]_i$，则上式变为：

$$A_i^{(k+1)} = \overline{\mu}_i^{(k)}A_i^{(k)} \tag{3.6}$$

式中，$\overline{\mu}_i^{(k)}$ 为第 i 单元第 k 次迭代的应力比，即：

$$\overline{\mu}_i^{(k)} = \frac{\sigma_i^k}{[\sigma]_i}$$

式(3.6)即为满应力法的迭代式。由于迭代公式中有应力比，故用该式进行优化设计时，又称为应力比优化设计。

满应力法的迭代步骤：

(1)选初始设计点：

令 $k = 0$，取初始设计点为 $\boldsymbol{A}^{(k)} = \{A_1^{(k)}, A_2^{(k)}, \cdots, A_n^{(k)}\}$；

(2)进行结构分析求内力：

以 $\boldsymbol{A}^{(k)}$ 为设计点，进行结构分析，求得各单元内力矩阵

$$\boldsymbol{N} = [N_1, N_2, \cdots, N_n]_{n\times L}$$

内力矩阵 $\boldsymbol{N}$ 为 $n\times L$ 阶矩阵，上式中的每一个元素分别是一个向量

$$N_l = [N_{l1}, N_{l2}, \cdots, N_{ln}]^T \quad l = 1,2,\cdots,L$$

向量中的元素分别表示 l 工况下各单元的内力。

(3)求工作应力矩阵：

$$\boldsymbol{\sigma} = [\sigma_1, \sigma_2, \cdots, \sigma_L]$$

其中：

$$\boldsymbol{\sigma}_l = [\sigma_{1l}, \sigma_{2l}, \cdots, \sigma_{nl}]^T = \left[\frac{N_{1l}}{A_1}, \frac{N_{2l}}{A_2}, \cdots, \frac{N_{nl}}{A_n}\right] \quad l = 1,2,\cdots,L$$

式中　n——结构的单元总数；

　　　L——工况数；

N_{il}, σ_{il}——i 单元在 l 工况下的轴力和工作应力。

(4)求单元的应力比矩阵：

$$\boldsymbol{\mu} = [\mu_1, \mu_2, \cdots, \mu_L]$$

$$\boldsymbol{\mu}_l = [\mu_{1l}, \mu_{2l}, \cdots, \mu_{nl}]^T = \left[\frac{\sigma_{1l}}{[\sigma_{\pm}]_1}, \frac{\sigma_{2l}}{[\sigma_{\pm}]_2}, \cdots, \frac{\sigma_{nl}}{[\sigma_{\pm}]_n}\right]^T \quad l = 1,2,\cdots,L$$

式中　$[\sigma_{\pm}]_i$——i 单元许用应力，当 σ_{il} 为拉应力时，除以 $[\sigma_+]_i$，当 σ_{il} 为压应力时，除以 $[\sigma_-]_i$。

（5）求应力比列阵：

$$\overline{\boldsymbol{\mu}} = [\overline{\mu}_1, \overline{\mu}_2, \cdots, \overline{\mu}_n]^{\mathrm{T}}$$

$$\overline{\mu}_i = \max(\mu_{il}) \quad i = 1, 2, \cdots, n, \quad l = 1, 2, \cdots, L$$

即应力比列阵中各元素是应力比矩阵中同行元素中的最大者，$\overline{\mu}$ 为综合了各工况下各单元的最大应力比。

（6）收敛性检验、修改设计变量：

计算 $|1 - \overline{\mu}_i|$，$i = 1, 2, \cdots, n$；

若对于所有 i，有 $|1 - \overline{\mu}_i| < \varepsilon$，则优化过程收敛，取优化解 $A^* = A$，优化结束；

否则令 $A_i^{(k+1)} = \overline{\mu}_i A_i^{(k)}$，$A^{(k+1)} = [A_1^{(k+1)}, A_2^{(k+1)}, \cdots, A_n^{(k+1)}]^{\mathrm{T}}$，$k = k + 1$，转（2）进行下一轮结构分析、优化，直到满足约束条件为止。

满应力法在应用中的几个问题：

（1）许用应力问题

进行理论分析时，单元的许用应力我们一般假设为常值。而实际结构中，临界应力（即许用应力）有时是设计变量的函数，这时只能应用迭代式（3.5）。

$$A_i^{(k+1)} = \frac{\sigma_i^k}{[\sigma]_i^{k+1}} A_i^{(k)}$$

或：

$$A_i^{(k+1)} [\sigma]_i^{k+1} = \sigma_i^k A_i^{(k)}$$

方程的右边是已知的，而左边可以通过增量法试凑出 $A_i^{(k+1)}$，也可以使用逐步逼近迭代法求解，即：

$$A_{i,n}^{(k+1)} = \frac{\sigma_i^k}{[\sigma]_{i,n-1}^{k+1}} A_{i,n-1}^{(k)} \tag{3.7}$$

取 $A_{i,0}^{(k+1)} = A_i^{(k)}$，直到 $A_{i,n}^{(k+1)}$ 与 $A_{i,n-1}^{(k+1)}$ 充分接近为止，即满足以下精度要求为止。

$$\left\| \frac{A_{i,n}^{(k+1)} - A_{i,n-1}^{(k+1)}}{A_{i,n-1}^{(k+1)}} \right\| \leqslant \varepsilon \tag{3.8}$$

这里 ε 为事先给定的正小数。上述问题称为同步迭代问题。

（2）不同材料问题

如果结构是由不同材料的元件组成的，而且各元件的强度或刚度相差较大，则满应力法可能得不到合理结果。例如，使用满应力法进行优化时，它会使强度高的元件的面积愈来愈小，即拉伸刚度愈来愈小，从而传力愈来愈小，这就使得高强度元件不能充分发挥作用，从而使满应力解远离最优解。在这种情况下，应该对强度高的元件予以加权，例如，取：

$$A_i^{(k+1)} = \mu_i^{(k)} \alpha^\beta A_i^{(k)} \tag{3.9}$$

式中

$$\alpha = \frac{n[\sigma]_i / \rho_i}{\sum_{j=1}^{n} ([\sigma]_j / \rho_j)} \tag{3.10}$$

其意思是比强度 $[\sigma]_i / \rho_i$ 大的元件应多负担一些载荷，从而使结构重量尽可能轻。

（3）桁架结构满应力设计的必要条件

超静定结构在单一工况下一般不能做到满应力设计。例如在下面的例题 3.2 中，3 根杆件的应力可表示为两个自由度的函数，即

$$\sigma_1 = f_1(u_x, u_y), \sigma_2 = f_2(u_x, u_y), \sigma_3 = f_3(u_x, u_y) \tag{3.11}$$

如果这 3 个应力都达到容许应力，除非其中一个是非独立方程，否则会出现矛盾方程，由上述方程无法解出两个位移。因此在单一工况下，只能两个杆达到满应力，而另一个杆的应力由解出的位移确定。在两个工况下，确定的应力仍为 3 个，但位移却有 4 个，因而三根杆的每一根至少在一种工况下达到满应力。

满应力设计的存在条件，一般情况下可用下式表示

$$L \geqslant \frac{n}{n-r} \tag{3.12}$$

式中 L ——工况数；

　　　　n ——杆件数；

　　　　r ——超静定次数。

3.1.3 算例

例 3.1 如图 3.1(a)所示为静定桁架，承受 3 个独立的工况。设 $P = 10$ kN，容许拉应力为 $[\sigma_+] = 7 \times 10^4$ kPa，容许压应力 $[\sigma_-] = -3.5 \times 10^4$ kPa，弹性模量为常数。构造要求杆件最小截面积 $A_{\min} > 0.8$ cm^2 $= 8 \times 10^{-5}$ m^2。试用应力比法进行满应力设计。

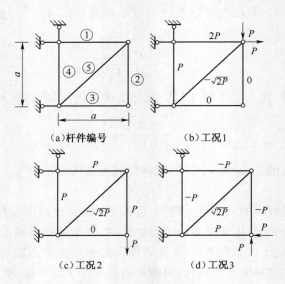

（a）杆件编号　　　　　（b）工况1

（c）工况2　　　　　（d）工况3

图 3.1 静定桁架结构

解：(1)设初始设计变量 $\boldsymbol{X}^{(0)}$ 为

$$\boldsymbol{X}^{(0)} = \begin{bmatrix} A_1 & A_2 & A_3 & A_4 & A_5 \end{bmatrix}^{\mathrm{T}}$$

$$= \begin{bmatrix} 1 & 1 & 1 & 1 & 1 \end{bmatrix}^{\mathrm{T}} \times 10^{-4} (\mathrm{m}^2)$$

(2)以 $\boldsymbol{X}^{(0)}$ 进行结构分析，考虑 3 种工况计算轴力矩阵

$$N = \begin{bmatrix} N_{11} & N_{12} & N_{13} \\ N_{21} & N_{22} & N_{23} \\ N_{31} & N_{32} & N_{33} \\ N_{41} & N_{42} & N_{43} \\ N_{51} & N_{52} & N_{53} \end{bmatrix} = \begin{bmatrix} 2 & 1 & -1 \\ 0 & 1 & -1 \\ 0 & 0 & 1 \\ 1 & 1 & -1 \\ -\sqrt{2} & -\sqrt{2} & -\sqrt{2} \end{bmatrix} P(\text{kN})$$

应力矩阵

$$\sigma = \begin{bmatrix} \dfrac{N_{11}}{A_1} & \dfrac{N_{12}}{A_1} & \dfrac{N_{13}}{A_1} \\ \dfrac{N_{21}}{A_2} & \dfrac{N_{22}}{A_2} & \dfrac{N_{23}}{A_2} \\ \dfrac{N_{31}}{A_3} & \dfrac{N_{32}}{A_3} & \dfrac{N_{33}}{A_3} \\ \dfrac{N_{41}}{A_4} & \dfrac{N_{42}}{A_4} & \dfrac{N_{43}}{A_4} \\ \dfrac{N_{51}}{A_5} & \dfrac{N_{52}}{A_5} & \dfrac{N_{53}}{A_5} \end{bmatrix} = \begin{bmatrix} 2 & 1 & -1 \\ 0 & 1 & -1 \\ 0 & 0 & 1 \\ 1 & 1 & -1 \\ -\sqrt{2} & -\sqrt{2} & -\sqrt{2} \end{bmatrix} \times 10^{-4} P(\text{kPa})$$

（3）计算应力比矩阵

$$\mu = \begin{bmatrix} \dfrac{2}{7} & \dfrac{1}{7} & \dfrac{-1}{-3.5} \\ 0 & \dfrac{1}{7} & \dfrac{-1}{-3.5} \\ 0 & 0 & \dfrac{1}{7} \\ \dfrac{1}{7} & \dfrac{1}{7} & \dfrac{-1}{-3.5} \\ \dfrac{-\sqrt{2}}{-3.5} & \dfrac{-\sqrt{2}}{-3.5} & \dfrac{\sqrt{2}}{7} \end{bmatrix} P = \begin{bmatrix} 2.86 & 1.43 & 2.86 \\ 0 & 1.43 & 2.86 \\ 0 & 0 & 1.43 \\ 1.43 & 1.43 & 2.86 \\ 4.04 & 4.04 & 2.02 \end{bmatrix}$$

（4）形成应力比列阵

$$\mu = \begin{bmatrix} 2.86 & 2.86 & 1.43 & 2.86 & 4.04 \end{bmatrix}^{\mathrm{T}}$$

（5）计算 $X^{(1)} = \begin{bmatrix} A_1^{(0)}\overline{\mu}_1 & A_2^{(0)}\overline{\mu}_2 & \cdots & A_5^{(0)}\overline{\mu}_5 \end{bmatrix}^{\mathrm{T}}$

$$X^{(1)} = \begin{bmatrix} 1 \times 10^{-4} \times 2.86 \\ 1 \times 10^{-4} \times 2.86 \\ 1 \times 10^{-4} \times 1.43 \\ 1 \times 10^{-4} \times 2.86 \\ 1 \times 10^{-4} \times 4.04 \end{bmatrix} = \begin{bmatrix} 2.86 \\ 2.86 \\ 1.43 \\ 2.86 \\ 4.04 \end{bmatrix} \times 10^{-4}(\text{m}^2)$$

对于静定结构,不需要再返回步骤(2),各杆都达到满应力,最优解为

$$X^* = \begin{bmatrix} 2.86 & 2.86 & 1.43 & 2.86 & 4.04 \end{bmatrix}^{\mathrm{T}}(\text{cm}^2)$$

对于该案例,也可以应用 ANSYS Mechanical 的 APDL 脚本进行优化分析,请参照本书第 8 章的相关例题。

例 3.2　图 3.2 所示为三杆桁架,$\alpha = 45°$,$\rho = 0.1$,结点处作用两种工况载荷: (1) $P_1 = 2\ 000$ kN,$P_2 = 0$;(2) $P_1 = 0$,$P_2 = 2\ 000$ kN,各杆均采用同一材料制成,弹性模量 E 为常量,容许应力分别为:$[\sigma_+] = 2 \times 10^7$ kPa,$[\sigma_-] = -1.5 \times 10^7$ kPa,试用应力比法设计各杆的截面积。

解: 由于桁架结构对称,工况对称,可令 $A_1 = A_3$,只需考虑 1 个工况。由力学知识可知此桁架为一次超静定,假设各杆截面积为 A_1、A_2,即 $X = [A_1, A_2]^T$;一种工况 $P_1 = 2\ 000$ kN,$P_2 = 0$。结构的总重量为

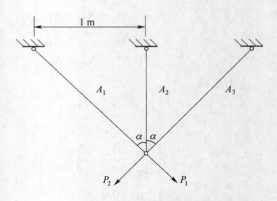

图 3.2　三杆桁架示意图

$$W = \rho l (\sqrt{2} A_1 + A_2 + \sqrt{2} A_3) = \rho l (2\sqrt{2} A_1 + A_2)$$

由力法求得轴力矩阵为

$$N = \begin{bmatrix} P_1 \dfrac{A_1 A_2 + \sqrt{2} A_1^2}{\sqrt{2} A_1^2 + 2 A_1 A_2} \\[3mm] P_1 \dfrac{\sqrt{2} A_1 A_2}{\sqrt{2} A_1^2 + 2 A_1 A_2} \\[3mm] P_1 \dfrac{- A_1 A_2}{\sqrt{2} A_1^2 + 2 A_1 A_2} \end{bmatrix}$$

于是应力矩阵为

$$[\boldsymbol{\sigma}] = \frac{P_1}{\sqrt{2} A_1^2 + 2 A_1 A_2} = \begin{bmatrix} A_2 + \sqrt{2} A_1 \\ \sqrt{2} A_1 \\ - A_2 \end{bmatrix}$$

应力比矩阵为

$$\boldsymbol{\mu} = \frac{P_1}{\sqrt{2} A_1^2 + 2 A_1 A_2} \begin{bmatrix} (A_2 + \sqrt{2} A_1) \dfrac{1}{[\sigma_+]} \\[3mm] \sqrt{2} A_1 \dfrac{1}{[\sigma_+]} \\[3mm] - A_2 \dfrac{1}{[\sigma_-]} \end{bmatrix} = \frac{1 \times 10^{-4}}{\sqrt{2} A_1^2 + 2 A_1 A_2} \begin{bmatrix} A_2 + \sqrt{2} A_1 \\[3mm] \sqrt{2} A_1 \\[3mm] A_2 \dfrac{4}{3} \end{bmatrix}$$

由应力比矩阵 $\boldsymbol{\mu}$ 可确定应力比列阵 $\overline{\boldsymbol{\mu}} = [\overline{\mu}_1 \quad \overline{\mu}_2]^T$,进而求出下次迭代的设计变量

$$X^{(k+1)} = [A_1^{(k)} \overline{\mu}_1^{(k)} \quad A_2^{(k)} \overline{\mu}_2^{(k)}]^T$$

设杆件初始截面 $A_1^{(0)} = 1 \times 10^{-4}$ m^2,$A_2^{(0)} = 1 \times 10^{-4}$ m^2,可得 $\overline{\mu}_1^{(0)} = 0.707\ 1$,$\overline{\mu}_2^{(0)} =$

0.414 2,相应的结构总重量为 $W = 3.828\ 4 \times 10^{-4}\rho l$,这样就完成了第一次迭代。

第二次迭代,确定各杆截面为

$$A_1^{(1)} = A_1^{(0)}\overline{\mu}_1^{(0)} = 1 \times 10^{-4} \times 0.707\ 1 = 0.707\ 1 \times 10^{-4}(\mathrm{m}^2)$$

$$A_2^{(1)} = A_2^{(0)}\overline{\mu}_2^{(0)} = 1 \times 10^{-4} \times 0.414\ 2 = 0.414\ 2 \times 10^{-4}(\mathrm{m}^2)$$

这样一直迭代下去,直至 $\max|1 - \mu_i| < 0.1$ 时,所得截面积即为最优解 $\boldsymbol{X}^*$,$\boldsymbol{X}^* = \begin{bmatrix} A_1^* & A_2^* \end{bmatrix}^\mathrm{T}$。

应力比法计算的迭代过程如表 3.1 所示:

表 3.1　应力比法计算的迭代过程

设计变量 $(\times 10^{-4}\ \mathrm{m}^2)$	应力比列阵	$\lvert 1 - \overline{\mu}\rvert$	结构总重量 W
$\boldsymbol{X}^{(0)} = \left\{\begin{matrix} 1 \\ 1 \end{matrix}\right\}$	$\left\{\begin{matrix} 0.707\ 1 \\ 0.414\ 2 \end{matrix}\right\}$	$\left\{\begin{matrix} 0.292\ 9 \\ 0.585\ 8 \end{matrix}\right\}$	$3.828\ 4 \times 10^{-4}\rho l$
$\boldsymbol{X}^{(1)} = \left\{\begin{matrix} 0.707\ 1 \\ 0.414\ 2 \end{matrix}\right\}$	$\left\{\begin{matrix} 1.093\ 8 \\ 0.773\ 5 \end{matrix}\right\}$	$\left\{\begin{matrix} 0.093\ 8 \\ 0.226\ 5 \end{matrix}\right\}$	$2.414\ 2 \times 10^{-4}\rho l$
$\boldsymbol{X}^{(2)} = \left\{\begin{matrix} 0.773\ 5 \\ 0.320\ 4 \end{matrix}\right\}$	$\left\{\begin{matrix} 1.054\ 1 \\ 0.815\ 3 \end{matrix}\right\}$	$\left\{\begin{matrix} 0.054\ 1 \\ 0.184\ 7 \end{matrix}\right\}$	$2.508\ 1 \times 10^{-4}\rho l$
$\vdots$	$\vdots$	$\vdots$	$\vdots$
$\boldsymbol{X}^{(96)} = \left\{\begin{matrix} 0.989\ 8 \\ 0.014\ 4 \end{matrix}\right\}$	$\left\{\begin{matrix} 1.000\ 1 \\ 0.989\ 8 \end{matrix}\right\}$	$\left\{\begin{matrix} 0.000\ 1 \\ 0.010\ 1 \end{matrix}\right\}$	$2.814\ 1 \times 10^{-4}\rho l$

迭代的极限值为 $A_1^n = A_3^n = 1.0$,$A_2^n = 0$,$W^n = 2.828$。

为便于比较和说明问题,下面用图解法求这个问题的精确解。

以 A_1、A_2 为设计变量,桁架总重量 W 为目标函数,根据强度要求,以各杆应力不超过容许应力为约束条件,建立优化的数学模型为:

$$\boldsymbol{X} = \begin{bmatrix} A_1 & A_2 \end{bmatrix}^\mathrm{T}$$

$$\min\quad W = \rho l(2\sqrt{2}A_1 + A_2)$$

$$\mathrm{s.t.}\quad \begin{cases} P_1\dfrac{A_2 + \sqrt{2}A_1}{\sqrt{2}A_1^2 + 2A_1A_2} \leqslant [\sigma_+] \\[3mm] P_1\dfrac{\sqrt{2}A_1}{\sqrt{2}A_1^2 + 2A_1A_2} \leqslant [\sigma_+] \\[3mm] P_1\dfrac{-A_2}{\sqrt{2}A_1^2 + 2A_1A_2} \leqslant [\sigma_-] \\[3mm] A_1 \geqslant 0, A_2 \geqslant 0 \end{cases}$$

图解法求解(图 3.3):

目标函数改写为:$A_2 = -2\sqrt{2}A_1 + W/(\rho l)$ 最优点为等值线与约束方程相切的点。

于是可得最优解为:

$$A_1 = 0.789 \times 10^{-4}(\mathrm{m}^2)$$

$$A_2 = 0.408 \times 10^{-4}(\mathrm{m}^2)$$

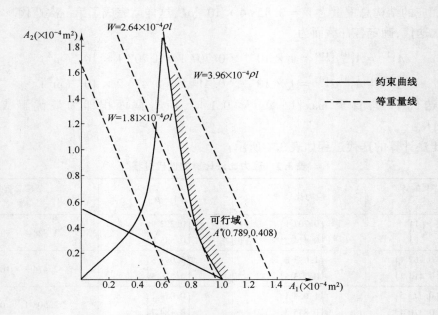

图 3.3 约束曲线和等重量线图

相应的目标函数值为

$$W = 2.639 \times 10^{-4} \rho l$$

而满应力解为：

$$\boldsymbol{X}^{(96)} = \{0.989\,8, 0.014\,4\}^{\mathrm{T}}, W = 2.814\,1 \times 10^{-4} \rho l$$

可见满应力优化解并未收敛到最优解。

3.1.4 桁架结构满应力解收敛性问题的讨论

这里所说的桁架结构满应力解收敛性问题包括两个方面：①桁架结构满应力解是否会收敛于桁架结构优化设计的最优解；②在什么条件下桁架结构满应力解会收敛于桁架结构优化设计的最优解[8]。

桁架结构应力约束下结构最轻重量优化设计的数学模型为：

$$\text{find} \quad \boldsymbol{A} = \{A_1, A_2, \cdots, A_n\}$$

$$\min \quad W = \sum_{i=1}^{n} \rho_i l_i A_i$$

$$\text{s. t.} \quad \sigma_{il} = \frac{|N_{il}|}{A_i} \leqslant [\sigma]_i \quad l = 1, 2, \cdots, L \tag{3.13}$$

式中 A_i, ρ_i, l_i ——i 单元横截面面积、密度和单元长度；

$\qquad N_{il}$ ——i 单元在 l 工况的内力；

$\qquad L$ ——工况总数。

对于静定结构，因为内力仅由平衡条件决定，与结构的刚度分布无关，因而其内力 N_{il} 是与设计变量 A_i 无关的常数，各约束方程是相互独立的，约束条件可以改写为：

$$A_i \geqslant \frac{|N_{il}|}{[\sigma]_i} \quad i = 1, 2, \cdots, n \quad l = 1, 2, \cdots, L \tag{3.14}$$

根据满应力准则,由上式可得设计变量 A_i 满足约束条件的最小值为

$$A_{i\min} = \frac{\max |N_{il}|}{[\sigma]_i} \quad i = 1, 2, \cdots, n \quad l = 1, 2, \cdots, L \tag{3.15}$$

由目标函数表达式可见,结构重量是与设计变量 A_i 成线性关系的, A_i 越小,则结构重量越轻。设计变量 A_i 满足约束条件的最小值如式(3.15)所示,因而桁架结构应力约束下结构最轻重量优化设计的数学模型式(3.13)的最优解为

$$\boldsymbol{A}_{\text{opt}} = \{A_{1\min}, A_{2\min}, \cdots, A_{n\min}\}$$
$$\min \quad W = \sum_{i=1}^{n} \rho_i l_i A_{i\min} \tag{3.16}$$

这一最优解与满应力准则求得的最优解是一致的,满应力算法迭代一次就可达到满应力,且满应力解就是最优解。因此满应力算法对于静定结构不存在收敛性问题。

对于静不定结构,每个单元的内力都是各个单元截面面积的函数,前后两次迭代中单元内力不可能不变。满应力法实际上是一种在静定化假设前提下将原结构最轻重量优化设计问题化为序列优化问题的一种算法。在桁架结构应力约束最轻重量截面优化设计问题中,设计变量是各单元的截面积 A_i , $\boldsymbol{A} = \{A_1, A_2, \cdots, A_n\}^{\mathrm{T}}$ 。设单元内力与设计变量的关系为

$$\boldsymbol{N}^l = \boldsymbol{H}^l(A), l = 1, 2, \cdots, L \tag{3.17}$$

式中, $\boldsymbol{N}^l$ 为 l 工况的内力向量; $\boldsymbol{A}$ 为设计变量向量; L 为载荷工况数。于是桁架结构应力约束最轻重量截面优化设计的原问题数学模型 P 可表示为:

$$\min \quad W(A) = \sum_{i=1}^{n} \rho_i l_i A_i$$
$$\text{s.t.} \begin{cases} g_i(A) = A_i - \max \left\{ \left| \dfrac{\boldsymbol{H}_i^l(A)}{[\sigma]_i} \right| \quad l = 1, 2, \cdots, L \right\} \geqslant 0 \\ A_i \geqslant 0 \end{cases} \tag{3.18}$$

采用静定化假设,将原规划模型化为序列规划模型,则第 k 个规划模型 P_k 为

$$\min \quad W(A) = \sum_{i=1}^{n} \rho_i l_i A_i$$
$$\text{s.t.} \begin{cases} g_i(A_k) = A_i - \max \left\{ \left| \dfrac{\boldsymbol{H}_i^l(A_{k-1}^*)}{[\sigma]_i} \right| \quad l = 1, 2, \cdots, L \right\} \geqslant 0 \\ A_i \geqslant 0 \end{cases} \tag{3.19}$$

式中, $\boldsymbol{H}_i^l(A_{k-1}^*)$ 表示第 $k-1$ 个规划模型的最优解对应于 A_i 的内力分量。解该序列规划,得最优解 A_k^* 。令 k 由 1 开始循环,直到满足约束条件 $\| A_k^* - A_{k-1}^* \| \leqslant \varepsilon$ 为止。

由满应力法可得数学模型 P_k 的最优解为

$$A_{ki}^* = \max \left\{ \left| \frac{\boldsymbol{H}_i^l(\boldsymbol{A}_{k-1}^*)}{[\sigma]_i} \right| \quad \begin{array}{l} i = 1, 2, \cdots, n \\ l = 1, 2, \cdots, L \end{array} \right\} \tag{3.20}$$

定理 1:由满应力法得到的解即为数学规划模型 P_k 的全局最优解。

证明:在式(3.19)的约束条件中, $\boldsymbol{H}_i^l(\boldsymbol{A}_{k-1}^*)$ 和 $[\sigma]_i$ 都是常数,由库-塔克条件, A_k^* 为局

部最优解的必要条件为

$$\nabla W(A_k^*) - \sum_{i=1}^{n} \lambda_i^* \nabla g_i(A_k^*) \geq 0 \tag{3.21}$$

$$\lambda_i^* g_i(A_k^*) = 0, \lambda_i^* \geq 0 \tag{3.22}$$

式(3.21)的第 i 个分量为

$$\left. \left(\frac{\partial W}{\partial x_i} - \sum_{j=1}^{n} \lambda_j^* \frac{\partial g_j}{\partial A_i} \right) \right|_{A_i^*} = 0 \tag{3.23}$$

由式(3.21)和式(3.23)可得

$$\rho_i l_i - \lambda_i^* = 0 \tag{3.24}$$

由式(3.24)可得

$$\lambda_i^* = \rho_i l_i \tag{3.25}$$

将式(3.25)和式(3.20)代入库-塔克条件式(3.21)和式(3.22),库-塔克条件得到满足,因此式(3.20)就是 P_k 的局部最优解。另外,数学规划模型 P_k 是一个线性规划模型,因此,式(3.20)表示的解就是 P_k 的全局最优解。

由例题3.2满应力优化结果与图解法优化结果的对比情况可见,满应力优化结果与应用图解法得到的数学规划法的结果并不相等,因而得出满应力优化结果与数学规划法的结果并不总是等价的结论。

由以上定理可见,在采用静定化假设后,满应力解 A_{ki}^* 就是数学模型 P_k 的最优解。在用序列规划模型 P_k 代替原规划模型 P 求解结构优化设计问题时,即使不用满应力法而用数学规划法求解模型 P_k,最优解 A_{ki}^* 也不一定收敛于原规划模型 P 的最优解 A_i^*。

定理2:序列规划模型 P_k 的最优解收敛于原规划模型 P 的有效约束曲面交点。

证明:若序列规划 P_k 经 K 次迭代收敛于 A_K^*,即有

$$|A_K^* - A_{K-1}^*| \leq \varepsilon \tag{3.26}$$

极限情况下有

$$A_K^* = A_{K-1}^* \tag{3.27}$$

对于任一 i,由式(3.20)可得

$$A_{Ki}^* - A_{K-1,i}^* = A_{Ki}^* - \max\left\{ \left| \frac{\boldsymbol{H}_i^l(A_{K-1}^*)}{[\sigma]_i} \right| \right\} \tag{3.28}$$

若 A_K^* 不在有效约束曲面 $g_i(\boldsymbol{X}_K) = 0$ 上,则有

$$A_{Ki}^* - \max\left\{ \left| \frac{\boldsymbol{H}_i^l(A_{K-1}^*)}{[\sigma]_i} \right| \right\} \neq 0 \tag{3.29}$$

和

$$A_{Ki}^* \neq A_{K-1,i}^* \tag{3.30}$$

这与序列规划模型 P_k 的收敛条件式(3.27)矛盾,即 A_K^* 一定在有效约束曲面 $g_i(A_K) = 0$ 上。由于 A_K^* 落在所有有效约束的约束曲面上,所以 A_K^* 必在所有有效约束曲面的交点上。

由定理2可得以下推论。

推论:对于原规划模型式(3.18),若最优解 A^* 使得所有有效约束条件均有 $g_i(A^*) = 0$,则序列规划模型 P_k 的最优解 A_K^* 收敛于 A^*,否则, A_K^* 不收敛于 A^*。

下面以典型的三杆桁架问题为例,考察序列规划的收敛情况。

例 3.3　如图 3.2 所示的三杆桁架结构,已知如下数据:$a = 45°$,$\rho = 0.1$,工况 1 为 $P_1 = 2\,000$,$P_2 = 0$,工况 2 为 $P_1 = 0$,$P_2 = 2\,000$。由于工况对称,结构也对称,$A_1 = A_3$,在这个问题中只有两个设计变量 A_1,A_2。许用应力分三种情况进行讨论。

第一种情况:$[\sigma]_1^+ = [\sigma]_2^+ = 2\,000$,$[\sigma]^- = -1\,500$;第二种情况:$[\sigma]_1^+ = 2\,000$,$[\sigma]_2^+ = 1\,770$,$[\sigma]^- = -1\,500$;第三种情况:$[\sigma]_1^+ = 2\,000$,$[\sigma]_2^+ = 1\,464$,$[\sigma]^- = -1\,500$。

由于 $A_1 = A_3$,问题只有两个设计变量,而对于 A_3 的约束也成为对 A_1 的约束;在 A_1 的两个约束中,压应力约束是无效的约束,只考虑一个约束即可。问题的原规划模型 P 为

$$\min \quad W = 2\sqrt{2}A_1 + A_2$$

$$\text{s. t.} \begin{cases} [\sigma]_1^+ - P_1 \dfrac{A_2 + \sqrt{2}A_1}{\sqrt{2}A_1^2 + 2A_1A_2} \geqslant 0 \\[3mm] [\sigma]_2^+ - P_1 \dfrac{\sqrt{2}A_1}{\sqrt{2}A_1^2 + 2A_1A_2} \geqslant 0 \\[3mm] A_1 \geqslant 0, A_2 \geqslant 0 \end{cases}$$

问题的序列规划的模型 P_k 为

$$\min \quad W = 2\sqrt{2}A_{k1} + A_{k2}$$

$$\text{s. t.} \begin{cases} [\sigma]_1^+ - P_1 \dfrac{(A_{k-1,2}^* + \sqrt{2}A_{k-1,1}^*) \cdot A_{k-1,1}^*}{[\sqrt{2}(A_{k-1,1}^*)^2 + 2A_{k-1,1}^*A_{k-1,2}^*] \cdot A_{k1}} \geqslant 0 \\[3mm] [\sigma]_2^+ - P_1 \dfrac{\sqrt{2}A_{k-1,1}^* \cdot A_{k-1,2}^*}{[\sqrt{2}(A_{k-1,1}^*)^2 + 2A_{k-1,1}^*A_{k-1,2}^*] \cdot A_{k2}} \geqslant 0 \\[3mm] A_{k1} \geqslant 0, A_{k2} \geqslant 0 \end{cases}$$

式中　$A_{k-1,1}^*$,$A_{k-1,2}^*$——模型 P_{k-1} 的最优解;

　　　A_{k1},A_{k2}——模型 P_k 的设计变量。

三杆桁架的最优解为:$A_1^* = A_3^* = 0.788$,$A_2^* = 0.408$,$W^* = 2.637$。

在第一种情况中,经过 375 次迭代,最优解收敛于两条有效约束曲线的交叉点 $A_1 = A_3 = 0.997$,$A_2 = 0.004$,迭代的极限值为 $A_1 = A_3 = 1.0$,$A_2 = 0$,$W = 2.828$。在这种情形下,σ_2 的约束在原规划模型中是无效的约束,序列规划的最优解不收敛于原规划的最优解,并且结构最终退化为静定结构。原始模型的最优点以及序列规划的最优解如图 3.4 所示。

在第二种情形中,序列规划经过 60 次迭代得到的最优解为 $A_1' = A_3' = 0.897$,$A_2' = 0.165$,$W = 2.702$。最优解仍为两条有效约束曲线的交点,但是序列规划的最优解也不收敛于原规划的最优解,结构未退化为静定结构,最优解如图 3.4 所示。

在第三种情形中,序列规划的最优解经 28 次迭代收敛于原规划的最优解,原规划模型的两个约束皆为有效约束,最优点仍为两条有效约束曲线的交点,而且只有在这种情况下序列线性规划的解才与原规划的解一致。该工况下得到的最优解为 $A_1 = A_3 = 0.788$,$A_2 = 0.408$,$W = 2.637$。

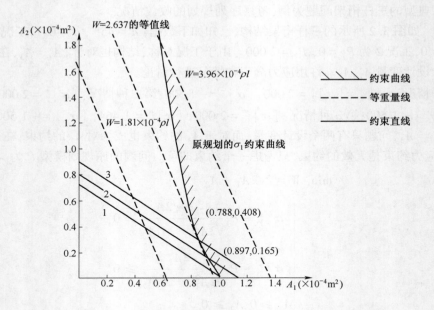

图 3.4　3 杆桁架优化对比(1,2,3 为三种情况的 σ_2 约束直线)

通过以上分析和算例表明:

(1)对于静定结构,结构最优解与满应力准则求得的最优解是一致的,满应力算法迭代一次就可达到满应力,且满应力解就是最优解,即满应力算法迭代一次就可收敛于最优解。

(2)对于静不定结构,在桁架结构应力约束最轻重量截面优化问题中,采用满应力法将原规划模型化为序列规划模型求解时,序列规划的最优解不一定收敛于原规划模型的最优解,只有在原规划模型的最优解位于所有有效约束曲面的焦点时,序列规划模型的最优解才会收敛于原规划模型的最优解。

(3)这种序列规划模型的最优解不收敛于原规划模型的最优解的现象是由于将原规划模型化为序列规划模型所引起的,而不是由于求解序列规划模型的具体算法所引起的。

3.1.5　其他结构满应力设计的算法

对于梁、柱、板壳等结构,其应力不能表示成像桁架结构这样简单的形式,因而不能采用桁架结构的应力比方法进行计算,但是可以根据静定化假设方法,构造出简单的满应力迭代算法。

结构最轻重量满应力设计的数学模型为

$$\min \quad W(X) = \sum_{i=1}^{n} w_i(x_i) \tag{3.31}$$

$$\text{s.t.} \quad \sigma_{il} \leqslant [\sigma]_i \quad l = 1, 2, \cdots, L$$

根据内力的 0 阶泰勒展开,在一轮优化设计中,各单元内力 N_{il} 为常向量,不随设计变量的变化而变化,应力可表示为单元内力 N_{il} 和设计变量 x_i 的函数。

$$\sigma_{il} = \sigma(N_{il}, x_i) \quad l = 1, 2, \cdots, L \tag{3.32}$$

约束条件

$$\sigma_{il} = \sigma(N_{il}, x_i) \leqslant [\sigma]_i \quad l = 1, 2, \cdots, L \tag{3.33}$$

只与设计变量 x_i 有关,实现了关于设计变量 X 的解耦,因此只需由非线性方程

$$\max(\sigma_{il}) = \max\sigma(N_{il}, x_i) \leqslant [\sigma]_i \quad l = 1, 2, \cdots, L \tag{3.34}$$

解出各设计变量 $x_i(i = 1, 2, \cdots, n)$,即可求出该轮满应力设计的最优解。

算法流程图如图 3.5 所示。

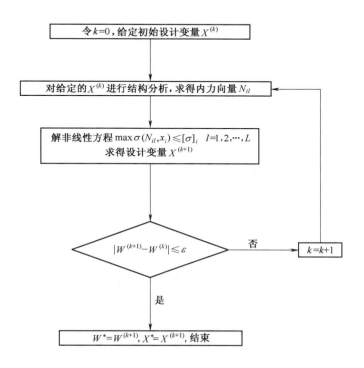

图 3.5 算法流程图

对于离散变量结构优化设计问题,局部性约束离散变量截面优化设计的数学模型为:

$$\min \quad W = \sum_{i=1}^{n} \rho_i V_i \tag{3.35}$$

$$\text{s.t.} \quad g_{ij} \leqslant 0 \quad j = 1, 2, \cdots, M \tag{3.36}$$

设计变量为 $\boldsymbol{x}_i = \{A_i, I_{xi}, I_{yi}, I_{zi}, W_{yi}, W_{zi}, W_{ni}\}$,并且 $\boldsymbol{x}_i \in S_i$ 。其中, S_i 表示 i 单元所有可选型钢的集合, $\boldsymbol{x}_i$ 表示 S_i 中任一型钢的所有截面几何性质的集合, g_{ij} 为 i 单元的局部性约束条件。

在实际结构优化设计过程中,用求解非线性方程的方法求解式(3.36)的约束方程有两个困难。一是在式(3.36)的约束方程中包含有截面性质 A_i, W_{yi}, W_{zi} 等,这些变量之间的关系又无法用数学形式进行描述,因此,求解是非常困难的;二是求得了连续解还需要再圆整到离散解,效率、精度都较低。

在数学模型式(3.35)、式(3.36)中,目标函数是设计变量 x_i 的单调递增函数,大多数的局部性约束都是设计变量的单调递减函数(如正应力强度条件、剪应力强度条件、概率极限设计

强度条件、各种强度理论的强度条件、局部稳定性条件等)。根据上述单调性质和设计变量的离散特点,可采用一维搜索算法求解以上问题,这样,避免了求解非线性方程的困难,大大地提高了计算的效率和精度。

首先,将 S_i 按型钢截面面积 A_i 的升序排列,并假设 A_i 越大, W_i 越大(这一假设对大多数型钢是正确的,若某些型钢不满足这一假设,选择该型钢使结构的重量增加,而约束条件得不到改善,不会得到最优解,因此,可将其从 S_i 中除掉)。

一维搜索算法的基本思想是由 S_i 的第一个型钢开始,依次将该型钢的设计变量 x_i 代入约束条件,若约束条件不满足,检查下一个型钢,直到满足约束条件为止。由目标函数和约束函数的单调性质,这样得到的解显然是最优解。

该算法的步骤如下:

(1)i 由 1 到 n 循环;

(2)按 A_i 的升序形成集合 S_i ,令 $k = 1$;

(3)$x_i = s_{ik}$ (s_{ik} 为集合 S_i 中的第 k 个元素);

(4)将 x_i 代入约束条件式(3.36);

(5)检查约束条件式(3.36),若式(3.36)不满足, $k = k + 1$,转 4 循环,若式(3.36)满足, $A_i = A_{ik}$,转 1 循环;

(6)得最优解 $W^* = \sum_{i=1}^{n} \rho_i V_i$。

下面是两个一维搜索算法的算例。

例 3.4 图 3.6 所示两跨六层钢框架,有四个荷载工况:

工况(Ⅰ)——单元 1,7,11,17,21,27 上各有均布载荷 58.352 kN/m。单元 2,6,12,16,22,26 上各有均布荷载 14.588 kN/m;

工况(Ⅱ)——单元 2,6,12,16,22,26 上各有均布荷载 58.352 kN/m,单元 1,7,11,17,21,27 上各有均布载荷 14.588 kN/m;

工况(Ⅲ)——单元 1,2,6,7,12,16,17,21,22,26,27 上各有均布荷载 14.588 kN/m,左侧各节点各有向右的水平集中载荷 40.04 kN;

工况(Ⅳ)——单元 1,2,6,7,12,16,17,21,22,26,27 上各有均布荷载 14.588 kN/m,右侧各节点各有向左的水平集中载荷 40.04 kN。

材料的弹性模量为 $E = 206.88$ GN/m² ,比重为 $\rho = 76\ 999.34$ N/m³ ,许用应力 $[\sigma] = 163.86$ MN/m² 。离散变量集如表 3.2 所示,优化结果如表 3.3 所示。

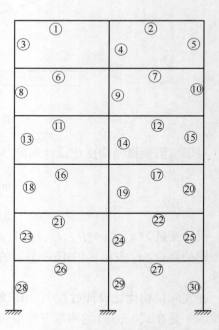

图 3.6　两跨六层钢框架

表 3.2　离散变量集

序号	$A(\text{cm}^2)$	$W(\text{cm}^3)$	$I(\text{cm}^4)$	序号	$A(\text{cm}^2)$	$W(\text{cm}^3)$	$I(\text{cm}^4)$
1	37.419	300.554	4 162.3	11	124.103	1 815.401	45 785.3
2	52.916	505.473	8 324.6	12	129.626	1937.828	49 947.6
3	64.806	685.124	12 486.9	13	134.916	2 057.723	54 110.1
4	74.839	850.108	16 649.2	14	140.006	2 175.333	58 272.4
5	83.671	1 004.982	2 0811.5	15	144.922	2 290.862	62 434.7
6	91.658	1 152.236	24 973.8	16	149.677	2 404.465	66 596.8
7	99.000	1 293.464	29 136.2	17	154.284	2 516.306	70 759.1
8	105.832	1 429.706	33 298.5	18	158.755	2 626.525	74 921.4
9	112.258	1 561.753	37 460.8	19	163.103	2 735.220	79 083.7
10	118.329	1 690.155	41 623.0	20	167.342	2 842.489	83 246.0

表 3.3　优化结果 (I, cm^4)

单元号	初值	连续变量优化		本方法
		分部优化法	Arora 法	
1,2	99 895.2	20 749	18 755.3	20 811.5
3,5	99 895.2	23 671	20 753.2	24 973.8
4	99 895.2	1 860.5	16 436.9	8 324.6
6,7	99 895.2	21 544.1	22 093.5	24 973.8
8,10	99 895.2	3 142.5	16 411.9	8 324.6
9	99 895.2	15 854.2	16 528.5	12 486.9
11,12	13 193.6	20 187.2	20 137.2	20 811.5
13,15	13 193.6	23 654.4	17 702.3	20 811.5
14	13 193.6	13 294.4	19 675.2	16 649.2
16,17	166 492.0	23 092.4	21 723.0	24 973.8
18,20	166 492.0	12 374.4	19 492.0	16 649.2
19	166 492.0	32 445.1	30 114.2	29 136.2
21,22	19 970.4	31 687.6	29 098.6	29 136.2
23,25	19 970.4	22 205.9	26 909.3	20 811.5
24	19 970.4	34 701.1	43 475.2	37 460.8
26,27	23 088.8	28 049.7	27 737.6	29 136.2
28,30	23 088.8	34 667.8	45 743.7	41 623.0
29	23 088.8	77 618.6	62 005.8	62 434.7
重量(N)	24 157.5	92 305.3	96 577.0	95 412.0
迭代次数		8	12	4

　　例 3.5　二十五单元的钢悬臂板如图 3.7 所示,沿 y 轴方向进行变量连接共分为五组单元,用 Ⅰ ~ Ⅴ 表示,在 31~36 节点上分别沿 x 方向与 z 方向作用有 100 N 的集中力,许用应力 $[\sigma] = 100 \text{ MN/m}^2$, $\rho = 78 \text{ kN/m}^3$,钢板厚度离散集见表 3.4,优化结果见表 3.5。

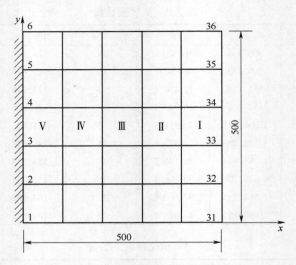

图 3.7 二十五单元悬臂板(单位:mm)

表 3.4 钢板厚度离散变量集

序号	1	2	3	4	5	6
厚度(mm)	2	4	6	8	10	12

表 3.5 优化结果

单元组号	I	II	III	IV	V
厚度 t(mm)	4	4	6	6	6
重量(N)	101.40				

在多约束结构优化设计中,绝大多数约束都是单调性的局部约束,特别是在考虑工程规范要求时这种约束就更多了,采用上述一维搜索的算法可相当迅速地处理这些约束,因此,在实际工程中可充分考虑设计规范的各项要求。一维搜索法还具有较高的计算精度,例 3.4 的优化结果还优于 Arora 所做的连续变量优化结果。

3.1.6 齿形法

上面已经指出,满应力解不一定是最优解。在以重量为设计目标的结构优化设计中,由于满应力法与结构重量函数没有直接联系,满应力解不一定是最轻的。

满应力齿行法的基本思想是把满应力准则与目标函数联系起来,每走一满应力步后,紧接着走一射线步(或称比例步),把设计点引到可行域边界上,如果在边界上目标值的变化为"大—小—大",则说明其中存在着局部极小点。

射线步的迭代公式为:

$$A_i^{(k+1)} = \mu_{\max}^k A_i^{(k)} \tag{3.37}$$

式中 $\mu_{\max}^k$ ——所有单元中的最大应力比,$\mu_{\max}^k = \max_i (\overline{\mu}_i^k)$。

满应力齿行法迭代步骤:

(1)选初始点 $A^{(0)}$;

(2)进行结构分析,求:$\sigma_{il}(i = 1,2,\cdots,n;l = 1,2,\cdots,L)$;

(3)求单元应力比:$\bar{\mu}_i = \max(\mu_{il})\quad i = 1,2,\cdots,n,\quad l = 1,2,\cdots,L$;

(4)作射线步:

$$\mu_{\max} = \max_i(\bar{\mu}_i)$$

$$\widetilde{A}_i = \mu_{\max}A_i$$

$$\widetilde{W} = \sum_{i=1}^{n}\rho_i l_i \widetilde{A}_i$$

(5)判别:若 $\widetilde{W} > W_0$,迭代停止;否则,$\widetilde{W} = W_0$,转(6);

(6)求满应力步:$\widetilde{\widetilde{A}}_i = \bar{\mu}_i\widetilde{A}_i/\mu_{\max} = \widetilde{\mu}_i\widetilde{A}_i,A_i = \widetilde{\widetilde{A}}_i$;

(7)转(2)。

其中:$\widetilde{\mu}_i = \bar{\mu}_i/\mu_{\max}$。

满应力齿行法的流程图如图 3.8 所示,图中 $\bar{k}$ 为最大允许循环次数。

必须指出,对满应力齿行法还可以进一步改进。若在它的解点附近作变步长搜索,可提高解的精度。因此,在满应力齿行法的满应力步中引入步长因子 $\alpha(0 < \alpha < 1)$,使满应力步的 $\widetilde{\widetilde{A}}_i$ 在 $\widetilde{A}_i$ 与 $\widetilde{\mu}_i\widetilde{A}_i$ 之间,即:

$$\widetilde{\widetilde{A}}_i = (1 - \alpha)\widetilde{A}_i + \alpha\widetilde{\mu}_i\widetilde{A}_i$$

$$= (1 - \alpha + \alpha\widetilde{\mu}_i)\widetilde{A}_i \qquad (3.38)$$

这种变步长的满应力步与射线步结合,可能提高解的精度。这种方法有时称为变步长满应力齿行法。另外,这种改变步长的方法在其他优化方法中也常被采用。

最后,还必须指出,满应力法和满应力齿行法在实际应用中收敛都很快,一般仅需迭代十次左右就可得到较满意的结果,且二者的结果差别不大。相比之下,满应力齿行法更好一些,因此在实践中得到了广泛的应用。

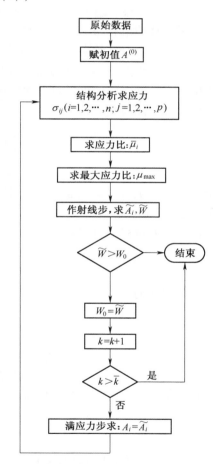

图 3.8　满应力齿行法的流程图

3.2　满位移准则法

如上节所讨论的那样,应力约束是一种局部约束,各杆件应力约束之间的相互影响比较弱,因而可以采取解耦的方法,将各个杆件的应力约束看作是相互独立的约束,并可应用满应力准则法进行结构优化设计。而位移约束则是一种全局约束,各杆的刚度对于桁架结构节点位移都有不可忽略的影响,位移约束不能采用分部优化。

满位移设计是在满应力设计的基础上,通过调整主动杆件的截面积,使位移约束达到满位移的一种整体优化策略。如果满应力设计的优化结果满足位移约束,则无需再进行满位移设计。

如果仅考虑位移约束情况,优化问题的数学模型可以简化如下:

求设计变量:A

使目标函数:$W = \sum_{i=1}^{n} \rho_i l_i A_i \rightarrow \min$

满足约束条件:$u_{iq} \leq \bar{u}_j (j = 1, 2, \cdots, m; q = 1, 2, \cdots, L)$

这里位移约束有 $m \times L$ 个。实际上,结构优化设计问题的最优解总是在可行域的边界上,不管它是在一个最严约束面(形成可行域边界的面)上,还是在几个最严约束的交界点(或线)上。因为一个交点的邻近点必然在最严约束面之一的面上,因此总可以把它看作是在一个最严约束面上。这样我们可以只考虑位移最严约束,于是问题可以进一步简化为:

求 A_i 使约束最小

$$\begin{cases} W = \sum_{i=1}^{n} \rho_i l_i A_i \rightarrow \min \\ u_{jq} = \bar{u}_j \end{cases} \tag{3.39}$$

这里 j 是最严约束的编号,q 是这个最严约束的载荷组号,由于只考虑一个最严约束,所以这个约束取等号,也就是满位移。

该问题的拉格朗日函数为:

$$L(A_i, \lambda) = \sum_{i=1}^{n} \rho_i l_i A_i + \lambda (u_{jq} - \bar{u}_j) \tag{3.40}$$

极值存在的必要条件为:

$$\begin{cases} \dfrac{\partial L}{\partial A_i} = \rho_i l_i + \lambda \dfrac{\partial u_{jq}}{\partial A_i} = 0 \quad i = 1, 2, \cdots, n \\ \dfrac{\partial L}{\partial \lambda} = u_{jq} - \bar{u}_j = 0 \end{cases} \tag{3.41}$$

对于桁架结构,由莫尔定理,位移 u_{jq} 可以由下式求出:

$$u_{jq} = \sum_{k=1}^{n} \frac{N_k^q N_k^j l_k}{E_k A_k} \tag{3.42}$$

式中　　N_k^q ——第 q 组载荷在 k 杆中产生的内力;

　　　　N_k^j ——对应于 j 号位移的虚载荷在 k 杆中产生的内力。

对式(3.42)求导数:

$$\begin{aligned} \frac{\partial u_{jq}}{\partial A_i} &= \frac{-N_i^q N_i^j l_i}{E_i A_i^2} + \left(\sum_{k=1}^{n} \frac{\partial N_k^q}{\partial A_i} \frac{N_k^j l_k}{E_k A_k} + \sum_{k=1}^{n} \frac{\partial N_k^j}{\partial A_i} \frac{N_k^q l_k}{E_k A_k} \right) \\ &= \frac{-N_i^q N_i^j l_i}{E_i A_i^2} + 0 \quad i = 1, 2, \cdots, n \end{aligned} \tag{3.43}$$

上式右边的第二项为零,因为 $\left\{\dfrac{\partial N}{\partial A_i}\right\}$ 是一组自身平衡的力系,而 $\left\{\dfrac{Nl}{EA}\right\}$ 可以看作是一组虚位移,根据虚功原理,两者乘积为零。将式(3.43)代入式(3.41)的第一式,得:

$$\rho_i l_i - \lambda \frac{N_i^q N_i^j l_i}{E_i A_i^2} = 0 \quad i = 1,2,\cdots,n \tag{3.44}$$

由上式可得

$$A_i = \sqrt{\lambda \frac{N_i^q N_i^j}{E_i \rho_i}} \tag{3.45}$$

将式(3.42)代入式(3.41)的第 2 式,可得

$$\sum_{k=1}^{n} \frac{N_k^q N_k^j l_k}{E_k A_k} - \bar{u}_j = 0 \tag{3.46}$$

将式(3.45)代入式(3.46),可得

$$\sum_{k=1}^{n} \frac{l_k \sqrt{N_k^q N_k^j \rho_k}}{\sqrt{\lambda E_k}} - \bar{u}_j = 0 \tag{3.47}$$

于是可得拉格朗日乘子为

$$\sqrt{\lambda} = \frac{1}{\bar{u}_j} \sum_{k=1}^{n} \frac{l_k \sqrt{N_k^q N_k^j \rho_k}}{\sqrt{E_k}} \tag{3.48}$$

将式(3.48)代入式(3.45),得:

$$A_i = \frac{1}{\bar{u}_j} \sqrt{\frac{N_i^q N_i^j}{E_i \rho_i}} \cdot \sum_{k=1}^{n} \frac{l_k \sqrt{N_k^q N_k^j \rho_k}}{\sqrt{E_k}} \tag{3.49}$$

式(3.49)就是最优解必须满足的满位移准则。

若各杆的 E、ρ 相同,则上式可简化为

$$A_i = \frac{1}{E\bar{u}_j} \sqrt{N_i^q N_i^j} \cdot \sum_{k=1}^{n} l_k \sqrt{N_k^q N_k^j} \tag{3.50}$$

对于静定结构,由于结构内力不随各杆的刚度变化而变化,由上式可以直接确定下各杆在满位移准则下的解。对于静不定结构,由 $N = \sigma A$,可将式(3.50)改写为

$$A_i = \frac{A_i}{E\bar{u}_j} \sqrt{\sigma_i^q \sigma_i^j} \cdot \sum_{k=1}^{n} l_k A_k \sqrt{\sigma_k^q \sigma_k^j} \tag{3.51}$$

于是可构造迭代公式

$$A_i^{p+1} = \frac{A_i^p}{E\bar{u}_j} \sqrt{\sigma_i^q \sigma_i^j} \cdot \sum_{k=1}^{n} l_k A_k^p \sqrt{\sigma_k^q \sigma_k^j} \tag{3.52}$$

这里 p 是迭代次数。

凡在当前满位移设计过程中,截面不作调整的杆件称为被动杆件;截面要作调整的杆件称为主动杆件。

设桁架在载荷作用下各杆轴力为 $N = [N_1, N_2, \cdots, N_n]^{\mathrm{T}}$,沿所控制的位移 u 的方向施加单

位载荷引起的各杆轴力为 $\overline{N}$,$\overline{N} = [\overline{N}_1, \overline{N}_2, \cdots, \overline{N}_n]^{\mathrm{T}}$,根据虚功原理有 $u = \sum\limits_{i=1}^{n} \dfrac{\overline{N}_i N_i}{E_i A_i} l_i$,对于静

定结构,由于轴力与截面积 A_i 无关,位移 u 对设计变量 A_j 的变化率为 $\dfrac{\mathrm{d}u}{\mathrm{d}A_j} = -\dfrac{\overline{N}_j N_j}{E_j A_j^2} l_j$,如果 $\overline{N}_j N_j$

< 0 ,则 $\dfrac{\mathrm{d}u}{\mathrm{d}A_j} > 0$,也就是说,当 N_j 和 $\overline{N}_j$ 异号时, A_j 增加, u 也增加。这类杆件在满位移设计中

是被动杆件,截面积不作调整,仍取其他约束条件下的优化设计所确定的面积。如果 $\overline{N}_j N_j >$ 0 ,那么这类杆件可能是主动杆件,也可能是被动杆件。如果作为主动杆件经满位移设计,得到的截面积小于按其他约束(如应力约束、几何约束等)所确定的值,则不作调整,而将该杆件归于被动杆件。

综上所述,符合下列原则的杆件应划为被动杆件:

(1) $\overline{N}_j N_j < 0$;

(2)主动杆件经满位移设计的一次迭代后,其截面积小于其他约束要求。

上述原则是从静定结构的分析得到的,显然原则(2)对超静定结构也是适用的。

根据主动杆件和被动杆件的分类,可以将结构杆件的集合 $S = \{i \mid i = 1, 2, \cdots, n\}$ 分为两个子集,主动杆件子集 $S_1 = \{i \mid$ 主动杆件编号$\}$ 和被动杆件子集 $S_2 = \{i \mid$ 被动杆件编号$\}$,位移 u_j 可表示为

$$u_{jq} = \sum_{k=1}^{n} \frac{N_k^q N_k^j l_k}{E_k A_k} = \sum_{k \in S_1} \frac{N_k^q N_k^j l_k}{E_k A_k} + \sum_{k \in S_2} \frac{N_k^q N_k^j l_k}{E_k A_k} = u_{jq}^a + u_{jq}^c \tag{3.53}$$

式中 u_{jq}^a , u_{jq}^c ——主动杆件的位移贡献和被动杆件的位移贡献,由于在优化过程中被动杆件
不变,因此 u_{jq}^c 是一个常数。

同样可以把位移约束 $\overline{u}_j$ 分为两项, $\overline{u}_j = \overline{u}_j^a + \overline{u}_j^c$,其中, $\overline{u}_j^a$ 和 $\overline{u}_j^c$ 分别为主动杆件的位移约束值和被动杆件的位移约束值,由于在优化过程中被动杆件不变,因此只能有 $\overline{u}_j^c = u_{jq}^c$,相应地主动杆件的位移约束值为 $\overline{u}_j^a = \overline{u}_j - \overline{u}_j^c = \overline{u}_j - u_{jq}^c$ 。于是,式(3.50)和式(3.52)可分别改写为

$$A_i = \frac{1}{E(\overline{u}_j - u_{jq}^c)} \sqrt{N_i^q N_i^j} \cdot \sum_{k \in S_1} l_k \sqrt{N_k^q N_k^j} \tag{3.54}$$

和

$$A_i^{p+1} = \frac{A_i^p}{E(\overline{u}_j - u_{jq}^c)} \sqrt{\sigma_i^q \sigma_i^j} \cdot \sum_{k \in S_1} l_k A_k^p \sqrt{\sigma_k^q \sigma_k^j} \tag{3.55}$$

如图 3.9 所示,桁架满位移设计的步骤如下:

(1)确定初始设计,可以取满应力设计作为初始设计 $X^{(0)} = [A_1^{(0)}, A_2^{(0)}, \cdots, A_n^{(0)}]^{\mathrm{T}}$ 。

(2)进行受力分析,求 N_i 和 $\overline{N}_i$ 。按照 N_i 和 $\overline{N}_i$ 的乘积正负号划分主、被动杆件。

(3)求满位移下主动杆件的优化面积,连同被动杆件的截面积组成

$$X^{(k)} = [A_1^{(k)}, A_2^{(k)}, \cdots, A_n^{(k)}]^{\mathrm{T}}$$

(4)若 $A_i^{(k)} < A_i^0$,则把第 i 杆划为被动杆件,返回步骤(3);若 $A_i^{(k)} \geqslant A_i^0 (i = 1, 2, \cdots, n)$,则转向步骤(5);

（5）若 $|A_i^{(k+1)} - A_i^{(k)}| < \varepsilon$，则 $\boldsymbol{X}^* = \boldsymbol{X}$，否则 $k = k + 1$，返回步骤（2）。

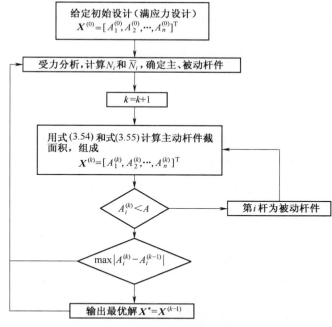

图 3.9　满位移法的计算框图

例 3.6　在满足应力约束下，对图 3.10 静定桁架做满位移设计。

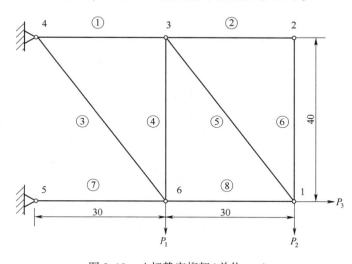

图 3.10　八杆静定桁架（单位：cm）

已知条件如下：

（1）外载荷为

$$
\begin{Bmatrix} P_1 \\ P_2 \\ P_3 \end{Bmatrix} = \begin{Bmatrix} 2\,000 \\ 2\,000 \\ 2\,000 \end{Bmatrix}
$$

（2）各杆材料均相同，$E = 20 \times 10^6 \text{ N/cm}^2$；

（3）材料的比重 $\rho = 8.0 \times 10^{-3} \text{ kg/cm}^3$；

（4）各杆最小截面积为 $A_{\min} = 1 \text{ cm}^2$；

（5）要求 A 点的垂直位移不超过 0.1 cm。

求满足给定各杆件的截面面积，使结构重量为最小。

解：设初始设计变量为

$$\{A\} = \begin{bmatrix} 1 & 1 & 1 & 1 & 1 & 1 & 1 & 1 \end{bmatrix}^T$$

由节点的平衡条件可知：

$$\{N\} = \begin{bmatrix} 15\,000 & 0 & 50\,000 & -20\,000 & 25\,000 & 0 & 0 & 30\,000 \end{bmatrix}^T$$

$$\{\overline{N}\} = \begin{bmatrix} 3/4 & 0 & 5/4 & -1 & 5/4 & 0 & -3/2 & -3/4 \end{bmatrix}^T$$

由主动元件的判别式 $\overline{N}_j N_j > 0$ 可知，1,3,4,5 杆为主动杆件；2,6,7,8 杆为被动元件，于是得到被动杆件的位移贡献：

$$u^c = \sum_{i=1}^{n} \frac{\overline{N}_i N_i}{E_i A_i} l_i = \frac{-3/4 \times 30\,000 \times 30}{2\,000\,000 \times 1} = \frac{27}{80}$$

被动杆件的位移贡献极限为

$$\overline{u}^a = 0.1$$

各主动杆件的长度以及内力、密度、弹性模量等物理量如表 3.6 所示：

表 3.6　各主动杆件的长度以及内力、密度、弹性模量等物理量

元件号	1	3	4	5
l	30	50	40	50
N	15 000	50 000	−20 000	25 000
$\overline{N}$	3/4	5/4	−1	5/4
ρ	8/1 000	8/1 000	8/1 000	8/1 000
E	2 000 000	2 000 000	2 000 000	2 000 000
$\sqrt{\rho N \overline{N}/E}$	$\frac{1}{1\,000}\sqrt{45}$	$\frac{1}{1\,000}\sqrt{250}$	$\frac{1}{1\,000}\sqrt{80}$	$\frac{1}{1\,000}\sqrt{125}$
$l\sqrt{\rho N \overline{N}/E}$	$\frac{3}{100}\sqrt{45}$	$\frac{5}{100}\sqrt{250}$	$\frac{4}{100}\sqrt{80}$	$\frac{5}{100}\sqrt{125}$
$N \overline{N}/\rho E$	45/64	250/64	80/64	125/64
$\sqrt{N\overline{N}/\rho E}$	3.66	8.61	4.87	6.09

$$\sum l\sqrt{\rho N \overline{N}/E} = 1.91$$

$$\overline{u} = \overline{u}^a + u^c = 0.437\,6$$

根据方程（3.48）计算得到

$$\sqrt{\lambda} = \frac{1}{\overline{u}_j} \sum_{k=1}^{n} \frac{l_k \sqrt{N_k^q N_k^j \rho_k}}{\sqrt{E_k}} = 4.36$$

代入式（3.50）求得主动杆件的截面如下：

$$\{A\} = \begin{bmatrix} 3.66 & 1 & 8.61 & 4.87 & 6.09 & 1 & 1 & 1 \end{bmatrix}^{\mathrm{T}}$$

在静定结构中,当某一设计变量改变时,由于不会引起内力的重新分配,所以不需要再重新调整面积了,也容易算出结点的位移为 0.1 cm。

例 3.7 如图 3.11 所示的十杆桁架,该结构为超静定结构,对其进行满位移设计。已知杆的弹性模量 $E = 68.96$ GN/m²;$\rho = 27\,150.68$ N/m³;许用应力 $[\sigma] = \pm172.4$ MN/m²,在 4 号节点和 2 号节点分别作用有向下的 P_1 和 P_2 的集中力,各节点外向许用位移为 $\pm0.609\,6$ m,初始设计变量截面积为 64.5 cm²。分两种工况进行讨论,工况 1:$P_1 = 44\,4822$ N,$P_2 = 0$ N;工况 2:$P_1 = 667\,233$ N,$P_2 = 222\,411$ N。利用上面提到的超静定结构的满位移准则及其求解方法得到优化结果如表 3.7 所示。

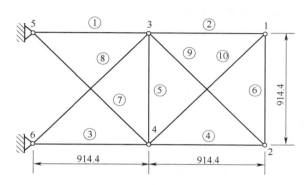

图 3.11 十杆桁架结构(单位:cm)

表 3.7 超静定结构的满位移优化结果

杆件号	工况 1	工况 2
	优化后的截面积(cm²)	优化后的截面积(cm²)
1	30.797	24.776
2	0.100	0.100
3	23.643	27.275
4	14.895	13.089
5	0.100	0.148
6	0.631	6.245
7	7.620	14.828
8	21.123	13.707
9	21.065	18.214
10	0.100	0.100
重量(N)	5 066.90	4 963.90
迭代次数	10	8

一般地说,结构的强度要求是最基本的,考虑位移约束的同时,一定要满足应力约束。此外,还要满足由工艺、材料供应和构造要求方面提出的尺寸约束。只要综合运用满应力准则步、位移准则步和射线步,就能解决结构优化的问题。

综合运用的基本思想是:在一轮迭代中,根据当前的方案 $A^{(1)}$(图 3.12 中以点①表示),从为数众多的应力约束和位移约束中筛选出最严的约束,把设计点用射线步引到这个最严约束面上,得到点②。然后根据这个最严约束的性质决定走什么步:若它是应力约束,则走满应力准则步;若它是位移约束,则走位移准则步,但是都要控制步长,不让它过大,该优化准则步使方案修改到①′点。用这个方案开始下一轮迭代,先作重分析或近似的重分析,筛选出最严约束,它可能仍是上一轮的老约束,也可能是换了新的另一约束,再用射线步把方案调整到这个最严约束上去,得可行方案②′。如此继续下去,直到连续两次的可行方案很接近而满足收敛条件,或重量有回升而停止迭代。

对于尺寸约束 $A_i \geq \underline{A_i}$,在使用优化准则步得到新设计点①′之后,检验尺寸约束是否得以满足,若 A_i 不满足尺寸约束(即 $A_i \leq \underline{A_i}$),则取 $A_i = \underline{A_i}$ 。在作射线步时,将不再考虑尺寸约束,因此可能会出现射线步不一定能恰好射到可行域边界上的情况,但这并不太重要,因为到收敛时,射线步的步长将很小,由于在射线步的起点已考虑了尺寸约束,因此在射线步的终点也认为是满足这些约束的。

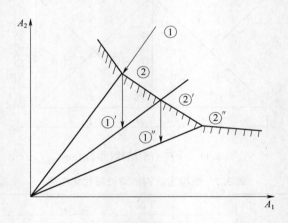

图 3.12　优化设计的迭代过程

3.3　能 量 准 则

众所周知,若弹性体在外力作用过程中没有能量损失,则外力所作的功将全部转化为应变能,存储在弹性体内。结构在载荷的作用下发生形变而存储一定的应变能,结构某一部分存储应变能的多少是衡量它参加抵抗多少载荷作用的标志。为了最大限度地发挥材料的潜力,应尽可能使材料在结构中的分布和各处的应变能成正比,这样就提出了能量准则法:使结构中单位体积的应变能达到材料应变能的容许值时,结构的重量最轻。

如果我们称构件所能存储的最大应变能为构件的容许应变能,那么,结构优化的能量准则又可以表述为:结构各构件的应变能都等于相应的容许应变能时,此结构总质量即被认为是最轻的。但是应该指出,除了单一载荷情况下的静定结构,这个准则一般是很难满足的,故必须对这个准则做适当的修改,这种方法与满应力设计相似,可参考进行。这里主要讲应变能密度准则。

考虑在一组荷载 $P = [p_1, p_2, \cdots, p_m]^T$ 作用下(单工况),具有能量约束的结构最轻设计问题。

求最优 A^*，使结构重量满足

$$W(A) = \sum_{i=1}^{n} \rho_i l_i A_i \to \min$$

并满足应变能约束

$$U \leqslant U^a$$

式中 U——结构的总应变能；令 U_i 为 i 单元的应变能，$U = \sum_{i=1}^{n} U_i = \frac{1}{2} P^{\mathrm{T}} u$；

u^a——总应变能的最大允许值。

能量约束实际上代表对结构的一个广义的刚度要求，是一个综合性的位移约束。

最优解要使此约束达到临界，亦即使 $U = U^a$，这时拉格朗日（Langrange）函数为

$$L(A, \lambda) = \sum_{i=1}^{n} \rho_i l_i A_i + \lambda (U - U^a) \tag{3.56}$$

根据极值条件

$$\frac{\partial L}{\partial A_i} = \rho_i l_i + \lambda \frac{\partial U_i}{\partial A_i} = 0 \quad (i = 1, 2, \cdots, n) \tag{3.57}$$

可以证明 $\dfrac{\partial U}{\partial A_i} = -\dfrac{U}{A_i}$，$U_i = \dfrac{1}{2} u_i^{\mathrm{T}} [K_i] u_i$。

证明：由 $U = \dfrac{1}{2} P^{\mathrm{T}} u$ 对面积进行求导得到

$$\frac{\partial U}{\partial A_i} = \frac{1}{2} P^{\mathrm{T}} \left(\frac{\partial u}{\partial A_i} \right) \tag{3.58}$$

同理对 $U = \dfrac{1}{2} u^{\mathrm{T}} [K] u$ 关于面积求导可得到

$$\frac{\partial U}{\partial A_i} = \frac{1}{2} \left(\frac{\partial u^{\mathrm{T}}}{\partial A_i} ku + u^{\mathrm{T}} \frac{\partial k}{\partial A_i} u + u^{\mathrm{T}} k \frac{\partial u}{\partial A_i} \right) \tag{3.59}$$

由 $ku = p$ 对面积求导得

$$u \frac{\partial k}{\partial A_i} + k \frac{\partial u}{\partial A_i} = 0$$

由此可以得出

$$\frac{\partial u}{\partial A_i} = -k^{-1} u \frac{\partial k}{\partial A_i} \tag{3.60}$$

把式（3.58）代入方程 $U = \dfrac{1}{2} P^{\mathrm{T}} u$ 得

$$\frac{\partial U}{\partial A_i} = \frac{1}{2} P^{\mathrm{T}} \left(-k^{-1} u \frac{\partial k}{\partial A_i} \right) = \frac{1}{2} (ku)^{\mathrm{T}} \left(-k^{-1} u \frac{\partial k}{\partial A_i} \right)$$

$$= -\frac{1}{2} u^{\mathrm{T}} \frac{\partial k}{\partial A_i} u = -\frac{1}{2} u_i^{\mathrm{T}} \frac{k_i}{A_i} u_i = -\frac{U_i}{A_i} \tag{3.61}$$

证毕。

由

$$\begin{cases} \dfrac{\partial U}{\partial A_i} = -\dfrac{U_i}{A_i} \\ \dfrac{\partial L}{\partial A_i} = \rho_i l_i + \lambda \dfrac{\partial U_i}{\partial A_i} = 0 (i = 1,2,\cdots,n) \end{cases}$$

可以得出方程

$$\rho_i l_i - \lambda \frac{U_i}{A_i} = 0 \Rightarrow A_i \left(\rho_i l_i - \lambda \frac{U_i}{A_i} \right) = 0 \Rightarrow \frac{U_i}{W_i} = \frac{1}{\lambda} \qquad (3.62)$$

结构的总应变能

$$U = \sum_{i=1}^n U_i = \frac{1}{\lambda} \sum_{i=1}^n W_i = \frac{W}{\lambda} \qquad (3.63)$$

这样就得到单工况下,满足广义刚度要求的 $U \leqslant U^a$ 的结构最轻化设计的能量准则为:结构中各构件的应变能密度相同,等于结构总的应变能密度。

在结构最轻情况下, $U \leqslant U^a$, $W = W_{\min}$,因而 $\dfrac{U_i}{W_i} = \dfrac{U^a}{W_{\min}} = \mu_{\max}$,即在最轻情况下,结构的应变能密度最大,并且应变能在整个结构上按重量均匀分布。

应变能密度准则的迭代公式:

根据 $\dfrac{U_i}{W_i} = \dfrac{U^a}{W_{\min}}$ 可得 $\dfrac{U_i}{W_i} \cdot \dfrac{W}{U^a} = 1$

开方后等式两边均乘以 A_i 得

$$A_i = A_i \sqrt{\frac{U_i}{W_i} \cdot \frac{W}{U^a}}$$

这样得到递推公式为

$$A_i^{(k+1)} = A_i^{(k)} \left(\sqrt{\frac{W U_i}{U^a W_i}} \right)^{(k)} \qquad (3.64)$$

考虑在一组荷载 $\boldsymbol{P} = [p_1, p_2, \cdots, p_m]^{\mathrm{T}}$ 作用下(单工况),具有能量约束的结构最轻设计问题的数学模型为:

$$\begin{aligned} \min \quad & W(A) = \sum_{i=1}^n \rho_i l_i A_i \\ \text{s. t.} \quad & U_i \leqslant [U]_i \qquad i = 1,2,\cdots,n \end{aligned} \qquad (3.65)$$

式中 U_i —— i 单元的应变能;

     $[U]_i$ —— i 单元应变能的最大允许值。

优化设计的能量准则要求式(3.65)的约束达到临界,亦即使 $U_i = [U]_i$ 。

为了能够控制收敛的速度和计算的稳定性,引进一个系数 C_i^2 ,将约束函数化为

$$\frac{U_i}{[U]_i} = \frac{1}{C_i^2} \quad i = 1,2,\cdots,n \qquad (3.66)$$

根据问题所要求的精度和收敛速度来调整 C_i^2 的值，一般说来开始时可以取得大些，在迭代过程中逐步逼近于 1。将式(3.66)左右两端同乘以 $C_i^2 A_i^2$，可得

$$A_i^2 = A_i^2 C_i^2 \frac{U_i}{[U]_i} \quad i = 1,2,\cdots,n \tag{3.67}$$

于是可以构造优化设计能量准则的迭代公式为

$$A_i^{k+1} = A_i^k C_i \sqrt{\frac{U_i^k}{[U]_i}} \quad i = 1,2,\cdots,n \tag{3.68}$$

在多工况下，各杆件在不同工况下的应变能密度各不相同，为保证结构的正常工作，必须使最大的应变能密度满足能量准则，因此迭代公式(3.68)要改写成

$$A_i^{k+1} = A_i^k C_i \sqrt{\frac{U_{imax}^k}{[U]_i}} \quad i = 1,2,\cdots,n \tag{3.69}$$

能量准则的迭代步骤为：

(1)选初始设计点：

令 $k = 0$，取初始设计点为 $\boldsymbol{A}^{(k)} = \{A_1^{(k)}, A_2^{(k)}, \cdots, A_n^{(k)}\}$；

(2)进行结构分析求内力：

以 $\boldsymbol{A}^{(k)}$ 为设计点，进行结构分析，求得各单元内力矩阵

$$\boldsymbol{N} = [\boldsymbol{N}_1, \boldsymbol{N}_2, \cdots, \boldsymbol{N}_n]_{n \times L}$$

内力矩阵 $\boldsymbol{N}$ 为 $n \times L$ 阶矩阵，上式中的每一个元素分别是一个向量，令 $\boldsymbol{N}_{imax} = \max \{N_{i1}, N_{i2}, \cdots, N_{iL}\}^T$ 为 i 单元在 L 个工况中的最大内力，得到各单元的最大内力向量 $\boldsymbol{N}_{max} = \{N_{1max}, N_{2max}, \cdots, N_{nmax}\}^T$。

(3)求应变能密度向量：

由 $U_{imax}^k = \dfrac{N_{imax}^2}{2E(A_i^k)^2}$ 得

$$\boldsymbol{U}_{max}^k = \{U_{1max}^k, U_{2max}^k, \cdots, U_{nmax}^k\}^T$$

(4)收敛性检验、修改设计变量：

令 $\mu_i = \dfrac{U_{imax}^k}{[U]_i} \quad i = 1,2,\cdots,n$

若对于所有 i，有 $|1 - \mu_i| < \varepsilon$，则优化过程收敛，取优化解 $A^* = A^k$，优化结束；

否则，若 $\mu_i > 1$，令 $C_i = \mu_i$；若 $\mu_i < 1$，令 $C_i = 1/\mu_i$，$A_i^{k+1} = A_i^k C \sqrt{\dfrac{U_{imax}^k}{[U]_i}}$，$k = k + 1$ 转(2)进行下一轮结构分析、优化，直到满足约束条件为止。

对于桁架结构，$U_{imax}^k = \dfrac{\sigma_{imax}^2}{2E}$，$[U]_i = \dfrac{[\sigma]_i^2}{2E}$，于是式(3.69)可改写为

$$A_i^{k+1} = A_i^k C_i \frac{\sigma_{imax}^k}{[\sigma]_i} \quad i = 1,2,\cdots,n$$

当 $C_i = 1$ 时，能量准则就与满应力准则完全一样了。

第4章 离散变量结构优化设计

4.1 概　述

在工程实际中,有相当多的结构优化设计问题属于离散变量结构优化设计。有两个主要原因使得在结构优化设计中设计变量必须取离散值。一是结构自身性能、制造(包括结构的设计规范)等方面的要求,例如:钢筋混凝土结构,根据设计规范的要求,其高和宽都必须取满足模数制的离散值;在齿轮传动机构中,齿轮的齿数必须是整数值;在结构的拓扑设计中,连接各结点的杆件只能是有(1)或无(0);二是结构构件所选用的材料具有离散截面,例如用各种型钢制造的钢结构就属这种情况,这类结构在实际工程中是大量存在的。

常用的离散变量优化设计算法有三类:

(1)精确算法。这类算法可求得问题的全局最优解,但一般来讲这些算法都是指数型算法,例如枚举法、隐枚举法、高茂利(Gomory)的割平面法,达金(Dakin)的改进的分支定界法和巴拉斯(Balas)法(亦称加法)、动态规划法等。对这类算法的评价标准是其计算效率。

(2)近似算法。这类算法求得的不是精确最优解而是近似最优解,但是该类算法可以保证近似最优解与精确最优解的相对误差不超过某一固定的比值。由于确定相对误差界非常困难,所以只有很少几个问题有近似算法。

近似算法的优点是能够估计可行解或局部最优解与全局最优解的最大误差和减少计算时间,可解较大规模的问题。如果最大误差在工程的许用范围之内,则不失为一种实用的好方法,当误差较大而又没有改进可行解的办法时,就是这种算法的一个缺点;如果误差虽较大,但有改进可行解的方法以减少其误差时,那么这种算法就显示其优越性了。

(3)启发式算法。这类算法的基本思想不是一定要求得精确最优解,而是在允许的时间内求得一近似最优解。因为启发式算法的计算工作量较小,可以用来求解大规模的问题,因此这是在实际计算中应用较多的一类算法。对启发式算法的评价标准是近似最优解接近精确最优解的程度,这一标准一般可通过对大量有精确最优解的考题进行检验与统计分析而得到。

由于篇幅所限,本章介绍离散变量和离散集、离散变量优化问题的可行集与最优解的概念,介绍离散变量结构优化设计一维搜索的斐波那契(FIBONACCI)法。重点讨论针对一类目标函数、约束函数单调的离散变量优化设计问题的相对差商算法。该算法从可行域外的目标函数最小点出发,沿相对差商最小的方向前进,逐步逼近可行域。这是一个启发式算法,设问题的设计变量数为 n ,离散许用集的元素个数为 m ,则该算法所搜索的设计点个数不大于 $m \cdot n$,是一低次多项式时间算法。对该算法进行的随机性能实验表明,该算法具有较高的计算精度。该算法还有计算工作量小、迭代次数少、收敛平稳的优点,并且可以求解非线性规划问题。研究了离散变量结构截面优化设计问题,将以上算法应用于具有应力约束、位移约束、频率禁区约束和整体稳定性约束的离散变量结构截面优化设计问题[3,9]。

4.2　离散变量优化问题的可行集与最优解

4.2.1　离散变量和离散集

在一个优化设计问题中,若规定设计变量 i 取离散值(整数值可以看作是它的一种特殊情形),则称它为离散设计变量,简称离散变量,即 $S_i = \{x_1, x_2, \cdots, x_n\}$,由这 n 个元素生成的集合就称为离散变量集。

考虑到一个工程设计中的一切数据都可以作出有序的排列,即由小到大(或者相反),所以即使是前后数据没有什么关系的列表数据,那么我们亦可以将它由小到大排列在各个设计变量 $x_i(i = 1, 2, \cdots, n)$ 的实轴上,如图 4.1 所示。

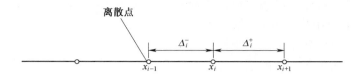

图 4.1　一维离散变量

这些相互间隔的点称为离散点(对一维变量来说),每个离散点所对应的坐标值称为离散值。离散变量只允许取所对应的离散值,否则就失去了工程参数的意义。为此,我们作出如下的规定。

定义 4.1:离散变量值集　每个离散变量 x_i 限定的可取值 $q_{ij}(i = 1, 2, \cdots, n; j = 1, 2, \cdots, l_i)$ 的集合,称为离散变量值集合或离散值集。这里 l_i 是第 i 个离散变量可取用的离散值的最大数目,通常取 $l_1 = l_2 = \cdots = l_p = L$。当某一个离散变量可取值的个数小于 L 时,可用某个自然数(例如用零)补足。

在这里,我们约定离散值 $q_{ij}(i = 1, 2, \cdots, n; j = 1, 2, \cdots, L)$ 是实数,且有
$$q_{i1} < q_{i2} < \cdots < q_{iL} \quad i = 1, 2, \cdots, n$$
在优化设计中,要保证离散变量总在离散值集中取值,即
$$x_i \in \{q_{ij} \mid 1 \leq j \leq L\} \quad i = 1, 2, \cdots, n \tag{4.1}$$
定义 4.2:离散变量增量　离散变量 x_i 沿坐标轴方向的相邻离散值之差为离散增量,即
$$\begin{aligned} \Delta_i^+ &= q_{i,j+1} - q_{ij} \\ \Delta_i^- &= q_{i,j-1} - q_{ij} \end{aligned} \tag{4.2}$$
式中　　Δ_i^+——正增量;

　　　　Δ_i^-——负增量。

一般对于非均匀离散变量 $|\Delta_i^+| \neq |\Delta_i^-|$;对于均匀离散变量,$|\Delta_i^+| = |\Delta_i^-| = \Delta_i$,称为离散间隔。

定义 4.3:离散点　当各个离散变量 $x_i(i = 1, 2, \cdots, n)$ 取各自的离散值时,即在空间内组成一个离散点 X,即
$$X = \left\{ q_{ij} \left| \begin{array}{l} 1 \leq i \leq n \\ 1 \leq j \leq L \end{array} \right. \right\} \tag{4.3}$$

定义 4.4：离散点集　　离散点的集合构成离散设计点集或离散点集

$$R = \{X\} = \left\{ \left\{ q_{ij} \,\middle|\, \begin{matrix} 1 \le i \le n \\ 1 \le j \le L \end{matrix} \right\} \right\} \tag{4.4}$$

我们知道，对连续变量来说，一维设计空间就是一条坐标轴上所有点的集合；如图 4.1 所示，一维离散设计点集是一条坐标轴线上离散点的集合。

对二维设计变量来说，连续设计空间可用一个平面表示；对离散点集来说并非如此。因我们要求每个离散变量只能取其离散值，所以只有当平面上的某点坐标值分别是离散变量应取的离散值时，方能属于二维离散点集中的离散点。为此，我们可以过每个坐标轴上的离散值作该轴的垂线，这些垂线在平面中形成网格，每两条直线的交点称为节点。显然，每个节点的坐标值都属于各变量规定的集合，如图 4.2 所示。

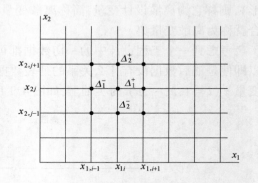

图 4.2　二维离散点集示意图

同理，对于三维离散变量，我们可以过每个变量轴上的离散值作其垂面，这些平面的交点就是三维离散点集中的离散点，如图 4.3 所示。三维离散点集中的离散点形成了一个空间点阵。

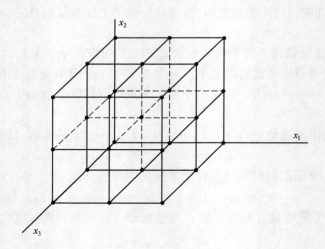

图 4.3　三维离散点集示意图

根据集合的笛卡尔乘积的定义，设每个设计变量在其坐标轴上的离散点为一集合 $S_i = \{x_{i1}, x_{i2}, \cdots, x_{iL}\}$，则 n 维空间的离散点可用笛卡尔乘积表示为

$$S = S_1 \times S_2 \times \cdots \times S_n = \prod_{i=1}^{n} S_i \tag{4.5}$$

定义 4.5：离散值集矩阵　　设离散设计变量的维数为 n，其中可取离散值的最大数目为 L，则离散变量全部离散值可用一个 $n \times L$ 阶矩阵 Q 来表示，即

$$Q = \begin{bmatrix} q_{11} & q_{12} & \cdots & q_{1L} \\ q_{21} & q_{22} & \cdots & q_{2L} \\ \cdots & \cdots & \cdots & \cdots \\ q_{n1} & q_{n2} & \cdots & q_{nL} \end{bmatrix} \tag{4.6}$$

我们称矩阵 Q 为离散变量值集矩阵或离散集矩阵。

只要保证每一个设计变量均在离散值集矩阵 Q 的相应行中取值时,向量才表示离散点集的一个离散点。在计算机计算中,由于只需要一个二维数组就可以表示出离散值集矩阵 Q,所以是非常方便的。

离散变量在算法程序中的处理方式一般有两种。一种是乘以某一常数后化为离散整数,如齿轮的模数数列,当取 1,1.25,1.5,1.75,2…时,乘以 4 即可化为离散整数数列;又如角钢尺寸 20 mm×30 mm×3.5 mm,变为整数只须乘以 10 即可。一般地说,任意实数数列乘以 10^n(n 值由具体问题而定)后均可将其化为离散整数数列,但这种变换有时会使函数各变量在量级上相差悬殊,函数的性态变坏,从而影响算法的效能,甚至影响程序运行的稳定性。另一种办法是将离散变量化为数组形式,数组可用自然整数数列的下标变量来识别。一般在程序设计中用后一种方法较为简便。

4.2.2　点的离散近集和离散邻集

定义 4.6:点的离散近集　点 X 的离散近点是 X 在各个坐标轴上相邻的离散点。令 P_i, Q_i 分别为 X 点在 i 坐标轴的下坐标近点和上坐标近点,则点 X 的离散近集为

$$S_c(X) = \bigcup_{i=1}^{n} \{P_i, Q_i\} \tag{4.7}$$

进一步地,$S_c(X)$ 能被分为两个子集:下离散坐标近点子集 $S_{cl}(X)$ 和上离散坐标近点子集 $S_{cu}(X)$

$$\left. \begin{aligned} S_{cl}(X) &= \bigcup_{i=1}^{n} \{P_i\} \\ S_{cu}(X) &= \bigcup_{i=1}^{n} \{Q_i\} \end{aligned} \right\} \tag{4.8}$$

令

$$E_i = \{x_i^{P_i}, x_i^{X}, x_i^{Q_i}\} \tag{4.9}$$

式中　$x_i^{P_i}, x_i^{X}, x_i^{Q_i}$ —— P_i, X, Q_i 的第 i 个分量。

定义 4.7:点的离散邻集点　X 的离散邻集定义为由包含 $\{x_i^{P_i}, x_i^{X}, x_i^{Q_i}, i=1,2,\cdots,n\}$ 的离散坐标线(平面或超平面)的所有交点构成的集合。这可用下式表示

$$S_u(X) = E_1 \times E_2 \times \cdots \times E_n = \prod_{i=1}^{n} E_i \tag{4.10}$$

这里,$E_i \times E_j$ 表示 E_i 和 E_j 的笛卡尔乘积。

图 4.4 表示了二维离散变量 X 点的离散近集和离散邻集的几何关系。其中

$$S_u(X) = \{A, B, C, D, E, F, G, H\} \quad S_c(X) = \{B, E, G, D\}$$
$$S_{cl}(X) = \{D, G\} \quad S_{cu}(X) = \{B, E\}$$

在一般情形下,设离散变量的维数为 n ,则根据组合理论,离散邻集 $S_\mathrm{u}(X)$ 内的离散点总数为:

$$N = 3^n \tag{4.11}$$

而离散近集 $S_\mathrm{c}(X)$ 内的离散点总数为

$$N = 2n \tag{4.12}$$

4.2.3 离散变量的可行集

在离散变量的优化问题中,约束条件一般都是离散变量的不等式函数,即

$$g_\mathrm{u}(X) \leqslant 0 \quad u = 1,2,\cdots,m \tag{4.13}$$

式中 m ——不等式约束条件的个数;

$g_\mathrm{u}(X)$ ——可以是任意函数。

定义 4.8:离散变量的可行集   在离散点集内,满足约束条件的离散点 X 的集合 S_f 称为离散变量的可行集。

$$S_\mathrm{f} = \left\{ X \,\middle|\, g_\mathrm{u}(X) \leqslant 0 \quad u = 1,2,\cdots,m \right\} \tag{4.14}$$

二维离散变量的可行集如图 4.5 所示。

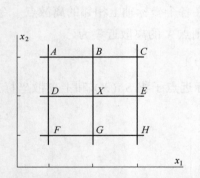

图 4.4   二维变量 X 点的离散近集与离散邻集

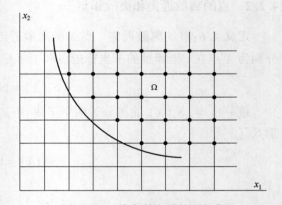

图 4.5   二维离散变量的可行集

4.2.4 离散变量优化设计的最优解

定义 4.9:离散变量优化设计的局部最优解   若 $X^* \in S_\mathrm{f}$ 并且对于所有 $X \in S_\mathrm{u}(X^*) \cap S_\mathrm{f}$,均有下述不等式成立

$$f(X^*) \leqslant f(X) \tag{4.15}$$

则称 X^* 为局部最优解。

定义 4.10:离散变量优化设计的拟局部最优解   若 $X^* \in S_\mathrm{f}$ 并且对于所有 $X \in S_\mathrm{c}(X^*)$ $\cap S_\mathrm{f}$,均有不等式(4.15)成立,则称 X^* 为拟局部最优解。

定义 4.11:离散变量优化设计的最优解   若 $X^* \in S_\mathrm{f}$ 并且对于所有 $X \in S_\mathrm{f}$,均有不等式(4.15)成立,则称 X^* 为全局最优解。

4.3　离散变量结构优化设计的特点

与连续变量结构优化设计问题相比,离散变量结构优化设计有许多特点,如设计变量的不连续性,可行域空间的不连续性,即可行域变成可行集,函数的不可微性及库-塔克条件的不适用性等。所有这些特点使得离散变量结构优化设计与连续变量结构优化设计相比,不但设计变量的选取方式不同,而且甚至关于最优判别条件也不相同(例如连续变量结构优化设计问题可用 K-T 条件作为最优判别条件,而离散变量优化设计就不能用 K-T 条件作为最优判别条件)。下面分别讨论离散变量优化设计的这些特点。

4.3.1　设计变量的不连续性

设计变量的不连续性是离散变量优化设计与连续变量优化设计的最本质的区别,是其最突出的特点,可以说,离散变量优化设计的其他特点都是由它所引起的。

所谓设计变量的不连续性是指设计变量可取的值不是连续分布的,即只能从某些离散的数据集合中选取。

图 4.1 表示了一维离散变量的情况,离散变量的集合为

$$X = \{x_1, x_2, \cdots, x_{i-1}, x_i, x_{i+1}, \cdots, x_n\} \tag{4.16}$$

在数学上可以把离散变量定义为:

在 $x_i(x_i \in X)$ 附近总有一个足够大的邻域 $N_{\Delta x}$ 存在,使得在区间 $(x_i - \Delta x_i^-, x_i + \Delta x_i^+)$ 内,只有一个点 x_i 属于集合 X。

4.3.2　可行域空间的不连续性-可行集

在优化设计的术语中,人们把满足约束条件的设计变量的取值范围称为可行域。优化设计的目的就是在可行域内找到目标函数的最优点。在连续变量优化设计问题中,设计变量取可行域内任何点都是可行的,但在离散变量优化设计问题中就不同了,由于设计变量的不连续性,可行设计点(即该点各设计变量的值均在离散变量集合 X 中)并不是充满约束条件所限定的整个空间,而是分布在其中的一些孤立的点上,这些可行的孤立点的集合称为可行集。图 4.5 中的网格点表示了二维离散变量空间的可行集。

由图 4.5 可见,在约束条件所限定的域 Ω 内可行设计点是由设计变量 x_1, x_2 离散坐标值的交叉点组成的。

由于可行集的不连续性,使得连续变量优化的求解方法不能直接应用于离散变量优化问题,因而离散变量优化问题解法必须改变,要由解析优化方法变为组合优化方法。

4.3.3　函数的不可微性

在优化设计中,函数的微分是非常重要的,通过微分,可以求得一点的梯度,有许多优化算法就是根据梯度决定搜索方向,构造迭代公式的。在离散变量结构优化设计中,由于设计变量是不连续的,因而其微分是不存在的。

由导数的定义,连续函数 $f(X)$ 对变量 x_i 的偏导数为

$$\frac{\partial f(X)}{\partial x_i} = \lim_{\Delta x_i \to 0} \frac{f(X + \Delta X_i) - f(X)}{\Delta x_i} \tag{4.17}$$

其在可行设计点 X_0 处的值为

$$\frac{\partial f(X)}{\partial x_i}\bigg|_{X=X_0} = \lim_{\Delta x_i \to 0} \frac{f(X_0 + \Delta X_i) - f(X_0)}{\Delta x_i} \tag{4.18}$$

其中 $\Delta X_i = \{0,0,\cdots,0,\Delta x_i,0,\cdots,0\}^T$，$\Delta x_i$ 为设计变量 X 的第 i 个分量 x_i 在 X_0 附近的增量。根据前面关于离散设计变量的不连续性的讨论，在 X_0 的邻域 $N_{\Delta x}$ 内，设计变量 x_i 无可行值，因而也就不存在增量 Δx_i 和导数。

尽管在离散变量优化设计问题中不存在微分，但却有差商。在设计点 X_0 处，$f(X)$ 关于设计变量 x_i 的前差商为

$$\frac{\Delta f(X)}{\Delta x_i}\bigg|_{X=X_0} = \frac{f(X_0 + \Delta X_i) - f(X_0)}{\Delta x_i} \tag{4.19}$$

式中　$f(X_0 + \Delta X_i)$——由设计点 X_0 沿设计变量 x_i 的方向前进一个离散点而形成的新的设计点 X_1 的函数值；

　　　$f(X_0)$——设计点 X_0 处的函数值；

　　　Δx_i——两个设计点间设计变量 x_i 的差值。

值得指出的是，在这里函数的差商不是函数导数的近似值，而是真实准确地描述函数由设计点 X_0 到设计点 X_1 的变化趋势的表达式。

下面分别讨论位移约束、频率约束及整体稳定性约束的差商表达式（在本章中若无特别说明，差商均指前差商）。

1. 位移约束的差商表达式

由迭加原理知，结构某点的整体位移等于结构中各个单元对该点位移贡献的代数和。

$$\delta_{jl} = \sum_{i=1}^{n} \delta_{ijl} \tag{4.20}$$

在对结构进行变量连接后，式（4.20）中的 i 可理解为设计变量的组号，n 为进行变量连接后设计变量的组数。δ_{ijl} 可表示为

$$\delta_{ijl} = \sum_{k \in G_i} \delta_{kjl} \tag{4.21}$$

其中

$$G_i = \{k \mid \boldsymbol{x}_k = \boldsymbol{x}_i\} \tag{4.22}$$

表示设计变量取 $\boldsymbol{x}_i$ 的单元编号的集合。

设当前设计变量 $\boldsymbol{x}_i$ 的值为 $\boldsymbol{x}_{iD}$，$\boldsymbol{x}_i$ 前进一个离散值得到的新设计点的值为 $\boldsymbol{x}_{i,D+1}$，则位移约束对 $\boldsymbol{x}_i$ 的差商可表示为

$$\frac{\Delta \delta_{jl}}{\Delta x_i} = \frac{\delta_{jl}(\boldsymbol{x}_{i,D+1}) - \delta_{jl}(\boldsymbol{x}_{iD})}{\Delta x_i} \tag{4.23}$$

2. 频率约束的差商表达式

固有频率 ω_j^2 对设计变量 x_i 的差商为

$$\frac{\Delta \omega_j^2}{\Delta x_i} = \frac{\omega_{jx_{i,D+1}}^2 - \omega_{jx_{iD}}^2}{\Delta x_i} \tag{4.24}$$

代入固有频率 $\omega_i^2 = \dfrac{\{\delta\}_i^{\text{T}}[K]\{\delta\}_i}{\{\delta\}_i^{\text{T}}[M]\{\delta\}_i}$ 的表达式,上式可写为

$$\frac{\Delta\omega_j^2}{\Delta x_i} = \frac{1}{\Delta x_i} \cdot \frac{\{\delta\}_j^{\text{T}}[K]_{x_{i,D+1}}\{\delta\}_j - \omega_{jx_{iD}}^2(\{\delta\}_j^{\text{T}}[M]_{x_{i,D+1}}\{\delta\}_j)}{\{\delta\}_j^{\text{T}}[M]_{x_{i,D+1}}\{\delta\}_j} \tag{4.25}$$

用以上表达式计算 $\dfrac{\Delta\omega_j^2}{\Delta x_i}$ 需要计算两个与结构自由度同阶的矩阵乘法,计算工作量太大。

考虑到

$$\omega_{jx_{iD}}^2 - \omega_{jx_{iD}}^2 = \frac{\{\delta\}_j^{\text{T}}[K]_{x_{iD}}\{\delta\}_j - \omega_{jx_{iD}}^2(\{\delta\}_j^{\text{T}}[M]_{x_{iD}}\{\delta\}_j)}{\{\delta\}_j^{\text{T}}[M]_{xD}\{\delta\}_j} = 0 \tag{4.26}$$

于是有

$$(\omega_{jx_{iD}}^2 - \omega_{jx_{iD}}^2)\frac{\{\delta\}_j^{\text{T}}[M]_{x_{iD}}\{\delta\}_j}{\{\delta\}_j^{\text{T}}[M]_{x_{i,D+1}}\{\delta\}_j}$$

$$= \frac{\{\delta\}_j^{\text{T}}[K]_{x_{iD}}\{\delta\}_j - \omega_{jx_{iD}}^2(\{\delta\}_j^{\text{T}}[M]_{x_{iD}}\{\delta\}_j)}{\{\delta\}_j^{\text{T}}[M]_{x_{i,D+1}}\{\delta\}_j} \cdot \frac{\{\delta\}_j^{\text{T}}[M]_{x_{iD}}\{\delta\}_j}{\{\delta\}_j^{\text{T}}[M]_{x_{iD}}\{\delta\}_j}$$

$$= \frac{\{\delta\}_j^{\text{T}}[K]_{x_{iD}}\{\delta\}_j - \omega_{jx_{iD}}^2(\{\delta\}_j^{\text{T}}[M]_{x_{iD}}\{\delta\}_j)}{\{\delta\}_j^{\text{T}}[M]_{x_{i,D+1}}\{\delta\}_j} = 0 \tag{4.27}$$

由于式(4.27)等于 0,所以式(4.25)减去式(4.27)后其值不变。于是有

$$\frac{\Delta\omega_j^2}{\Delta x_i} = \frac{1}{\Delta x_i}\left(\frac{\{\delta\}_j^{\text{T}}[K]_{x_{i,D+1}}\{\delta\}_j - \omega_{jx_{iD}}^2(\{\delta\}_j^{\text{T}}[M]_{x_{i,D+1}}\{\delta\}_j)}{\{\delta\}_j^{\text{T}}[M]_{x_{i,D+1}}\{\delta\}_j}\right.$$

$$\left. - \frac{\{\delta\}_j^{\text{T}}[K]_{x_{iD}}\{\delta\}_j - \omega_{jx_{iD}}^2(\{\delta\}_j^{\text{T}}[M]_{x_{iD}}\{\delta\}_j)}{\{\delta\}_j^{\text{T}}[M]_{x_{i,D+1}}\{\delta\}_j}\right) \tag{4.28}$$

$$= \frac{1}{\Delta x_i}\frac{\{\delta\}_j^{\text{T}}([K]_{x_{i,D+1}} - [K]_{x_{iD}})\{\delta\}_j - \omega_{jx_{iD}}^2(\{\delta\}_j^{\text{T}}([M]_{x_{i,D+1}} - [M]_{x_{iD}})\{\delta\}_j)}{\{\delta\}_j^{\text{T}}[M]_{x_{i,D+1}}\{\delta\}_j}$$

类似于固有频率的表达式的形式,将结构整体矩阵的乘积化为单元矩阵乘积的和的形式,并且与推导位移约束的差商时的分析一样,当设计变量 x_i 发生变化时只有集合 G_i 所包含的单元对结构固有频率的贡献发生变化,于是式(4.28)可进一步简化为

$$\frac{\Delta\omega_j^2}{\Delta x_i} = \frac{1}{\Delta x_i \cdot \{\delta\}_j^{\text{T}}[M]_{x_{i,D+1}}\{\delta\}} \cdot \sum_{k\in G_i}(\{\delta\}_{jk}^{\text{T}}([K]_{x_{k,D+1}} - [K]_{x_{kD}})\{\delta\}_{jk}$$

$$- \omega_{jx_{iD}}^2(\{\delta\}_{jk}^{\text{T}}([M]_{x_{k,D+1}} - [M]_{x_{kD}})\{\delta\}_{jk})) \tag{4.29}$$

如果考虑到通常在结构动力学中振型 $\{\delta\}$ 是对于 $[M]$ 归一化的,并且在结构优化设计中通常所关心的只是相对差商,因此在近似计算中可将上式分母中的一项忽略不计,这样,就可进一步降低计算工作量。

3. 整体稳定约束的差商表达式

由于整体稳定系数的数学表达式与结构固有频率的数学表达式类似,采用同样的推导方法可得差商表达式

$$\frac{\Delta \lambda}{\Delta x_i} = \frac{1}{\Delta x_i} \sum_{k \in G_i} (\{\delta\}_k^{\mathrm{T}} ([K]_{x_{k,D+1}} - [K]_{x_{kD}}) \{\delta\}_k) \qquad (4.30)$$

$$- \lambda_{x_{iD}} (\{\delta\}_k^{\mathrm{T}} ([K_G]_{x_{k,D+1}} - [K_G]_{x_{kD}}) \{\delta\}_k)$$

因为结构的几何刚度阵 $[K_G]$ 与截面性质无关,故有

$$[K_G]_{x_{k,D+1}} - [K_G]_{x_{kD}} = [\Phi] \qquad (4.31)$$

而式(4.31)可化简为

$$\frac{\Delta \lambda}{\Delta x_i} = \frac{1}{\Delta x_i} \sum_{k \in G_i} (\{\delta\}_k^{\mathrm{T}} ([K]_{x_{k,D+1}} - [K]_{x_{kD}}) \{\delta\}_k) \qquad (4.32)$$

4.3.4　库-塔克条件的不适用性

　　库-塔克条件是由库恩(H. W. kuhn)和塔克(A. W. Tucker)在1951年提出的。它是非线性规划的重要理论基础之一,在连续变量优化设计中得到广泛的应用。但是,在离散变量结构优化设计中,库-塔克条件是不适用的。这主要有以下原因:

　　首先由于设计变量的不连续性这一基本特点以及可行域空间的离散性,函数的不可微性,使得在离散变量优化设计中根本不存在以函数的微分形式表示的库-塔克条件。

　　另一方面,在连续变量空间中表示的函数极值点一般不是离散变量空间的设计点,而离散变量的最优点一般也不在由库-塔克条件所确定的点上。因此,在离散变量优化设计中,库-塔克条件是不适用的。

4.3.5　NP 困难问题

　　离散变量优化设计的难点在于:解析的数学工具显得力所难及。离散变量优化问题在数学上属于组合优化的范围,即从所有可能的组合中寻找一最优解。设问题的设计变量数为 n ,每一设计变量可取的离散值个数为 m ,则问题的组合个数为 m^n ,是设计变量的指数函数。表示一种算法计算量的时间复杂性函数 $f(n)$ 有两类: $f_1(n) = \sum_{i=1}^{m} c_i n^i$, $f_2(n) = \sum_{i=1}^{m} e_i i^n$ 这里的 c_i, e_i 皆为有界常数, $f_1(n)$ 称为多项式时间复杂性函数, $f_2(n)$ 称为指数时间复杂性函数。当 $f_1(n) = f_{1.1}(n) = c_1 n$ 时,计算量与设计变量数成比例; $f_1(n) = f_{1.2}(n) = c_2 n^2$ 时,计算量按 n^2 增长,很容易理解在多项式时间算法中计算量按设计变量数的幂次而增长;而在指数时间算法中,计算工作量是按某一自然数(例如 2 或 3 等)的 n 指数增长。显然一般来说指数时间算法比多项式时间算法的工作量要大,甚至大得多。若在寻找一最优解过程中搜索的组合个数无法用多项式表示,则这种问题称为 NP(Nondeterministic Polynomial,非确定多项式)困难问题。

　　NP 困难问题的难度在于随着设计变量个数的增加,组合的个数以指数速度迅速增加,因而,寻求最优解所需的时间也迅速增加。设搜索一个组合所需的时间是 1 微秒,表 4.1 表示了求解不同规模问题时多项式时间算法与指数时间算法所需时间的对比情况。

　　由表 4.1 可见,对于指数型算法,尽管从理论上讲经过一定的搜索次数,总可求得问题的全局最优解。但在实际计算中,当设计变量个数较大时,其计算工作因所需时间太长而根本无法完成。

　　在离散变量结构优化设计中 m 通常达几十, n 达到 20 ~ 30 也只能算是中等规模的问题,

对这样的组合优化问题,根本无法求得其全局最优解,即使求其局部最优解也是困难的。为此人们常常设法寻求近似的指数时间算法或者更好的近似的多项式时间算法。

表 4.1　多项式与指数时间算法所需时间的对比情况

时间复杂	规　模　n					
性函数	10	20	30	40	50	60
n	0.000 01 秒	0.000 02 秒	0.000 03 秒	0.000 04 秒	0.000 05 秒	0.000 06 秒
n^2	0.000 1 秒	0.000 4 秒	0.000 9 秒	0.001 6 秒	0.002 5 秒	0.003 6 秒
n^3	0.001 秒	0.008 秒	0.027 秒	0.064 秒	0.125 秒	0.216 秒
n^5	0.1 秒	3.2 秒	24.3 秒	1.7 分	4.3 分	13.0 分
2^n	0.001 秒	1.0 秒	17.9 分	12.7 天	34.7 年	366 年
3^n	0.059 秒	58 分	6.5 年	3 855 世纪	2×10^8 世纪	1.3×10^{13} 世纪

以上是离散变量结构优化设计的难点,与此相对应的,离散变量结构优化设计也存在一些连续变量结构优化设计所不具有的优点。多年的研究实践表明,离散变量结构优化设计在求解过程中有两个明显的优点:一是迭代过程振荡现象较少;二是当许用离散集元素的间距较大时解的稳定性更好,而且收敛很快。

4.4　离散变量结构优化设计的一维斐波那契搜索算法

斐波那契法是一种对离散变量集按斐波那契数列的规律进行集合缩减的搜索最优点的方法,类似于连续变量优化设计的黄金分割法(0.618 法),这种方法主要用于一维无约束的离散变量优化设计问题。

4.4.1　斐波那契数列

斐波那契数列是指具有如下递推关系的数列:

$$F_{k+1} = F_k + F_{k-1} \quad k \geqslant 1$$
$$F_0 = F_1 = 1 \tag{4.33}$$

所以这个整数数列为

$$1,1,2,3,5,8,13,21,34,\cdots$$

研究分数序列 $F_{k-1}/F_k, F_{k-2}/F_k$,发现有一种有趣的关系:

k	F_k	F_{k-1}/F_k	F_{k-2}/F_k
0	1	–	–
1	1	1	–
2	2	0.5	0.5
3	3	0.6	0.3
4	5	0.6	0.4
5	8	0.625	0.375
6	13	0.615 38	0.386 41
$\cdots$			
∞	∞	0.618 34	0.381 97

即存在下列关系:

$$\lim_{k \to \infty} \frac{F_k}{F_{k+1}} \approx 0.618, \quad \lim_{k \to \infty} \frac{F_{k-2}}{F_k} \approx 0.382 \tag{4.34}$$

证明：

由式(4.33)的

$$F_{k+1} = F_k + F_{k-1} \qquad k \geq 1$$

可得

$$\frac{F_{k+1}}{F_k} = 1 + \frac{F_{k-1}}{F_k} \tag{4.35}$$

令

$$\lim_{k \to \infty} \frac{F_k}{F_{k+1}} = \lim_{k \to \infty} \frac{F_{k-1}}{F_k} = \tau \tag{4.36}$$

则当 $k \to \infty$ 时,式(4.35)可化为

$$\tau^2 + \tau - 1 = 0 \tag{4.37}$$

由此可得 $\tau = 0.61803398 \approx 0.618$

式(4.33)可写为

$$F_k = F_{k-1} + F_{k-2} \qquad k > 1$$

于是有

$$1 = \frac{F_{k-1}}{F_k} + \frac{F_{k-2}}{F_k} \tag{4.38}$$

而

$$\lim_{k \to \infty} \frac{F_{k-2}}{F_k} = 1 - \lim_{k \to \infty} \frac{F_{k-1}}{F_k} = 1 - \tau \approx 0.382$$

可见当数列 F_k 的 k 较大时,按 F_{k-1}/F_k 的搜索法就是 0.618 法,只是在离散变量搜索中是按斐波那契数的规律进行的。

4.4.2 斐波那契搜索法

考虑无约束的离散变量优化问题

$$\min_{x \in X_n} G(x) \tag{4.39}$$

其中 X_n 是 x 的离散值集合 $X_n = \{x_1, x_2, \cdots, x_n\}$, $G(x)$ 是定义在区间 $[x_1, x_2]$ 上的离散点的下单峰函数,如图4.6所示。所谓离散点的下单峰函数(强拟凸函数)即函数在限定的点集上有唯一的极小值 $G(x^*)$,或两个相等的极小值 $G(x^*)$ 和 $G(x^{**})$ 。

设可行集 X_n 中元素总数为 F_n ,则在其中取序号为 F_{n-1} 和 $F_{n-2}(F_{n-1}, F_{n-2} \in \{F\})$ 所对应的变量 $x_{F_{n-1}}, x_{F_{n-2}} \in X_n$,计算函数值 $G(x_{F_{n-1}})$ 和 $G(x_{F_{n-2}})$,比较 $G(x_{F_{n-1}})$ 和 $G(x_{F_{n-2}})$,有下面三种情况。

(1) $G(x_{F_{n-1}}) > G(x_{F_{n-2}})$,如图4.7(a)所示,则极值点必在子集 $X_{n-1} = \{x_1, x_2, \cdots, x_{F_{n-1}}\}$ 中,下一步搜索即可在子集 X_{n-1} 中进行。在子集 X_{n-1} 中, $x_{F_{(n-1)-1}} = x_{F_{n-2}}$,而在上一次搜索中已经求得 $G(x_{F_{n-2}})$,因此,只需要计算一个函数值 $G(x_{F_{(n-1)-2}})$ 即可进行比较。

(2) $G(x_{F_{n-1}}) < G(x_{F_{n-2}})$,如图4.7(b)所示,则极值点必在子集 $\{x_{F_{n-2}+1}, x_{F_{n-2}+2}, \cdots, x_{F_n}\}$

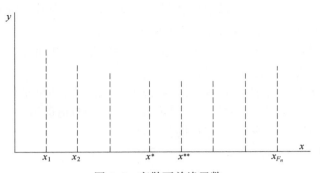

图 4.6　离散下单峰函数

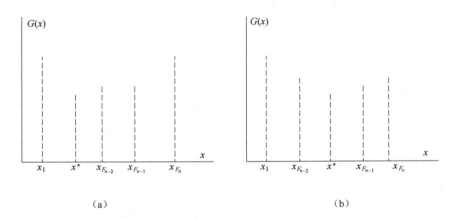

（a）　　　　　　　　　　　　　　　　（b）

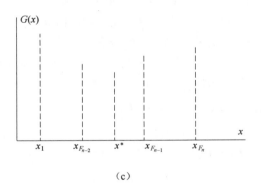

（c）

图 4.7　$G(x)$ 在离散点 x_1 到 x_{F_n} 上的分布

中,子集中元素的个数为 $m = F_n - F_{n-2} = F_{n-1} + F_{n-2} - F_{n-2} = F_{n-1}$,将子集的元素序号由 1 开始重新编号,可得到子集 $X'_{n-1} = \{x'_1, x'_2, \cdots, x'_{F_{n-1}}\}$,其中,$x'_1, x'_2, \cdots, x'_{F_{n-1}}$ 表示的是子集中重新编号的元素以区别于原集合 X_n 中的元素 $x_1, x_2, \cdots, x_{F_{n-1}}$。

X'_{n-1} 中的元素与 X_n 中的元素有对应关系

$$x_i = x'_{i - F_{n-2}} \tag{4.40}$$

由上式可得

$$x_{F_{n-1}} = x_{F_{n-1} - F_{n-2}} = x_{F_{n-2} + F_{n-3} - F_{n-2}} = x_{F_{n-3}} = x_{F_{(n-1)-2}}$$

而在上一次搜索中，$G(x_{F_{n-1}})$ 已经被求出，因此，只需要计算一个函数值 $G(x'_{F_{(n-1)-1}})$ 即可。

（3）$G(x_{F_{n-1}}) = G(x_{F_{n-2}})$，如图 4.7（c）所示，则极值点必在子集 $\{x_{F_{n-2}+1}, x_{F_{n-2}+2}, \cdots, x_{F_{n-1}}\}$ 中，子集中元素的个数为 $m' = F_{n-1} - F_{n-2} = F_{n-3}$，将该子集的元素重新编号，可得到子集 $X'_{n-3} = \{x'_1, x'_2, \cdots, x'_{F_{n-3}}\}$。

根据以上分析，每次搜索都缩减集合 X，经过有限次搜索，即可求得极值点和极值。设集合 X_n 的元素个数为 F_n，由以上分析可知，只需计算 n 个函数值即可求得最优解。

根据以上分析，可构造求解式（4.39）的算法如下：

（1）生成集合 $X = \{x_1, x_2, \cdots, x_{F_n}\}$，　$n > 2$；

（2）$R \leftarrow 0$；

（3）若 $n = 2$，　$G(x^*) = \min(G_1, G_2)$，结束；

（4）若 $R = 0$，令 $G_1 = G(x_{F_{n-1}})$，$G_2 = G(x_{F_{n-2}})$；若 $R = 1$，令 $G_2 = G(x_{F_{n-2}})$；若 $R = 2$，令 $G_1 = G(x_{F_{n-1}})$；若 $R = 3$，令 $G_2 = G(x_{F_{n-2}})$；

（5）若 $G_1 > G_2$，则，$R \leftarrow 1$，$G_1 \leftarrow G_2$，$n \leftarrow n - 1$，$X = \{x_i \mid F_{n-1} \leqslant i \leqslant F_n\}$；若 $n = 2$，则，$G_2 \leftarrow G_1$，$G_1 = G(x_2)$，转 3；

（6）若 $G_1 < G_2$，$R \leftarrow 2$，$G_2 \leftarrow G_1$，$X = \{x_i \mid i > F_{n-2}\}$，若 $n = 2$，$G_1 = G(x_2)$。转 3；

（7）若 $G_1 = G_2$，$R \leftarrow 3$，$X = \{x_i \mid F_{n-2} < i \leqslant F_{n-1}\}$，$n \leftarrow n - 3$，若 $n = 2$，$G = G(x_2)$，$G_2 = G(x_1)$。转 3。

下面通过一个例子说明算法的计算过程。

例 4.1　求
$$\min_{x \in X} x^2 + 2x$$
$$X = \{-3, -2, -1, 0, 1, 2, 3, 4, 5, 6, 7, 8, 9\}$$

解：（1）$n = 6$，　$x_{F_{n-1}} = x_{F_5} = x_8 = 4$，$x_{F_{n-2}} = x_{F_5} = 1$

$\qquad R = 0$，$G_1 = G(4) = 18$，　$G_2 = G(1) = 3$

$\qquad G_1 > G_2$，$R \leftarrow 1$，$G_1 \leftarrow G_2 = 3$

$\qquad X = \{x_i \mid i \leqslant F_5\} = \{-3, -2, -1, 0, 1, 2, 3, 4\}$

（2）$n = 5$，　$G_2 = G(x_{F_{n-2}}) = G(-1) = -1$

$\qquad G_1 > G_2$，　$R \leftarrow 1$，　$G_1 \leftarrow G_2 = -1$

$\qquad X = \{-3, -2, -1, 0, 1\}$

（3）$n = 4$，　$G_2 = G(x_{F_{n-2}}) = G(-2) = 0$

$\qquad G_2 > G_1$，　$R \leftarrow 2$，　$G_2 \leftarrow G_1 = -1$

$\qquad X = \{-1, 0, 1\}$

（4）$n = 3$，　$G_1 = G(x_{F_{n-1}}) = G(0) = 0$

$\qquad G_1 > G_2$，　$R \leftarrow 1$，　$G_1 \leftarrow G_2 = -1$

$\qquad X = \{-1, 0\}$

（5）$n = 2$，$G(x^*) = \min(G_1, G_2) = -1$，$x^* = -1$

4.4.3　钢筋混凝土梁的优化设计

1. 约束优化问题的数学模型

钢筋混凝土梁如图 4.8 所示,梁为矩形截面,跨度为 l 。

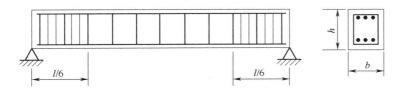

图 4.8　钢筋混凝土梁

符号说明如下:

M_1—跨间最大正弯矩; M_2—左支座处负弯矩; M_3—右支座处负弯矩; A_{g1}—正主筋截面积,长度近似等于 l ; A_{g2}—左支座负主筋截面积,长度近似等于 $l/6$; A_{g3}—右支座负主筋截面积,长度近似等于 $l/6$; A_{g4}—配置在同一截面内箍筋各肢的全部截面积, $A_{g4}=na_k/S$; a_k—单肢箍筋的截面积; n—在同一截面内箍筋的肢数; R_{gk}—箍筋抗拉设计强度; S—箍筋间距; C_M—模板单价; R_w—混凝土抗弯设计强度; R_a—混凝土抗压设计强度; R_g—钢筋抗拉设计强度; l—梁长; b—梁宽; h—梁高; l_0—梁的计算长度; h_0—梁的有效高度, $h_0=h-a_g$; a_g—钢筋保护层厚度; μ—配筋率; μ_{min}—最小配筋率; C_h—混凝土单价; C_g—钢筋单价; K_1—抗弯安全系数,通常取 $K_1=1.4$; K_2—抗剪或偏心压缩安全系数,取值见文[6]的规定,通常取 $K_2=1.55$ 。

问题的数学模型如下:

目标函数　全梁的造价 C 包括:

(1)混凝土造价为

$$C_h bhl$$

(2)主筋造价(正负主筋)

$$C_g\left[A_{g1}l+\frac{l}{6}(A_{g2}+A_{g3})\right]$$

(3)箍筋造价

$$(0.8\sim1)C_g[(b+h)A_{g4}]\cdot l$$

$(0.8\sim1)$ 为系数,是考虑梁中部与梁箍筋间距可能不同,视剪力分布而定(下面为叙述方便,此系数均取 0.8)。上式中考虑箍筋弯钩长度与混凝土保护层对长度影响近似相互抵消。

(4)模板造价

$$C_M(b+2h)l$$

取单位长度梁的造价 $\overline{C}$ 作为目标函数

$$\min \overline{C}=C_h bh+C_g\left[A_{g1}+\frac{1}{6}(A_{g2}+A_{g3})+0.8(b+h)A_{g4}\right]+C_M(b+2h)\quad(4.41)$$

约束条件　约束条件包括两个方面,强度条件和构造要求。

强度条件:

(1)跨间正弯矩强度条件

$$K_1 M_1 \leqslant R_g A_{g1}\left(h_0-\frac{R_g A_{g1}}{2bR_w}\right)\quad(4.42)$$

（2）左支座处负弯矩强度条件

$$K_1 M_2 \leqslant R_g A_{g2}\left(h_0 - \frac{R_g A_{g2}}{2b R_w}\right) \tag{4.43}$$

（3）右支座处负弯矩强度条件

$$K_1 M_3 \leqslant R_g A_{g3}\left(h_0 - \frac{R_g A_{g3}}{2b R_w}\right) \tag{4.44}$$

（4）全梁最大剪力强度条件

$$K_2 Q \leqslant \alpha_h R_a b h_0 + \alpha_{kh} A_{g4} h_0 R_{gk} \tag{4.45}$$

其中 α_{kh} 为抗剪强度影响系数，按下列规定采用：

当 $KQ \leqslant 0.2 R_a b h_0$ 时，$\alpha_{kh} = 2.0$；

当 $KQ = 0.3 R_a b h_0$ 时，$\alpha_{kh} = 1.5$；

当 KQ 为上述中间数值时，α_{kh} 按直线内插法取用。

构造要求：

（5）　　　　$K_2 Q \leqslant 0.27 R_a b h_0$　　　（ h_0 的最小限制） $\tag{4.46}$

（6）　　$K_1 M_i \leqslant 0.4 R_w b h_0^2, i = 1,2,3$（ h_0 的最大限制） $\tag{4.47}$

（7）　　　　$A_{gi} \geqslant \mu_{min} b h_0, i = 1,2,3$（配筋限制） $\tag{4.48a}$

　　　　$A_{gi} \geqslant 2.26 \text{ cm}^2, i = 1,2,3$（至少 2φ1.4 cm） $\tag{4.48b}$

（8）　　　$A_{g4}^1 \geqslant 0.015 R_a / R_{gk}$（最小箍筋率要求） $\tag{4.49a}$

　　　$A_{g4}^2 \geqslant 0.009\pi (\text{cm}^2)$，当 $h \leqslant 80$ cm 时 $\tag{4.49b}$

　　　$A_{g4}^2 \geqslant 0.016\pi (\text{cm}^2)$，当 $h > 80$ cm 时 $\tag{4.49c}$

$$A_{g4} = \max\{A_{g4}^1, A_{g4}^2\} \tag{4.50}$$

在以上模型中，设计变量为 $A_{g1}, A_{g2}, A_{g3}, A_{g4}$ 和 b, h，其中 $A_{g1}, A_{g2}, A_{g3}, A_{g4}$ 作为连续变量处理，而 b, h 必须满足模数制的要求，即

$$b = 14,16,18,20,22,25,30,35,40,45,50,\cdots(\text{cm})$$
$$h = 30,35,40,45,50,55,60,70,80,90,100,\cdots(\text{cm})$$

在优化设计中，可预先选定 b 值，取 h 为设计变量。

2. 无约束优化设计问题的数学模型

在以上的约束条件中，式（4.42）～式（4.45）包含连续变量 $A_{gi}, i = 1,2,3,4$，令这四式取等式，可解得 A_{gi}，将 A_{gi} 的值代入目标函数式（4.41）得到只含 h_0 的单变量函数。

约束条件式（4.46）～式（4.48）用来确定 h_0 的取值范围，由式（4.46）得

$$\underline{h_{01}} = \frac{K_2 Q}{0.27 R_a b} \tag{4.51}$$

由式（4.47）可得

$$\underline{h_{02}} = \max\left(\sqrt{\frac{K_1 M_i}{0.4 R_w b}}\right) \quad (i = 1,2,3) \tag{4.52}$$

由以上两式得 h_0 的下界为

$$\underline{h_0} = \max(\underline{h_{01}}, \underline{h_{02}}) \tag{4.53}$$

由式（4.48a）和式（4.42）～式（4.44）得

$$\overline{h_{01}} = \min\left(\sqrt{\frac{2KM_i \cdot R_w}{b(2R_w R_g \mu_{\min} - R_g^2 \mu_{\min}^2)}}\right) \quad (i = 1,2,3) \tag{4.54}$$

由式(4.48a)和式(4.48b)得

$$\overline{h_{02}} = \frac{2.26}{b \cdot \mu_{\min}} \tag{4.55}$$

由以上两式得 h_0 的上限为

$$\overline{h_0} = \max(\overline{h_{01}}, \overline{h_{02}}) \tag{4.56}$$

于是可得 h_0 的集合。

$$H = \{h_{0i} \mid h_{0i} + a_g \text{ 符合模数制要求且 } h_0 \le h_{0i} \le \overline{h_0}\} \tag{4.57}$$

这样,数学模型式(4.41)~式(4.50)化成无约束单离散变量优化设计的数学模型

$$
\begin{aligned}
\min_{h_0 \in H} \overline{C} = {} & C_h b(h_0 + a_g) + C_g\left[\frac{bR_w}{R_g}\left(\frac{4}{3}h_0 - \sqrt{h_0^2 - \frac{2K_1 M_1}{bR_w}}\right.\right. \\
& \left. - \frac{1}{6}\sqrt{h_0^2 - \frac{2K_1 M_2}{bR_w}} - \frac{1}{6}\sqrt{h_0^2 - \frac{2K_1 M_3}{bR_w}}\right) \\
& \left. + C_g\left[0.8(b + h_0 + a_g)\left(\frac{K_2 Q - 0.07 R_a b h_0}{\alpha_{kh} h_0 R_{gk}}\right)\right]\right. \\
& + C_M(b + 2h_0 + 2a_g)
\end{aligned}
\tag{4.58}
$$

3. 极值存在定理

定理:在区间上 (a, ∞) $\left(a = \max\left(\sqrt{\dfrac{2K_1 M_i}{bR_w}}\right), i = 1,2,3\right)$,式(4.58)所对应的连续函数是下单峰函数,有唯一的极小值或两个相等的极小值。

证明:式(4.58)关于 h_0 的一阶导数为

$$\overline{C}' = f(h_0) + D \tag{4.59}$$

其中

$$
\begin{aligned}
f(h_0) = {} & \frac{C_g b R_w}{R_g}\left[-h_0 \cdot \left(h_0^2 - \frac{2K_1 M_1}{bR_w}\right)^{-\frac{1}{2}} - \sum_{i=2}^{3}\frac{h_0}{6}\left(h_0^2 - \frac{2K_1 M_i}{bR_w}\right)^{-\frac{1}{2}}\right] \\
& - 0.8(b + a_g)\frac{K_2 Q}{\alpha_{kh} R_{gh} h_0^2}
\end{aligned}
\tag{4.60}
$$

常数项

$$D = C_h b + \frac{4}{3}C_g \frac{bR_w}{R_g} + 2C_M - 0.056 C_g \frac{R_a b}{\alpha_{kh} R_{gh}} \tag{4.61}$$

考察式(4.60)可见,在 (a, ∞) 区间内,$f(h_0)$ 为单调函数,常数 D 不影响 $\overline{C}$ 的单调性,因此,在区间 (a, ∞) 内,$\overline{C}$ 为单峰函数。

式(4.58)关于 h_0 的二阶导数为

$$\overline{C''} = f'(h_0) = \frac{C_g b R_w}{R_g} \left[\frac{2a_1}{(h_0^2 - a_1)^{3/2}} + \frac{a_2}{3(h_0^2 - a_2)^{3/2}} + \frac{a_3}{3(h_0^2 - a_3)^{3/2}} \right]$$
$$+ 1.6(b + a_g) \frac{K_2 Q}{R_{gh} \alpha_{kh} h_0^3} \tag{4.62}$$

其中

$$a_i = \frac{2K_1 M_i}{b R_w} \quad i = 1, 2, 3 \tag{4.63}$$

在区间 (a, ∞) 内,$\overline{C''} > 0$,$\overline{C}$ 所对应的连续函数下凸,式(4.58)在区间 (a, ∞) 内有唯一的极小值。证毕。

推论:由以上定理,离散变量函数 $\overline{C}$ 在区间 (a, ∞) 内的离散点集上是下单峰函数,有唯一的极小值或两个相等的极小值,可用上节讲的 FIBONACCI 搜索法进行求解。

例 4.2　普通钢筋混凝土梁 $l = 8$ m,$M_1 = 200$ kN·m,$M_2 = 360$ kN·m,$M_3 = 280$ kN·m,$Q = 240$ kN,$K_1 = K_2 = 1.45$,混凝土为 200 号,$R_w = 14$ MN/m²,$R_a = 11$ MN/m²。主筋 $R_{gi} = 240$ MN/m² $(i = 1, 2, 3)$,箍筋 $R_{gk} = 240$ MN/m²,钢筋保护层 $a_g = 3.5$ cm。材料单价 $C_h = 170$ 元/m³,$C_g = 14\ 040$ 元/m³。设梁宽 $b = 30$ cm,$\mu_{\min} = 0.1\%$,$\alpha_{kh} = 1.75$。模板造价忽略不计。优化设计过程如表 4.2 所示。

表 4.2　钢筋混凝土梁的优化过程

搜索次数	$h_{F_{n-2}}$	$h_{F_{n-1}}$	$\overline{C}(h_{F_{n-2}})$	$\overline{C}(h_{F_{n-1}})$	$H(\mathrm{m})$	说明
1	0.8	1.0	73.45	74.49	0.6,0.7,0.8,0.9,1.0,1.2,1.4,1.6	
2	0.7	0.8	74.51	73.45	0.6,0.7,0.8,0.9,1.0	(2)
3	0.8	0.9	73.45	73.99	0.8,0.9,1.0	(1)
4	0.8	0.9	73.45	73.99	0.8,0.9	

注:表中第一次搜索时的 h_{F_1} 和 h_{F_5} 分别为按式(4.53)和式(4.56)求得的 h 的下界和上界,说明栏中的(1)、(2)分别表示本次 $\overline{C}(h_{F_{n-2}})$ 和 $\overline{C}(h_{F_{n-1}})$ 比较的结果属于斐波那契搜索法中的第(1)、(2)种情况。

以上所论述的方法对于只有局部约束的钢筋混凝土结构离散变量优化设计是普遍适用的,只要将设计规范中的相应要求作为约束条件即可。

以上算法是确定 b,取 h 为设计变量进行计算的。若要同时考虑两者的变化,则可采用序列菲波那契搜索算法,其计算方法如下:预先选定 $b_1 = b$,按菲波那契搜索算法优化后得 h_1^* 和相应的目标函数值 C_1^*,再将 b 增加一级得 b_2,继续寻求 h 的最优解 h_2^* 和相应的目标函数值 C_2^*,如此继续进行,直至 $C_{j-1}^* < C_j^* < C_{j+1}^*$ 时为止,则最优解为 b_j^*,h_j^*,目标函数最优值为 C_j^*。

4.5　离散变量结构优化设计的序列二级算法

结构优化设计数学模型的约束条件按其性质可分为局部性约束与整体性约束两大类。这样,可将最轻重量离散变量结构截面优化设计的数学模型写为

$$\min\ W = \sum_{i=1}^{n} \rho_i V_i$$
$$\text{s.t.} \begin{cases} f_j \leq 0 & j = 1, 2, \cdots, P \\ g_k \leq 0 & k = 1, 2, \cdots, Q \end{cases} \tag{4.64}$$

式中, f_j 为局部性约束条件; P 为局部约束条件的个数; g_k 为整体约束条件; Q 为整体约束条件的个数。一般说来, P 很大而 Q 很小。求解局部性约束可采用分部优化算法,分别对每一单元(单元组)进行一维搜索或斐波那契搜索寻求最优解。由于整体性约束条件中含有各个单元的设计变量,因此,只能采取整体优化的方法进行求解,而整体优化要比分部优化困难得多。局部性约束条件虽然相当多,但可用分部优化的方法处理,而对整体约束则采用整体优化的方法处理。这样,将局部约束与整体约束分开进行处理的方法称为二级算法。式(4.64)的数学模型可分为两个优化问题:

$$P_1: \quad \min \quad W = \sum_{i=1}^{n} \rho_i V_i$$
$$\text{s.t.} \quad f_j \leqslant 0 \quad j = 1, 2, \cdots, P \quad\quad (4.65)$$

$$P_2: \quad \min \quad W = \sum_{i=1}^{n} \rho_i V_i$$
$$\text{s.t.} \quad g_k \leqslant 0 \quad k = 1, 2, \cdots, Q \quad\quad (4.66)$$

由第三章的假设可知,结构优化设计中的绝大多数局部约束与整体约束都是单调递减函数,这样,在一轮优化中,第一步求解了 P_1 或 P_2 任一问题以后,以其解为另一问题的尺寸下限,第二步求得的另一问题的最优解满足第一步问题的约束条件,第二步求得的结果即为该轮优化中满足全部约束的解,一轮优化结束后,进行结构重分析和下一轮优化,反复迭代,直到收敛为止。这样,将一个局部约束与整体约束混合求解的问题化为了一个局部约束与整体约束分离求解的问题。这样一种求解算法称为序列二级算法。

按照求解的顺序,可以有两种二级算法,第一种先求 P_1 ,再求 P_2 ;第二种先求 P_2 ,再求 P_1 。下面的相对差商法采用的是第一种算法。

4.6　离散变量结构优化设计的相对差商法

离散变量优化设计问题实质上就是组合最优化问题,一般而言属 NP-困难问题,企图有效地求得问题的最优解几乎是不可能的。因此,放弃寻求最优解的方案,在保证高速求解(通常是设计变量的低次多项式时间)的前提下,寻求一个令人满意的可行解的启发式算法越来越受到人们的重视,相对于指数时间的最优化算法而言,它更有实际意义,也更切实可行。

在连续变量优化设计方法中,有一类利用函数导数的优化方法。由于函数的导数反映了函数的发展、变化趋势,根据函数的导数,可以确定搜索最优解的最佳方向,设计一定的算法沿该方向搜索,往往可以得到较高的效率。这类算法包括最速下降法、共轭梯度法、可行方向法、最佳矢量法、梯度投影法等。

在离散变量优化设计问题中,由于离散变量的特点,优化设计过程只需在有限个离散点搜索即可,无需在可行域内的无穷多点进行搜索。与连续变量优化设计相比,这是离散变量优化设计的一个特点,也是一个优势。利用这一优势,与连续变量优化设计中根据函数梯度确定搜索方向的思想结合起来,利用函数的差商(在离散变量优化设计问题中不存在导数)确定搜索方向,沿该方向在离散变量集合中只搜索有限个离散点。在整个优化过程中,逐步调整搜索方向,逐步搜索,直到收敛到最优解。根据这一思想,我们针对一类目标函数、约束函数具有单调

性质的离散变量优化设计问题提出了相对差商优化设计方法。本法所搜索的设计点最多为

$D_{max} = \sum\limits_{i=1}^{n} d_i \leqslant \max\{d_i\} \cdot n$，其中 d_i 表示第 i 个设计变量可取的离散值个数，所以计算时间为

$O(n)$，效率是很高的。

4.6.1 基本思想

离散变量优化设计的数学模型为

$$\min \quad f(X)$$
$$\text{s.t.} \begin{cases} g_j(X) \leqslant 0 & j = 1,2,\cdots,m \\ \boldsymbol{x}_i \in S_i, S_i \in S, i = 1,2,\cdots,n \end{cases} \tag{4.67}$$

式中　S_i——设计变量 $\boldsymbol{x}_i$ 的离散变量值集合，$S = \bigcup\limits_{i=1}^{n} S_i$ 为 S_i 的并集。

对于单约束优化问题，$m = 1$。

在优化设计中，设计变量的改变，同时会引起目标函数的改变及约束函数的改变。设设计变量 $\boldsymbol{x}_i$ 由当前值 $\boldsymbol{x}_{ij}$ 变化到下一离散值 $\boldsymbol{x}_{i,j+1}$（$\boldsymbol{x}_{ij}$ 表示 $\boldsymbol{x}_i$ 取集合 S_i 的第 j 个值）时目标函数的差商为

$$\frac{\Delta f}{\Delta \boldsymbol{x}_i} = \frac{f(\boldsymbol{x}_{i,j+1}) - f(\boldsymbol{x}_{ij})}{\boldsymbol{x}_{i,j+1} - \boldsymbol{x}_{ij}} \tag{4.68}$$

而约束函数的差商为

$$\frac{\Delta g}{\Delta \boldsymbol{x}_i} = \frac{g(\boldsymbol{x}_{i,j+1}) - g(\boldsymbol{x}_{ij})}{\boldsymbol{x}_{i,j+1} - \boldsymbol{x}_{ij}} \tag{4.69}$$

其中，$f(\boldsymbol{x}_{i,j+1}) - f(\boldsymbol{x}_{ij})$，$g(\boldsymbol{x}_{i,j+1}) - g(\boldsymbol{x}_{ij})$ 分别表示设计变量 $\boldsymbol{x}_i$ 从 $\boldsymbol{x}_{ij}$ 变化到 $\boldsymbol{x}_{i,j+1}$ 而其他设计变量不变时目标函数的增量和约束函数的增量。

为了综合考虑目标函数的变化与约束函数的变化，引进以下定义。

定义：当变量 $\boldsymbol{x}_i$ 由 $\boldsymbol{x}_{ij}$ 变化到 $\boldsymbol{x}_{i,j+1}$ 时，约束函数的差商与目标函数的差商的比值

$$\beta_i = \frac{\Delta g/\Delta \boldsymbol{x}_i}{\Delta f/\Delta \boldsymbol{x}_i} = \frac{\Delta g}{\Delta f} = \frac{g(\boldsymbol{x}_{i,j+1}) - g(\boldsymbol{x}_{ij})}{f(\boldsymbol{x}_{i,j+1}) - f(\boldsymbol{x}_{ij})} \tag{4.70}$$

定义为对应于设计变量 $\boldsymbol{x}_i$ 的相对差商。

由以上定义可见，相对差商的物理意义就是当目标函数有单位增量时约束函数的增量。

对于多约束优化设计问题，考虑到各种约束函数可能因为量纲不一致而使约束值相差甚远，因此，首先将式(4.67)的约束函数进行归一化处理，化为 $\tilde{g}_j(X) \leqslant 0$　$(j = 1,2,\cdots,m)$。

在多约束优化设计问题中，尽管有多个约束条件，但由于各约束条件的单调递减性，当选择设计变量使某一约束值降低时，其他约束值也会同时降低。采用统一约束的方法来处理多约束优化设计问题。

在各设计点，可将式(4.67)中的约束函数集合 $G = \{g_j(X)\}$ 分为两个子集，$G_1 = \{\tilde{g}_j(X) \mid \tilde{g}_j(X) > 0\}$ 和 $G_2 = \{\tilde{g}_j(X) \mid \tilde{g}_j(X) \leqslant 0\}$，$G_1$ 为有效约束子集，G_2 为无效约束子集。可将 G_1 看作一定义在 $R^{m_1}(m_1 \leqslant m)$ 上的一个实向量，取该向量的 $\| \cdot \|_2$ 范数为统一约束函数

$$Z(X) = \parallel G_1 \parallel_2 = \Big(\sum_{\tilde{g}_j \in G_1} \tilde{g}_j^2(X) \Big)^{1/2} \tag{4.71}$$

统一约束函数 $Z(X)$ 具有以下性质：

(1) 满足式(4.67)中全部约束条件的充分必要条件是 $Z(X) = 0$；

(2) $Z(X)$ 等价于最严约束 $\max\limits_{\tilde{g}_j \in G_1} |\tilde{g}_j(X)|$。

证明：首先证明性质 1。

充分性：由式(4.71)，若 $Z(X) = 0$，必有

$$\tilde{g}_j(X) = 0 \, \forall \, \tilde{g}_j \in G_1 \tag{4.72}$$

即 G_1 为空集，所有约束条件都得到满足。

必要性：由式(4.71)，若 $Z(X) \neq 0$，则至少存在一个 j 有 $\tilde{g}_j(X) < 0$，不能满足所有约束条件。性质 1 得证。

再证明性质 2。

(1) 最严约束必是一尚未满足的约束，即最严约束必在集合 G_1 内；

(2) 最严约束为 $\max\limits_{\tilde{g}_j \in G_1} \{|\tilde{g}_j(X)|\} = \parallel G_1 \parallel_\infty$，由范数的等价定理 $\parallel G_1 \parallel_\infty \propto \parallel G_1 \parallel_2$，即 $Z(X)$ 等价于最严约束，性质 2 得证。

这样，对于多约束优化问题的相对差商可表示为

$$\beta_i = \frac{\Delta Z / \Delta x_i}{\Delta f / \Delta x_i} = \frac{\Delta Z}{\Delta f} = \frac{Z(x_{i,j+1}) - Z(x_{ij})}{f(x_{i,j+1}) - f(x_{ij})} \tag{4.73}$$

用式(4.70)或式(4.73)的相对差商可得到约束函数 g 对目标函数 f 的相对差商向量为

$$B = \{\beta_1, \beta_2, \cdots, \beta_n\} \tag{4.74}$$

该向量的方向反映了约束函数相对于目标函数变化最快的方向。

4.6.2　搜索方向及步长的确定

优化设计的迭代公式一般可写为

$$X^{(Q+1)} = X^{(Q)} + D \cdot \alpha \tag{4.75}$$

式中　$X^{(Q+1)}, X^{(Q)}$ ——向量，分别表示迭代后的设计变量及当前设计变量；

　　　　D ——向量，表示搜索方向；

　　　　α ——前进步长。

应用式(4.75)所表示的迭代格式需确定搜索方向及步长。由于离散变量问题的特点，在优化设计中不宜直接套用式(4.75)的迭代公式。这主要有以下两个方面的原因：

(1) 显然，按式(4.75)的迭代公式，应取式(4.74)表示的 g 的差商方向为搜索向量 D 的方向，但在离散变量空间中，这一方向一般在一定的步长范围内不与设计点相交，甚至在相当大的步长范围内不与设计点相交，如图 4.9 所示。因此，沿该方向搜索可能无解（沿该方向无设计点）或无有效解（步长过大）。

(2) 根据离散变量的特点，迭代格式的步长可取为两个离散值之差，即由一个离散点到下

一个离散点搜索,这是由离散变量所决定的最小步长。

由于以上原因,如图 4.9 所示,将沿相对差商方向搜索改为沿 $P_1 - P_2 - P_3 - P_4$ 的折线搜索,P_4 为最优点,E 为可行域内与 B 方向最近的点。在以上的 $P_1 - P_2 - P_3 - P_4$ 搜索过程中,前进方向由各设计变量标架方向的相对差商中的最小者(绝对值最大)决定。

这样,可将迭代格式表示为

$$X^{(Q+1)} = X^{(Q)} + \Delta X^{(Q)} \tag{4.76}$$

在这里,$\Delta X^{(Q)}$ 的元素为

$$\Delta X_i^{(Q)} = \begin{cases} X_{i+1}^{(Q)} - X_i^{(Q)} & \beta_i = \min\{\beta_1, \beta_2, \cdots, \beta_n\} \\ 0 & \beta_i \neq \min\{\beta_1, \beta_2, \cdots, \beta_n\} \end{cases} \tag{4.77}$$

需要指出的是,在以上的相对差商算法中,目标函数的单调递增性是至关重要的。因为该算法是在满足目标函数最小的前提下逐步靠近可行集,在单调递增的目标函数下,将离散变量集合按目标函数的升序排列,即对于任一设计变量 x_i 都有

$$f(X_{i1}) \leqslant f(X_{i2}) \leqslant \cdots \leqslant f(X_{im}) \tag{4.78}$$

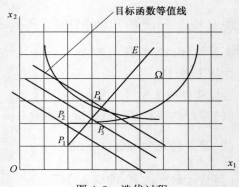

图 4.9 迭代过程

其中,m 为 x_i 可取的离散值个数。这样即可保证按离散变量的顺序搜索时,目标函数值单调递增,且对于任何的 $k > j$,都不会有 $f(X_{ij}) > f(X_{ik})$。

同样,为保证求解精度,约束函数的单调递减性也是重要的。当离散变量按目标函数的升序排列时,对于任一约束函数 g 都有

$$g(X_{i1}) \geqslant g(X_{i2}) \geqslant \cdots \geqslant g(X_{im}) \tag{4.79}$$

这样即可保证当目标函数递增时,约束函数减少,约束得到改善。沿相对差商最小的方向搜索,即可保证目标函数增加得最少而逐步逼近可行集。当不满足这一条件时,计算精度就会降低。

当优化过程接近最优点时,有时沿 β_i 最小的方向前进会造成约束放松过多,而使目标函数不是最优的情况。这个问题可采用分支搜索的办法加以解决。即在计算过程中,若设计点 X_i 有 $Z(X_i) = 0$,表示在该点约束条件全部满足,为一可行设计点,若有多个点 $i \in I, I = \{i \mid Z(X_i) = 0\}$,则令 $f(X_j) = \min\limits_{i \in I} f(X_i)$,$\widetilde{X} = X_j, f(\widetilde{X}) = f(X_j)$。这里,$\widetilde{X}$ 为所求近似最优解,$f(\widetilde{X})$ 为近似最优解的目标函数值。

4.6.3　算法及算例

相对差商法优化设计的迭代过程可描述为:

(1)将离散变量 $x_i(i = 1, 2, \cdots, n)$ 按目标函数的升序排列,形成离散变量集合 S_i。当在一定范围内目标函数和有效约束分别满足递增和递减条件(在很多情况下这个条件是可以满足的)时,集合 S_i 实际就是离散变量的递增集合。

(2)各设计变量 x_i 均取其在 S_i 中的第一个离散值组成初始设计点,这个设计点通常是不

可行的,但其目标函数值是最小的, $C \Leftarrow 1 \times 10^{10}$ 。

(3)检查各约束条件,若约束条件全部满足,进行分支搜索,停止迭代,优化结束, $\widetilde{X}$ 即为近似最优解。

(4)由式(4.70)或式(4.73)计算 β_i 。

(5)由式(4.76)和式(4.77)计算设计点 $X^{(Q+1)}$,转(3)。

在求得近似最优解 $\widetilde{X}$ 后,为进一步提高解的精度,可以对 $\widetilde{X}$ 进行修正,下面是一种既可以提高解的精度又不增加太多计算工作量的修正方法:

(1)0 阶修正

0 阶修正的目的是在 $\widetilde{X}$ 的离散近集内寻求拟局部最优解。因为 $\widetilde{X}$ 的上离散近集各点的目标函数值都不小于 $f(\widetilde{X})$,所以只需在 $\widetilde{X}$ 的下离散近集内进行搜索即可。0 阶修正的搜索点数为 n ,其计算工作量为 $O(n)$ 。

由 0 阶修正求得拟局部最优解,令其为 $\widetilde{X}_0$,相应的目标函数值为 $f(\widetilde{X}_0)$ 。

(2)1 阶修正

由枚举法,要判断一个解是局部最优解就需要搜索 $3^n - 1$ 个点,这样做工作量太大了。为用较小的工作量提高解的精度,采用以下的修正方法:

①依次在 $\widetilde{X}_0$ 的上离散近点 $\widetilde{\pmb{x}}_{ui}(i = 1,2,\cdots,n)$ 进行 0 阶修正;

②依次在 $\widetilde{X}_0$ 的下离散近点 $\widetilde{\pmb{x}}_{li}(i = 1,2,\cdots,n)$ 进行 0 阶修正,只是这一 0 阶修正是在 $\widetilde{X}_{li}$ 的上离散近点上进行的。

1 阶修正的计算工作量为 $O(n^2)$ 。

经过 1 阶修正一般可得到精度较高的近似解,若想进一步提高解的精度,可用类似的办法进一步进行修正。

下面通过几个算例说明该方法的求解过程。

例 4.3

$$\min\ f(X) = 10x_1 + 5x_2 + x_3 + 7x_4 + 5$$

$$\text{s.t.}\ \begin{cases} 10 - 2x_1 - 2x_2 - 2x_3 - 2x_4 \leq 0 \\ 10 - 5x_1 - x_2 - x_3 - 2x_4 \leq 0 \\ 10 - x_1 - 2x_2 - 5x_3 - x_4 \leq 0 \\ 10 - x_1 - 5x_2 - x_3 - 3x_4 \leq 0 \\ x_i \in S_i = \{0,1,2,3\}\quad i = 1,2,3,4 \end{cases}$$

优化过程如表 4.3 所示。

表 4.3　优化过程

迭代次数	β_1	β_2	β_3	β_4	前进分量	设计变量序号	$f(X)$
0						0,0,0,0	5
1	-0.041 6	-0.094 1	-0.415 7	-0.056 3	3	0,0,1,0	6

迭代次数	β_1	β_2	β_3	β_4	前进分量	设计变量序号	$f(X)$
2	-0.035 4	-0.093 3	-0.222 7	-0.059 1	3	0,0,2,0	7
3	-0.042 0	-0.084 1	-0.212 9	-0.057 6	3	0,0,3,0	8
4	-0.040 4	-0.080 9	10	-0.056 7	2	0,1,3,0	13
5	-0.049 1	-0.020 0	10	-0.025 7	1	1,1,3,0	23
6	0	0	10	0	2	1,2,3,0	28

用枚举法求得的最优解为
$$X^* = \{1,2,30\}, \quad f(X^*) = 28$$
与优化结果一样。

说明:在计算过程中 $\beta_i = 10$,表示 x_i 已取了离散集合的上限,x_i 不可再增加,$\beta_i = 0$,表示 $Z(X_i) = 0$,已满足全部约束条件,因此,在第六步迭代时由分支搜索确定前进变量为 x_2。

例 4.4
$$\min \ f(X) = x_i + 3x_2 + 4x_3 + 5x_4 + 1$$
$$\text{s.t.} \begin{cases} 100 - 20x_1 - 10x_2 - 20x_3 - 5x_4 \leq 0 \\ 10 - x_1 - x_2 - 5x_3 - 5x_4 \leq 0 \\ 20 - 10x_1 - 2x_2 - x_3 - 6x_4 \leq 0 \\ x_i \in S_i = \{0,1,2,3\} \quad i = 1,2,3,4 \end{cases}$$

优化过程如表 4.4 所示。最优解为
$$X^* = \{3,0,2,0\}, \quad f(X^*) = 12$$

表 4.4　优化过程

迭代次数	β_1	β_2	β_3	β_4	前进分量	设计变量序号	$f(X)$
0						0,0,0,0	1
1	-0.428 2	-0.057 7	-0.098 3	-0.090 1	1	1,0,0,0	2
2	-0.204 2	-0.056 0	-0.113 5	-0.086 1	1	2,0,0,0	3
3	-0.193 8	-0.046 6	-0.125 0	-0.074 7	1	3,0,0,0	4
4	10	-0.045 1	-0.130 8	-0.080 6	3	3,0,1,0	8
5	10	-0.047 1	0	-0.010 0	3	3,0,2,0	12

例 4.5
$$\min \ f(X) = 0.5x_1 + 1.2x_2 + 0.75x_3 + 3x_4 + 1$$
$$\text{s.t.} \begin{cases} 1 - 0.2x_1 - 0.5x_2 - 0.3x_3 - 0.5x_4 \leq 0 \\ 1 - 0.5x_1 - 0.1x_2 - 0.2x_3 - 0.4x_4 \leq 0 \\ 1 - 0.1x_1 - 0.2x_2 - 0.3x_3 - 0.4x_4 \leq 0 \\ x_i \in S_i = \{0,1,2,3\} \quad i = 1,2,3,4 \end{cases}$$

优化过程如表 4.5 所示。

表 4.5　优化过程

迭代次数	β_1	β_2	β_3	β_4	前进分量	设计变量序号	$f(X)$
0						0,0,0,0	1.0
1	-0.856 4	-0.356 8	-0.612 3	-0.249 1	1	1,0,0,0	1.50
2	-0.408 3	-0.369 7	-0.622 9	-0.237 4	3	1,0,1,0	2.25
3	-0.395 9	-0.186 3	-0.616 7	-0.133 3	3	1,0,2,0	3.00
4	-0.200 0	-0.166 7	0	0	3	1,0,3,0	3.75

最优解为

$$X^* = \{1,0,3,0\}, f(X^*) = 3.75$$

本方法不但适用于线性规划问题,只需要满足单调性的要求,同样适用于非线性规划问题。下面是一非线性整数规划的算例。

例 4.6

$$\min \ f(X) = x_1 + 0.5x_2 + 1.5x_3 + 0.8x_4 + 1$$

$$\text{s.t.} \begin{cases} 10 - x_1^2 - x_2^2 - x_3^2 - x_4^2 \leqslant 0 \\ 12 - 2x_1^2 - x_2^2 - x_3^2 - 2x_4^2 \leqslant 0 \\ 9 - x_1^2 - 3x_2^2 - 0.8x_3^2 - 0.5x_4^2 \leqslant 0 \\ 15 - 0.5x_1^2 - 2x_2^2 - 3x_3^2 - x_4^2 \leqslant 0 \\ x_i \in S_i = \{0,1,2,3\} \quad i = 1,2,3,5 \end{cases}$$

优化过程如表 4.6 所示。

表 4.6　优化过程

迭代次数	β_1	β_2	β_3	β_4	前进分量	设计变量序号	$f(X)$
0						0,0,0,0	1.0
1	-0.203 1	-0.626 1	-0.155 7	-0.240 5	2	0,1,0,0	1.5
2	-0.201 8	-1.077	-0.155 6	-0.247 9	2	0,2,0,0	2.0
3	-0.181 7	-1.255	-0.131 9	-0.248 3	2	0,3,0,0	2.5
4	-0.166 7	10	-0.055 6	-0.208 3	4	0,3,0,1	3.3
5	0	10	-0.055 6	-0.208 3	4	0,3,0,2	4.1

最优解为

$$X^* = \{0,3,2,0\}, f(X^*) = 4.1$$

4.6.4　算法性能的统计分析

启发式算法所得可行解接近最优解的程度是评价算法性能的根本指标。下面通过服从一致分布随机算例的均匀抽样方式,对相对差商法进行了数值实验,按启发式算法的性能评价指标对数值实验结果进行了统计分析,为评价相对差商法的实际性能提供了统计依据。

1. 随机数值实验方法

随机数值实验是生成服从某种概率分布的随机测试题目样本空间,对算法进行考核,检验其实际性能的方法。为检验相对差商法的性能,考虑了以下三类问题:

（1）线性整数规划问题

$$\min \ f(X) = \sum_{i=1}^{n} C_i x_i$$

$$\text{s.t.} \begin{cases} \sum_{i=1}^{n} a_{ij} x_i \geqslant b_j \quad (j = 1, 2, \cdots, m) \\ x_i \in S, C_i \geqslant 0, a_{ij} \geqslant 0 \end{cases} \tag{4.80}$$

为保证可行集非空，令

$$b_j = \frac{\sum_{i=1}^{n} a_{ij}}{p_1 \cdot r + 1} \tag{4.81}$$

（2）结构优化设计中的非线性整数规划问题

$$\min \ f(X) = \sum_{i=1}^{n} C_i x_i$$

$$\text{s.t.} \begin{cases} \sum_{i=1}^{n} \dfrac{a_{ij}}{x_i + 1} \leqslant b_j \quad (j = 1, 2, \cdots, m) \\ x_i \in S, C_i \geqslant 0, a_{ij} \geqslant 0 \end{cases} \tag{4.82}$$

且令

$$b_j = \frac{\sum_{i=1}^{n} a_{ij}}{p_2 \cdot r + 1} \tag{4.83}$$

对以上两个问题分别以均匀抽样方式的 100 个测试题目生成了两个样本空间 SS_1（线性整数规划）和 SS_2（非线性整数规划）。由于求对照的精确全局最优解的指数时间计算量限制了题目的规模，在以上例题中取 $S = \{0, 1, 2, 3, 4\}$，$n = 10, 1 \leqslant m \leqslant 10$。

（3）（0,1）规划问题

为检验设计变量的增加对算法性能的影响，对（0,1）规划问题从 $n = 2$ 到 $n = 20$ 以 100 个算例为一个样本空间生成了 19 个样本空间。

考虑（0,1）规划问题

$$\min \ f(X) = \sum_{i=1}^{n} C_i x_i$$

$$\text{s.t.} \begin{cases} \sum_{i=1}^{n} a_{ij} x_i \geqslant b_j \quad (j = 1, 2, \cdots, m) \\ x_i \in \{0, 1\}, C_i \geqslant 0, a_{ij} \geqslant 0 \end{cases} \tag{4.84}$$

且令

$$b_j = \frac{\sum_{i=1}^{n} a_{ij}}{p_3 \cdot r + 1} \tag{4.85}$$

在以上式（4.80）~式（4.85）中，C_i、a_{ij} 均为 [0,1 000] 上的随机数，r 为 [0,1] 上的随机数，在保证问题有解的情况下可任意选取 p_1、p_2、p_3，在我们的实验中取 $p_1 = 13, p_2 = 2, p_3 = 15$。

2. 数值实验结果的统计分析

（1）算法性能评价指标

①最坏性能比

记 $\prod$ 是某个样本空间，$I \in \prod$ 是该样本空间的任一算例，定义比值

$$R_A(I) = \frac{A(I)}{OPT(I)} \tag{4.86}$$

式中　$A(I)$ ——相对差商法求得的算例的近似最优解的目标函数值；

　　　$OPT(I)$ ——精确最优解的目标函数值。称

$$R_A = \max\{R_A(I) \mid I \in \prod\} \tag{4.87}$$

为算法关于样本空间 $\prod$ 的最坏性能比。$R_A \geqslant 1$，且愈接近 1 愈好。最坏性能比反映了算法实施于算例样本空间 $\prod$ 时的最坏情况。

②平均性能比

定义算法实施于样本空间的平均性能比为

$$\widetilde{R}_A = \frac{\sum\limits_{I \in \prod} A(I)}{\sum\limits_{I \in \prod} OPT(I)} \tag{4.88}$$

平均性能比是从"平均情况"的角度进行性能分析，它表示了使用算法 A 在绝大多数情况下可期望得到的性能。

（2）实验结果的统计分析

表 4.7、表 4.8 分别列出了应用相对差商法及经过 1 阶修正求得的近似最优解与全局最优解和局部最优解的对比情况，其中 δ 表示相对误差。

表 4.7　近似解与全局最优解对照表

样本	成功比例（%）					R_A	$\widetilde{R}_A$
	$\delta = 0$	$\delta \leqslant 1\%$	$\delta \leqslant 3\%$	$\delta \leqslant 5\%$	$\delta \leqslant 10\%$		
SS_1	92	94	96	98	99	1.123	1.004
SS_2	79	87	98	100	100	1.038	1.003
平均值	84.5	90.5	97	99	99.5		1.004

表 4.8　近似解与局部最优解对照表

样本	成功比例（%）					R_A	$\widetilde{R}_A$
	$\delta = 0$	$\delta \leqslant 1\%$	$\delta \leqslant 3\%$	$\delta \leqslant 5\%$	$\delta \leqslant 10\%$		
SS_1	97	99	99	100	100	1.040	1.001
SS_2	85	89	98	100	100	1.038	1.003
平均值	91	94	98.5	100	100		1.002

表 4.9　(0,1)规划对照表

样本	成功比例（%）					R_A	$\widetilde{R}_A$
	$\delta = 0$	$\delta \leqslant 1\%$	$\delta \leqslant 3\%$	$\delta \leqslant 5\%$	$\delta \leqslant 10\%$		
2	100	100	100	100	100	1.000	1.000

样本	成功比例(%)					R_A	$\tilde{R}_A$
	$\delta=0$	$\delta\leqslant1\%$	$\delta\leqslant3\%$	$\delta\leqslant5\%$	$\delta\leqslant10\%$		
3	100	100	100	100	100	1.000	1.000
4	100	100	100	100	100	1.000	1.000
5	95	95	95	95	95	1.146	1.009
6	100	100	100	100	100	1.000	1.000
7	97	100	100	100	100	1.002	1.000
8	100	100	100	100	100	1.000	1.000
9	100	100	100	100	100	1.000	1.000
10	99	99	100	100	100	1.000	1.000
11	93	93	100	100	100	1.029	1.001
12	88	91	94	97	97	1.115	1.007
13	93	93	98	100	100	1.040	1.002
14	93	93	93	100	100	1.031	1.005
15	86	100	100	100	100	1.008	1.001
16	88	90	93	94	100	1.098	1.004
17	86	87	88	90	100	1.090	1.008
18	86	96	97	99	100	1.058	1.002
19	78	83	92	92	96	1.131	1.009
20	88	94	99	99	100	1.056	1.003

表 4.9 列出了解 19 个(0,1)规划问题样本空间 1 阶修正后各项性能随设计变量个数 n 变化的变化情况。

由以上实验结果的统计分析可见：

①本算法的计算精度是较高的,与全局最优解和局部最优解的平均相对误差均小于 1%,且大多数算例可得到精确全局最优解。在以上算例中最坏情况下与全局最优解的相对误差为 14.6%,且其发生的概率低于千分之一。

②本算法求解式(4.82)的非线性整数规划是很有效的,因此,可用于离散变量结构优化设计问题。

③由表 4.9 可见,本算法的性能指标没有随问题规模增长而变坏的迹象。

4.6.5 应力、位移约束问题

在应力、位移约束下离散变量优化设计的数学模型为

$$\min\quad W=\sum_{i=1}^{n}\rho_i V_i$$

$$\text{s.t.}\quad\begin{cases}\sigma_{il}\leqslant[\sigma]_i & l=1,2,\cdots,NL\\ \delta_{jl}\leqslant\bar{\delta}_j & j=1,2,\cdots,NJ\\ x_i\in S_i,S_i\in S\end{cases}\qquad(4.89)$$

式中 x_i——设计变量;对平面应力和板壳类单元 $x_i=\{t\}$,对框架类单元 $x_i=\{A_i,F_{yi},F_{zi},I_{xi},$

$I_{yi}, I_{zi}, W_{xi}, W_{yi}, W_{zi}\}$。

　　在以上模型中,应力约束、尺寸约束属局部约束,位移约束属全局约束。采用二级算法,第一级处理局部约束,其数学模型为

$$\min \quad W = \sum_{i=1}^{m} \rho_i \sum_{k \in G_i} V_k$$

$$\text{s.t.} \begin{cases} \sigma_{il} \leqslant [\sigma]_i & l = 1, 2, \cdots, NL \\ \boldsymbol{x}_i \in S_i, S_i \in S \end{cases} \tag{4.90}$$

式中　i——变量连接后的设计变量编号;

　　　m——设计变量的个数;

　　　G_i——变量连接后取同一设计变量 S_i 的单元的集合。

　　对于平面壳体类单元,由第二章中的应力约束条件公式可得显式约束条件

$$\left[\left(\frac{N_{ilx}}{t_i} + \frac{12M_{ily}}{t_i^3} \right)^2 + \left(\frac{N_{ily}}{t_i} + \frac{12M_{ilx}}{t_i^3} \right)^2 - \left(\frac{N_{ilx}}{t_i} + \frac{12M_{ily}}{t_i^3} \right) \right.$$

$$\left. \cdot \left(\frac{N_{ily}}{t_i} + \frac{12M_{ilx}}{t_i^3} \right) + 3\left(\frac{Q_{il}}{t_i} \right)^2 \right]^{1/2} - [\sigma]_i \leqslant 0 \tag{4.91}$$

对于框架类单元,考虑拉、压许用应力不一样的情况,应力约束条件应为

$$\begin{cases} \min(\sigma_{il}) \geqslant -[\sigma]_i^- \\ \max(\sigma_{il}) \leqslant [\sigma]_i^+ \\ \dfrac{|M_{ilx}|}{W_{ix}} \leqslant [\tau]_i \end{cases} \tag{4.92}$$

式中　$\min(\sigma_{il})$——最大压应力;

　　　$\max(\sigma_{il})$——最大拉应力,应根据具体问题由内力求出;

　　　$[\sigma]_i^-$——许用压应力;

　　　$[\sigma]_i^+$——许用拉应力。

　　采用一维搜索算法求解式(4.90),得优化解 X_0^*。

　　第二级处理全局性约束。取 X_0^* 作为离散变量集合的下界,将 S_i 及 S 修改为新的集合 S_i' 及 S'。由于应力约束的单调性质,截面增加不会破坏应力约束,因而在第二级优化时不再考虑应力约束,其数学模型为

$$\min \quad W = \sum_{i=1}^{m} \rho_i \sum_{k \in G_i} V_k$$

$$\text{s.t.} \begin{cases} \delta_{jl} \leqslant \overline{\delta}_j & j = 1, 2, \cdots, NJ \\ \boldsymbol{x}_i \in S_i, S_i \in S \end{cases} \tag{4.93}$$

其中:

$$\delta_{jl} = \sum_{i=1}^{m} \sum_{k \in G_i} \delta_{kjl} \tag{4.94}$$

式中　j——位移约束编号;

　　　l——荷载工况编号;

δ_{kjl}——单元 k 对 l 工况下第 j 号位移的贡献。

对于框架类单元按式(2.42)计算

$$\delta_{ijl} = \frac{N_{ij}N_{il}l_i}{EA_i} + \int_{l_i} \frac{M_{ixj}M_{ixl}}{GI_{ix}}\mathrm{d}x + \int_{l_i} \frac{M_{iyj}M_{iyl}}{EI_{iy}}\mathrm{d}x$$
$$+ \int_{l_i} \frac{M_{izj}M_{izl}}{EI_{iz}}\mathrm{d}x + \int_{l_i} \frac{Q_{iyj}Q_{iyl}}{GF_{iy}}\mathrm{d}x + \int_{l_i} \frac{Q_{izj}Q_{izl}}{GF_{iz}}\mathrm{d}x \tag{4.95}$$

对于平面壳体类单元按式(2.43)计算;

$$\delta_{ijl} = \int_{V_i} \sigma_{il}\varepsilon_{ij}\mathrm{d}V = \sum_{P=1}^{Q} \frac{A_{iP}}{3} \sum_{k=1}^{K} \left[\frac{1}{E}\left(\frac{N_{ilkpx} \cdot N_{ijkpx}}{t} + \frac{N_{ilkpy} \cdot N_{ijkpy}}{t} \right.\right.$$
$$+ \frac{12M_{ilkpx} \cdot M_{ijkpx}}{t^3} + \frac{12M_{ilkpy} \cdot M_{ijkpy}}{t^3} \left.\right) - \mu\left(\frac{N_{ilkpx} \cdot N_{ijkpy}}{t} \right.$$
$$+ \frac{N_{ilkpy} \cdot N_{ijkpx}}{t} + \frac{12M_{ilkpx} \cdot M_{ijkpy}}{t^3} + \frac{12M_{ilkpy}M_{ijkpx}}{t^3} \left.\right) \right] \tag{4.96}$$
$$+ \frac{1}{G}\left(\frac{12M_{ilkpy} \cdot M_{ijkpy}}{t^3} + \frac{Q_{ilkp}Q_{ijkp}}{t} \right)$$

于是,可将式(4.93)的约束条件写为:

$$\Delta_p = \overline{\delta}_j - \sum_{i=1}^{m} \sum_{k \in G_i} \delta_{kjl} \geqslant 0 \quad p = 1,2,\cdots,P \tag{4.97}$$

式中 p ——约束函数序号;

P ——约束函数个数。

定义统一约束函数为

$$Z(X) = \left(\sum_{k \in A} \Delta_k^2 \right)^{1/2} \tag{4.98}$$

其中

$$A = \{ k \mid \Delta_k < 0 \} \tag{4.99}$$

按照相对差商的定义,以上模型的相对差商为:

$$\beta_i = \frac{Z(\boldsymbol{x}_{i,j+1}) - Z(\boldsymbol{x}_{ij})}{\sum_{k \in G_i} W_k(\boldsymbol{x}_{k,j+1}) - \sum_{k \in G_i} W_k(\boldsymbol{x}_{kj})} \tag{4.100}$$

式中 W_k ——单元重量。

以上数学模型可以按相对差商的求解步骤进行计算。

下面给出几个算例:

例 4.7 门式钢框架模型如例 2.1 所示,考虑到结构的对称性及荷载工况 Ⅱ 和 Ⅲ 的反对称性,可以将 3 个单元按变量连接分为两组,单元①、③为一组,单元②为一组,这样,只须考虑两个荷载工况 Ⅰ、Ⅱ 即可。离散变量集如表 4.10 所示,优化结果如表 4.11 所示。

表 4.10 离散变量集

	1	2	3	4	5	6
$A(\text{cm}^2)$	99.00	104.83	112.26	134.92	140.01	144.00
$W(\text{cm}^3)$	1 293.5	1 429.7	1 561.8	2 057.7	2 174.3	2 290.9
$I(\text{cm}^4)$	29 136	33 299	37 461	54 110	58 272	62 435

表 4.11 优化结果

	截面性质(I,cm^4)		重量	迭代
	①、③	②	(N)	次数
连续变量	56 020.58	33 094.56	14 617.40	4
文[42]方法[9]	58 272	33 299	14 824.76	
相对差商法	58 272	33 299	14 824.76	3

注:表中的迭代次数指的是结构重分析次数,下同。

例 4.8 单跨两层框架,结构尺寸及荷载工况如图 4.10 所示,水平位移上限为 25.4 mm,离散变量集见表 4.12,其余数据同例 4.7,优化结果如表 4.13 所示。

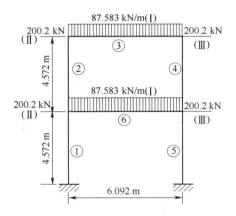

图 4.10 单跨两层框架

表 4.12 离散变量集

	1	2	3	4	5	6	7	8	9
$A(\text{cm}^2)$	118.39	144.92	167.34	187.10	204.96	221.37	236.66	251.02	264.59
$W(\text{cm}^3)$	1 690.2	2 290.9	2 842.5	3 360.3	3 852.7	4 324.9	4 780.5	5 222.0	5 651.4
$I(\text{cm}^4)$	41 623	62 435	83 246	104 058	124 869	145 681	166 492	187 304	208 115

表 4.13 优化结果

	截面性质(I,cm^4)				重量	迭代
	①、⑤	②、④	③	⑥	(N)	次数
连续变量	1 183.13	64 357	57 227	174 650	42 296.8	4
文[42]方法[9]	124 869	62 435	62 435	187 304	43 219.3	
本方法	146 581	62 435	62 435	145 681	42 972.2	3

为清楚地表示相对差商法的整个计算过程,图 4.11 列出了本例全部计算过程的框图。

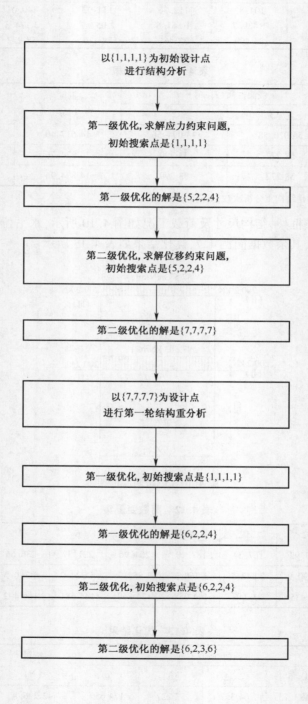

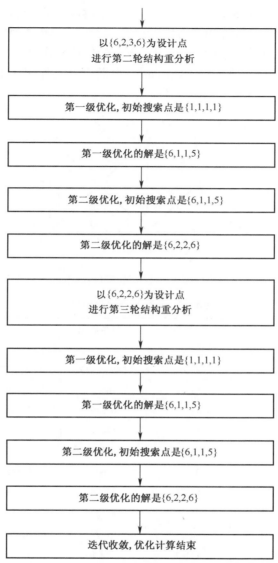

图 4.11　计算过程框图

表 4.14　平面桁架离散变量集

序号	1	2	3	4	5	6	7	8
面积	0.645	3.225	6.45	12.90	19.35	24.80	32.25	38.70
序号	9	10	11	12	13	14	15	16
面积	41.93	44.15	48.38	51.60	54.83	58.05	61.28	64.50
序号	17	18	19	20	21	22	23	24
面积	70.95	77.40	83.85	90.30	96.75	103.2	109.7	116.1
序号	25	26	27	28	29	30	31	32
面积	122.6	129.0	134.5	141.9	148.4	154.8	161.3	167.7
序号	33	34	35	36	37	38	39	40
面积	174.2	180.6	187.1	193.5	200.0	206.4	212.9	219.3

注：面积单位为 cm^2。

例 4.9 十杆平面桁架,如图 4.12 有 6 个节点,10 个设计变量,材料是铝。$E = 68.96$ GN/m²,$\rho = 27\,150.68$ N/m³,全部杆件的许用应力均为 ±172.4 MN/m²,在 2 号节点和 4 号节点分别作用有向下的 444.89 kN 的集中力,各可动节点 y 方向的位移允许值为 50.8 mm,各杆截面积的下限均为 0.645 cm²,初始设计值均为 64.5 cm²。离散变量集如表 4.14 所示,优化结果如表4.15 所示。

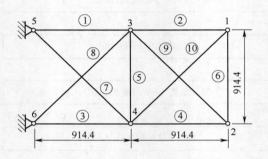

图 4.12　十杆桁架(单位:cm)

表 4.15　平面桁架优化结果

| 杆件号 | 杆件截面积(cm²) | | | | |
| | 连续变量 | | | | 相对差商法 |
	文[47]方法[9]	文[48]方法[9]	文[49]方法[9]	文[50]方法[9]	
1	151.9	156.7	166.5	151.9	200.0
2	0.645	0.645	0.645	0.645	0.645
3	163.1	150.9	174.7	163.1	141.9
4	92.62	88.07	107.4	92.62	103.2
5	0.645	0.645	0.645	0.645	0.645
6	12.71	12.71	13.03	12.71	0.645
7	79.92	81.72	82.37	79.92	19.35
8	82.64	80.91	91.72	82.64	148.4
9	131.2	141.7	142.8	131.2	141.9
10	0.645	0.645	0.645	0.645	0.645
结构重量(N)	20 808.2	20 878.7	22 514.7	20 808.2	21 999.5
分析次数	11	22	12	9	5

4.6.6　空间网架的优化设计

空间网架结构作为一种新型结构,近年来在国内外大跨度建筑中得到了广泛的应用。总结近年来我国设计、生产、应用空间网架结构的经验,建设部颁布了《网架结构设计与施工规程》(JGJ 7—91),规定中要求网架结构中的杆件必须选用《钢结构设计规范》(GB 50017)中的型钢(一般为角钢或钢管)。这样,杆件的截面积、壁厚、直径等都是由型钢型号决定的离散值。要保证空间网架的可靠性,设计过程中必须严格按照 JGJ 7—91 的要求,满足刚度、强度、稳定性、球节点的所有约束条件。

1. 优化的数学模型

（1）设计变量

主设计变量为型钢（角钢或钢管）型号以及空心球节点钢板厚度，辅助设计变量为由型钢型号所决定的横截面面积、直径、壁厚、惯性矩等。设计变量按型钢截面积或钢板厚度的升序排列。

（2）目标函数

以空间网架的最轻重量为目标函数。结构重量包括杆件重量和球节点重量两部分，则目标函数可写为

$$\min W = \sum_{i=1}^{m} \rho_i l_i A_i + \sum_{j=1}^{n} \rho_j V_j \tag{4.101}$$

式中　m ——杆件总数；

　　　　n ——球节点总数。

考虑到制造、安装的方便，对杆件截面及球节点体积进行变量连接（即同一组杆件取同一型钢，同一组球节点取同一体积），这样，式（4.101）可写为：

$$\min W = \sum_{k=1}^{M} \sum_{i \in G_k} \rho_i l_i A_i + \sum_{l=1}^{N} \sum_{j \in G_l} \rho_j V_j \tag{4.102}$$

式中　M, N ——杆件组数和球节点组数；

　　　　G_k ——属于第 k 组杆件的杆件编号集合；

　　　　G_l ——属于第 l 组球节点编号集合；

　　　　ρ_i, ρ_j ——杆件和球节点的材料比重；

　　　　l_i —— i 杆长度；

　　　　A_i —— i 杆的截面积；

　　　　V_j —— j 节点球体体积，对于空心球节点（图 4.13），$V_j = \pi \cdot D^2 t$，球节点直径 D 和厚度 t 由下式确定：

$$\left. \begin{aligned} D &= (d_1 + 2a + d_2)/\theta \\ t &\geqslant D/45 \end{aligned} \right\} \tag{4.103}$$

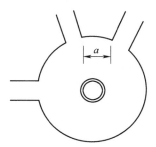

图 4.13　空心球节点

式中　θ ——汇集于球节点相邻两管的最小夹角（rad）；

　　　　a ——两管间距，$a > 10$ mm；

　　d_1, d_2 ——组成 θ 角的两管直径。

对于实心球节点，球节点直径 D 由下式确定

$$D_1 = \sqrt{(d_2/\sin\theta + d_1\cot\theta + 2\xi d_1)^2 + \eta^2 d_1^2} \tag{4.104}$$

$$D_2 = \sqrt{(\eta d_2/\sin\theta + \eta d_1\cot\theta)^2 + \eta^2 d_1^2} \tag{4.105}$$

$$D = \max\{D_1, D_2\} \tag{4.106}$$

式中　D——钢球直径;

　　　θ——两个螺栓的最小夹角(rad);

　d_1, d_2——螺栓直径,$d_1 > d_2$;

　　　ξ——螺栓伸进钢球长度与螺栓直径的比值;

　　　η——套筒外接圆直径与螺栓直径的比值,一般可取 $\xi = 1.1, \eta = 1.8$。

(3)约束条件

按照 JGJ 7—91 规定,空间网架所需要满足的约束条件有:

①挠度约束

$$\delta \leq \bar{\delta} \tag{4.107}$$

式中　δ——计算挠度;

　　　$\bar{\delta}$——容许挠度,JGJ 7—91 规定不宜超过网架跨度的 1/200。

②杆件强度约束

按照《钢结构设计规范》(GB 50017),采用概率极限设计法,应力约束条件可表示为:

$$\gamma_0\left(\sigma_{jG_d} + \psi \sum_{i=1}^n \sigma_{jQ_{id}}\right) \leq f_j \tag{4.108}$$

式中　γ_0——结构重要性系数,对安全等级为一级、二级、三级的结构构件分别取 1.1、1.0、0.9;

　　σ_{jG_d}——永久载荷设计值 G_d 在结构第 j 号单元截面中产生的应力,而 $G_d = \gamma_G G_k$;

　　　γ_G——永久载荷分项系数,一般采用 1.2,当永久载荷效应对结构构件的承载能力有利时宜采用 1.0;

　　　G_k——永久载荷的标准值;

　　　ψ——荷载组合系数,当参与组合的可变载荷有两个或两个以上时取 0.85,其他情况取 1;

　　$\sigma_{jQ_{id}}$——第 i 个可变载荷的设计值 Q_{id} 在结构第 j 号单元截面中产生的应力,而 $Q_{id} = \gamma_{iQ} Q_{ik}$;

　　　γ_{iQ}——第 i 个可变载荷的分项系数,一般取 1.4;

　　　Q_{ik}——第 i 个可变载荷的标准值;

　　　f_j——结构构件的设计强度,$f_j = f_{jk}/\gamma_R$;

　　　γ_R——抗力分项系数;

　　　f_{jk}——材料强度的标准值。

③杆件长细比约束

$$\lambda_i \leq \bar{\lambda}_i \tag{4.109}$$

式中　λ_i——i 杆的长细比;

　　　$\bar{\lambda}_i$——i 杆的容许长细比,按 JGJ 7—91 规定,对于压杆,$\bar{\lambda}_i = 180$;一般拉杆,$\bar{\lambda}_i = 400$;支座附近拉杆,$\bar{\lambda}_i = 300$;直接承受动力载荷的拉杆,$\bar{\lambda}_i = 250$。

④杆件截面积尺寸下限约束

$$A_i \geqslant \underline{A}_i \qquad (4.110)$$

式中　A_i——杆件截面尺寸；

　　　$\underline{A}_i$——杆件截面尺寸的容许下限。

按 JGJ 7—91 规定,①普通角钢不宜小于 L50×3 或 L56×36×3 的规格;②钢管不宜小于 ϕ48×3 的规格。

⑤空心球强度约束

受压空心球

$$[N_c]_j \leqslant \eta_c (400 t_j d_i - 13.3 t_j^2 d_i^2 / D_j) \qquad (4.111)$$

受拉空心球

$$[N_l]_j \leqslant 0.6 \pi \eta_t t_j d_i f \qquad (4.112)$$

式中　D_j——空心球外径；

　　　t_j——空心球壁厚,$D_j / t_j \leqslant 45$；

　　　d_i——与空心球连接的钢管的外径,对无肋空心球 $\eta_c = 1.0, \eta_t = 1.0$;对加肋空心球 $\eta_c = 1.4, \eta_t = 1.1$；

　　　f——钢材抗拉强度设计值。

这样,由目标函数式(4.102)和约束条件式(4.106)~式(4.112)组成了优化设计的数学模型,该模型的设计变量为离散值,约束条件考虑了 JGJ 7—91 中对空间网架杆件和球节点的所有要求。

2. 求解方法

在以上数学模型中,约束条件式(4.108)~式(4.112)是对各杆或球节点自身的限制,是局部约束,而约束条件式(4.107)是整体约束。因此,采用二级算法求解。第一级求解在局部约束式(4.93)~式(4.103)下的结构最轻重量问题。其数学模型为:

$$\min W = \sum_{k=1}^{M} \sum_{i \in G_k} \rho_i l_i A_i + \sum_{l=1}^{N} \sum_{j \in G_l} \rho_j V_j$$

$$\text{s.t.} \begin{cases} \sigma_i \leqslant [\sigma]_i \\ \lambda_i \leqslant \overline{\lambda}_i \\ A_i \geqslant \underline{A}_i \\ [N_c]_j \leqslant \eta_c (400 t_j d_i - 13.3 t_j^2 d_i^2 / D_j) \\ [N_l]_j \leqslant 0.6 \pi \eta_t t_j d_i f \\ A_i \in S_i, S_i \in S \end{cases} \qquad (4.113)$$

由于设计变量是离散的,可以用一维搜索进行求解,这样搜索到的解即为第一级优化的最优解。注意在约束条件式(4.111)、式(4.112)两式中,包含有球结点的钢板厚度 t 和钢管直径 d 两类设计变量,由于一般情况下,由增加钢管直径而引起的结构重量增量要比由增加钢板厚 t 所产生的增量大得多,因此,在搜索式(4.111)、式(4.112)两式时只取 t 作为设计变量。

第二级求解在整体位移约束下的结构最轻重量问题,取第一级优化的结果为新的尺寸下限 $\underline{A}_i$,生成新的集合 S_i 和 S,第二级优化的数学模型为:

$$\min \ W = \sum_{k=1}^{M} \sum_{i \in G_k} \rho_i l_i A_i + \sum_{l=1}^{N} \sum_{j \in G_l} \rho_j V_j$$

$$\text{s.t.} \begin{cases} \delta \leqslant \bar{\delta} \\ A_i \in S_i, S_i \in S \end{cases}$$

(4.114)

以上数学模型可采用本节的相对差商法进行求解。

3. 算例和讨论

例 4.10 如图 4.14 所示,一上平面周边固定的正方四角锥网架,网架高度为 1.68 m,网格尺寸为 3.00 m,网格数为 6×6,荷载方式为均布上节点荷载,大小为 60 kN。钢材

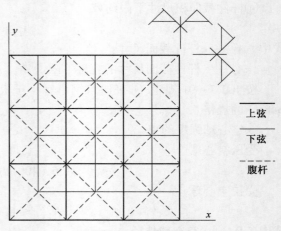

图 4.14　空间网架

型号为 A_3,弹性模量 $E = 206 \ \text{GN/m}^2$,设计强度为 $f_k = 21.5 \ \text{MN/m}^2$。杆件材料为钢管,离散变量值见表 4.16,空心球节点用钢板制造,离散变量值见表 4.17。考虑到制造、安装的方便,进行变量连接,上杆取同一型钢,腹杆取同一型钢,钢球的直径、壁厚分别一样。优化结果如表 4.18 所示。

表 4.16　钢管离散变量集

序号	规格	$A(\text{cm}^2)$	$D(\text{mm})$	序号	规格	$A(\text{cm}^2)$	$D(\text{mm})$
1	60×3	4.37	60	6	114×3	10.46	114
2	70×3	6.31	70	7	133×3	12.25	133
3	80×3	7.25	80	8	152×3	14.04	152
4	89×3	8.11	89	9	168×3	14.55	168
5	102×3	9.33	102	10	180×3	16.68	180

表 4.17　钢板离散变量集

序号	1	2	3	4	5	6	7	8	9	10
$t(\text{mm})$	2	3	4	5	6	7	8	9	10	11

表 4.18　优化结果

		序号	D/t	重量(kN)	总重量(kN)	迭代次数
杆	上弦杆	2	70			
	下弦杆	10	180	51.10		
件	腹杆	1	60		54.72	3
球结点		5	6	3.62		

采用离散变量优化设计的方法对空间网架结构进行优化设计有以下优点:

(1)直接由离散变量集选材,并且考虑了制造工艺的要求,对截面进行连接,这样保证了优化结果满足加工制造的材料及工艺要求。

(2)以《网架结构设计与施工规程》(JGJ 7—91)和《钢结构设计规范》(GB 50017)为优化

设计依据,满足规范对网架设计的各项要求,这样保证了优化结果的可靠性,可直接用于实际工程。

4.6.7　频率禁区约束问题

频率禁区约束下离散变量结构优化设计的数学模型为:

$$\min \ W = \sum_{k=1}^{n} \rho_k V_k$$

$$\text{s. t.} \begin{cases} \omega_i^2 \leqslant \underline{\omega}^2 \\ \omega_j^2 \geqslant \overline{\omega}^2 \\ \boldsymbol{x}_k \in S_k, S_k \in S \end{cases} \qquad (4.115)$$

式中　设与 $\underline{\omega}^2$ 和 $\overline{\omega}^2$ 最邻近的两个固有频率为 ω_i,ω_j 称为关切频率;S 为设计变量集合。

应用序列两级算法,将以上数学模型化为两级模型进行求解。

第一级优化问题是求解在尺寸约束及频率下限约束下的优化问题(此时尺寸上下限要给的适当,否则问题可能无解或偏离等式约束太远)。由于频率下限约束限制了结构的尺寸上限,为了使结构在满足约束条件的前提下有一个较大的选择范围,目标函数应取结构重量的最大值,即取结构重量负值的最小值。该级优化的数学模型为:

$$\min \ - \sum_{k=1}^{n} \rho_k V_k$$

$$\text{s. t.} \begin{cases} \omega_i^2 \leqslant \underline{\omega}^2 \\ \boldsymbol{x}_k \in S_k, S_k \in S \end{cases} \qquad (4.116)$$

第二级优化求解在频率上限约束下的结构最轻重量问题,只是在该优化问题中尺寸的上限应取由第一级优化得到的优化值,这样形成了新的集合 S。由于设计变量集合是按截面性质的升序排列的并且约束函数是单调的,因此,取 S 内的值就不会破坏式(4.116)的频率下限约束。

第二级优化的数学模型为:

$$\min \ W = \sum_{k=1}^{n} \rho_k V_k$$

$$\text{s. t.} \begin{cases} \omega_j^2 \geqslant \overline{\omega}^2 \\ \boldsymbol{x}_k \in S_k, S_k \in S \end{cases} \qquad (4.117)$$

根据相对差商的定义,频率约束的相对差商为:

$$\beta_i = \sum_{k \in G_i} \frac{1}{\sum_{k \in G_i} W_k(\boldsymbol{x}_{i,l+1}) - \sum_{k \in G_i} W_k(\boldsymbol{x}_{il})} [\{\delta\}_{jk}^{\mathrm{T}}([K]_{x_{k,l+1}}$$
$$- [K]_{x_{kl}})\{\delta\}_{jk} - \omega_{j,x_{kl}}^2 \{\delta\}_{jk}^{\mathrm{T}}([M]_{x_{k,l+1}} - [M]_{x_{kl}})\{\delta\}_{jk}] \qquad (4.118)$$

式中　G_i——变量连接后取同一设计变量 x_i 的单元的集合;

$\{\delta\}_{jk}$——k 单元对应于第 j 阶特征值的特征向量分量;

$[K]_{x_{k,l+1}}$——k 号单元当设计变量 $\boldsymbol{x}_k$ 取下一个离散变量值时的单元刚度矩阵;

$[K]_{x_{kl}}$——k 号单元当设计变量 $\boldsymbol{x}_k$ 取当前离散变量值时的单元刚度矩阵;

$[M]_{x_{k,l+1}}$ ——k 号单元当设计变量 x_k 取下一个离散变量值时的单元质量矩阵;

$[M]_{x_{kl}}$ ——k 号单元当设计变量 x_k 取当前离散变量值时的单元质量矩阵;

$\omega_{j,x_{kl}}^2$ ——设计变量取当前离散变量值时结构的第 j 阶特征值。

以上数学模型可以按相对差商法的求解步骤进行计算。下面给出两个算例。

例 4.11　如图 4.15 所示,钢实心轴两端不允许有横向转角,全长 10 m,等分 10 段,取每段直径为设计变量,初始直径 1 m,离散变量集如表 4.19 所示。轴跨中间非结构附属集中质量为初始方案结构总质量的 1/10,$E=200$ GN/m^2,$\rho=78.4$ kN/m^3,一阶频率小于 200/s,二阶频率大于 600/s。优化结果如表 4.20 所示。

图 4.15　实心轴

表 4.19　离散变量集

序号	1	2	3	4	5	6	7	8
D(m)	0.5	0.6	0.7	0.8	0.9	1.0	1.1	1.2
A(m^2)	0.196 4	0.282 7	0.384 6	0.502 7	0.636 2	0.785 4	0.950 3	1.130 9
I(m^4)	0.003 1	0.006 4	0.011 8	0.021 1	0.032 2	0.049 0	0.071 9	0.101 8

表 4.20　优化结果

单元	初始值 (D)	优化值(D)	
		连续变量	相对差商法
1	1	0.923	1.0
2	1	0.638	0.6
3	1	0.500	0.5
4	1	0.501	0.5
5	1	0.500	0.5
6	1	0.500	0.5
7	1	0.501	0.5
8	1	0.500	0.5
9	1	0.638	0.6
10	1	0.923	1.0
重量(kN)		24.8	24.98

例 4.12　如图 4.16 所示,钢筋混凝土梁的两端不允许有横向转角,全长 10 m,梁宽 0.5 m 不变。等分 10 段,取每段梁高为设计变量,初始高度全为 1 m,离散变量集如表 4.21 所示,跨中非结构附加集中质量为结构初始质量的 1/10,$E=24$ GN/m^2,$\rho=24.5$ kN/m^3,要求基频率小于 100/s,二级频率大于 300/s。优化结果如表 4.22 所示。

图 4.16　矩形截面梁

表 4.21　离散变量集

序号	1	2	3	4	5	6	7	8
$H(\mathrm{m})$	0.5	0.6	0.7	0.8	0.9	1.0	1.1	1.2
$A(\mathrm{m}^2)$	0.25	0.30	0.35	0.40	0.45	0.50	0.55	0.60
$I(\mathrm{m}^4)$	0.005 2	0.009 0	0.014 3	0.021 3	0.030 4	0.041 7	0.055 5	0.072 0

表 4.22　优化结果

单元	初始值 (D)	优化值(D)	
		连续变量	相对差商法
1	1	0.587	0.6
2	1	0.500	0.5
3	1	0.500	0.5
4	1	0.500	0.5
5	1	0.500	0.5
6	1	0.500	0.5
7	1	0.500	0.5
8	1	0.500	0.5
9	1	0.500	0.5
10	1	0.587	0.6
重量(kN)	122.5	63.4	63.7

4.6.8　整体稳定约束问题

离散变量结构在应力、位移和整体稳定约束条件下优化设计的数学模型为：

$$\min\ W = \sum_{i=1}^{n} \rho_i V_i$$

$$\text{s. t.}\begin{cases} \sigma_{il} \leqslant [\sigma]_i \\ \delta_{jl} \leqslant \bar{\delta}_j \\ \lambda \geqslant [\lambda] \\ \boldsymbol{x}_i \in S_i, S_i \in S \end{cases} \tag{4.119}$$

式中　ρ_i, V_i——i 单元的比重和体积；

　　　σ_{il}——i 单元 l 工况下的应力；

$\delta_{jl}, \bar{\delta}_{jl}$——$l$ 工况下 j 号位移及其上限值；

$\lambda, [\lambda]$——整体稳定系数及其下限值。

式(4.119)中的应力约束为局部约束,位移约束和整体稳定性约束为全局性约束。采用二级算法,第一级处理局部性约束,采用一维搜索的算法进行求解,求得的最优解作为第二级优化的尺寸下限,形成新的集合 S。

第二级处理位移约束和整体稳定性约束,其数学模型为:

$$\min \; W = \sum_{i=1}^{n} \rho_i V_i$$

$$\text{s. t.} \begin{cases} \delta_{jl} \leqslant \overline{\delta}_j \\ \lambda \geqslant [\lambda] \\ \boldsymbol{x}_i \in S_i, S_i \in S \end{cases} \tag{4.120}$$

在该问题中,约束有两类,相应的相对差商也有两类,一类为位移约束的相对差商,如式(4.100)所示,一类为整体稳定性约束的相对差商,由相对差商定义可得

$$\beta_i = \frac{\displaystyle\sum_{k \in G_i} \left[\{\delta\}_k^{\mathrm{T}} \left([K]_{x_{k,j+1}} - [K]_{x_{kj}} \right) \{\delta\}_k \right]}{\displaystyle\sum_{k \in G_i} \left[W_k(\boldsymbol{x}_{k,j+1}) - W_k(\boldsymbol{x}_{kj}) \right]} \tag{4.121}$$

式中　$\{\delta\}_k$——单元 k 对应的失稳波形向量。

由于约束函数的单调性,当任一设计变量增加时,各个位移都会降低,而稳定性系数会增加,即各个约束都会得到改善。因此,为求得最优解,每次搜索可只考虑一个最严约束,这样在最严约束得到改进的同时,其他各约束条件也会相应受益。选取最严约束的方法是:

(1)选取最严位移约束;

(2)最严位移约束和稳定性约束归一化;

(3)取归一化的最严位移约束和稳定性约束中的最大约束为最严约束。

若最严约束为位移约束,由式(4.100)计算相对差商,若最严约束为整体稳定性约束,由式(4.121)计算相对差商。

以上模型式(4.120)可用相对差商法的求解方法进行计算,只是要在计算过程中加上选取最严约束的算法。

例 4.13　板梁结构如图 4.17 所示,受两个 $P = 500$ kN 的竖向载荷作用,离散变量集如表 4.23 及表 4.24 所示,$E = 210$ GN/m²,$G = 81$ GN/m²,$\mu = 0.3$,$\rho = 78$ kN/m³,约束条件为许用应力$-[\sigma]^- = [\sigma]^+ = 200$ MN/m²,5、6 节点竖向位移 1 cm,考虑结构的整体稳定性,$[\lambda] = 1.05$。按变量连接,梁单元①、②、③、④取同一设计变量,梁单元⑤、⑥取同一设计变量,板单元⑦、⑧取同一设计变量,计算结果如表 4.25 所示。

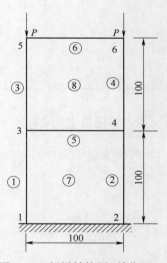

图 4.17　板梁结构图(单位:cm)

表 4.23　板单元离散变量集

序号	1	2	3	4	5	6
板厚(mm)	10	11	12	13	14	15

表 4.24　梁单元离散变量集

序号	$A(\mathrm{cm}^2)$	$I_R(\mathrm{cm}^4)$	$I_y(\mathrm{cm}^4)$	$I_z(\mathrm{cm}^4)$	$W_y(\mathrm{cm}^3)$	$W_z(\mathrm{cm}^3)$
1	14.3	278.0	33.0	244.0	9.72	49.0
2	17.8	484.9	46.9	436.0	12.7	72.7
3	21.5	776.4	64.4	712.0	16.1	102

续上表

序号	$A(\text{cm}^2)$	$I_R(\text{cm}^4)$	$I_y(\text{cm}^4)$	$I_z(\text{cm}^4)$	$W_y(\text{cm}^3)$	$W_z(\text{cm}^3)$
4	26.1	1 213	93.1	1 130	21.2	141
5	30.6	1 782	122	1 660	26.0	185
6	34.5	2 528	158	2 370	31.5	237
7	42.0	3 625	225	3 400	40.9	309
8	47.7	4 850	280	4 570	48.4	381

表 4.25　优化结果

	设计变量			结构重量(N)
	1	2	3	
初始值	3	3	3	20 640
优化值	3	1	1	18 880

4.6.9　进一步的讨论

通过以上分析及算例可见相对差商法具有以下优点:

(1)概念清晰、易懂,易于为广大工程技术人员接受。在日常的工作、生活中人们往往也有意或无意地用朴素的相对差商法做出某些判断或决定。例如,人们由某地出发到另一地点,到达每一路口时要判断走哪条路可以到达目的地而所走的路程最短。

(2)计算效率高。由于该方法采用的是连续变量优化设计的梯度算法与离散变量结构优化设计中的组合算法相结合的方法,一方面根据相对差商确定搜索方向,一方面只在离散点上进行搜索,因而其效率是较高的。另外,由于本方法是由设计变量集合的下界开始向上搜索的,在工程实际设计中,由于所选用的材料规格的限制再加上工程技术人员的设计经验,一般说来设计变量的下限(考虑局部约束以后的下限)距最优点并不太远。因而一般由第一级优化求得的最优解出发,第二级优化过程的搜索点就很少了,像例4.7中,每次位移约束优化都只需搜索一个点即可满足位移约束,例4.8搜索三个点。本方法计算效率高还体现在迭代次数少上,一般说来,迭代次数都不大于四次,很多问题只需二、三次迭代即可收敛。

(3)计算精度较高。由以上算例的对比计算可见:对于有离散解的问题,例4.7与离散变量优化的杆长转换的 LP 方法结果相同,例4.8优于杆长转换的 LP 方法。对于无离散解结果可供对比的问题,其优化结果与连续变量解也相差不大(例4.9的解还优于连续变量的解)。并且该方法对于问题的初值敏感性较小。

(4)不要求初始设计点是可行点。这一特点给工程应用提供了很大方便,设计人员可从任何初始设计点开始,不必去寻找一个可行点作为优化设计的初始点。

同任何一种优点方法一样,相对差商法也具有一定的局限性,在应用时要以注意:

(1)要求目标函数、约束函数是单调函数。在结构最轻重量优化设计中,目标函数是单调函数,应力约束是单调函数,对绝大多数结构来说,位移约束、频率约束、整体稳定性约束也是单调函数。但是,对于某些特殊形式的结构或没有变量连接的优化问题,位移约束、频率约束、整体稳定性约束可能不是单调函数,这样的结构应用相对差商法进行优化设计,精度会降低一些。

（2）设计变量集合要严格按截面面积的升序排列。如表 4.26 所示，以下面热轧普通槽钢的离散变量集合为例，应按以下顺序排列。

表 4.26 热轧槽钢离散变量集

序号	型号	$A(\text{cm}^2)$	$I_z(\text{cm}^4)$	$W_z(\text{cm}^3)$	$I_y(\text{cm}^4)$	$W_y(\text{cm}^3)$
1	20a	28.83	1 780.4	178.0	128.0	24.20
2	18	29.29	1 369.9	152.2	111.0	21.52
3	22a	31.84	2 393.9	217.6	157.8	28.17
4	20	32.83	1 913.7	191.4	143.6	24.88

在选取以上型钢作为设计变量时，尽管 20a 号槽钢的型号比 18 号槽钢大，但由于其截面面积比 18 号槽钢小，因此，在离散变量集的排列顺序中，20a 号槽钢应排在 18 号槽钢之前。当然，在设计受弯结构时，设计人员在有以上型号的槽钢供选择时，一般不会选择 18 号和 20 号槽钢作为设计变量，因为直观上就很容易判断出选择 20a 号和 22a 号槽钢更优，所以通常将 18 和 20 两个型号从设计变量集中删除。

第5章 结构拓扑优化设计

5.1 概　　述

　　拓扑学(TOPOLOGY)是几何学的一个分支,但是这种几何学又和通常的平面几何、立体几何不同。通常的平面几何或立体几何研究的对象是点、线、面之间的位置关系以及它们的度量性质,而拓扑学是一种研究与大小、距离无关的几何图形特性的方法。在拓扑学里不讨论两个图形全等的概念,但是讨论拓扑等价的概念。哥尼斯堡七桥问题是拓扑学发展史的重要问题。

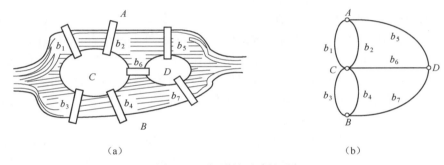

（a）　　　　　　　　　　　　　　　　　　（b）

图 5.1　哥尼斯堡七桥问题

　　哥尼斯堡(今俄罗斯加里宁格勒)是东普鲁士的首都,普莱格尔河横贯其中。18 世纪在这条河上建有七座桥,将河中间的两个岛和河岸联结起来。人们闲暇时经常在这上边散步,一天有人提出:能不能每座桥都只走一遍,最后又回到原来的位置。这个看起来很简单又很有趣的问题吸引了大家,很多人在尝试各种各样的走法,但谁也没有做到。1736 年,有人带着这个问题找到了大数学家欧拉,欧拉首先把这个问题简化,把两座小岛和河的两岸分别看作四个点,而把七座桥看作这四个点之间的连线,得到了哥尼斯堡七桥问题的拓扑结构图。拓扑结构图中顶点可以代表任意客体,两顶点间的连线表示这两客体具有某种关系。图中顶点的位置,点对之间连线的形状都无关紧要,重要的是连接关系。若两图的顶点相同、顶点间的连接关系相同,则称两图为拓扑等价。由于图 5.1(a)和图 5.1(b)具有完全不同的几何形状,但两个图对于顶点 ABCD 却有相同的连接关系,即两图具有等价的拓扑结构。

　　工程结构是由若干构件按一定的连接方式组成的承载结构,按拓扑结构图的定义,取结构的某些点(例如桁架结构的结点)作为顶点,根据各顶点之间是否相连确定顶点之间的连线,我们可以得到这些结构的拓扑结构图,各顶点之间具有相同连接关系的结构我们就称为具有相同拓扑的结构。例如图 5.2 所示的三个桁架,具有完全不同的几何形状,但却具有相同的拓扑结构,而图 5.3 所示的两个桁架,虽具有相近的几何形状,但由于顶点 B、D 的连接关系不同,因而具有不同的拓扑结构。

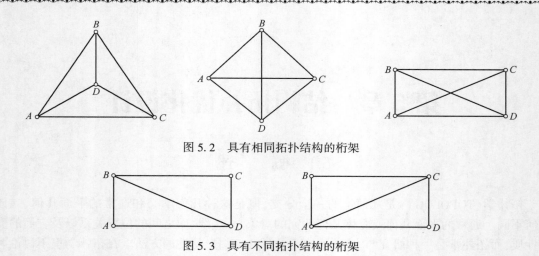

图 5.2　具有相同拓扑结构的桁架

图 5.3　具有不同拓扑结构的桁架

基于拓扑结构的这种特点,在结构优化设计中,将确定点与点之间连接关系(或者说确定拓扑结构)的优化设计称为结构拓扑优化设计。

由于结构拓扑优化设计将结构的拓扑关系作为设计变量,在优化设计中通过变更结构的拓扑形式寻求最优结构,因而可以获得更大的收益,同时还可为设计者提供新的设计方案,更易于被工程技术人员所接受。另一方面,由于结构拓扑优化设计要同时设计结构构件的截面尺寸和结构的拓扑形式,比结构构件的截面尺寸优化要复杂、困难得多,因而被认为是挑战性的课题。基于以上两方面的原因,近年来结构拓扑优化设计一直是结构优化设计领域的研究热点和前沿,并已取得了一些研究成果。

按照结构形式划分,工程结构大体可以分为两类:一类为桁架、刚架等形式的杆系结构,这类结构的特点是可以直观地将各杆件的交点看作拓扑图的顶点,而将杆件看作拓扑图中连接各顶点的边,这样可由实际结构方便地得到其相应的拓扑图,通过增、删连接各顶点的边(也就是结构中的单元),即可得到新的拓扑结构,其拓扑结构的不同体现在各顶点的连接关系不同上;另一类为板、三维实体等形式的实体结构,这类结构的特点是没有明显的顶点,物质连续、致密地充满实体空间,即使在有限元模型中,节点也只是和相关单元的节点有连接关系,和其余节点是不会有连接关系的,因而不能通过增、删连接各节点的边而改变拓扑结构,其拓扑结构的不同体现在各节点和相关单元的连接关系(这种连接关系可以用节点与相关单元的边的集合来表示)不同上,这些拓扑结构就体现在实体结构具有不同的孔、洞的集合形式。针对这两种不同的结构形式,结构拓扑优化设计又分为杆系结构的拓扑优化设计和连续结构的拓扑优化设计。

5.2　杆系结构的结构拓扑优化设计

5.2.1　杆系结构拓扑优化设计的数学模型及其特点

1. 仅包含截面设计变量的数学模型

在杆系结构中,桁架在工程中的应用较为广泛,由于其重要性,也由于其分析比较简单,桁架结构的拓扑优化在文献中研究得最多。在一般的桁架拓扑优化问题中,通常假定外力、支承和节点已经给定,要求确定节点之间杆件的最优连接情况及杆件截面积,使结构的重量或造价最小,同时满足应力、节点位移和结构柔顺性等功能要求。基结构拓扑优化方法是桁架结构拓扑优化的主要方法。这一方法假定,对于给定的桁架节点(包括外荷载作用点和支承),在每两个节点之间用杆件连接起来,得到的结构称为基结构。基结构具有桁架最密的拓扑结构,其余的拓扑结构都可以由基结构退化得到。采用基结构作为拓扑优化的初始设计,以杆件断面积作为设计变量,采用截面优化算法优化杆件截面积,在迭代过程中,如果某根杆件的截面积足够小,则将其从基结构中删除,从而达到改变桁架结构拓扑形式的目的,迭代收敛的结果便认为是最优拓扑。在以上桁架结构拓扑优化数学模型中仅包含截面变量,其数学模型为

$$P_1 \quad 求 \ A_i$$

$$\min \ W = \sum_{i=1}^{M} \rho_i A_i l_i$$

$$\text{s. t.} \begin{cases} \sigma_{il}(\boldsymbol{A}) \leqslant \overline{\sigma}_i & l = 1, 2, \cdots, NL \\ \delta_{kl}(\boldsymbol{A}) \leqslant \overline{\delta}_k & k = 1, 2, \cdots, ND \\ A_i \geqslant 0 \end{cases} \tag{5.1}$$

式中　　M——设计截面变量数;

　NL, ND——工况数和位移约束总数;

　　$\boldsymbol{A}$——面积设计变量向量;

　　A_i——面积设计变量,且 $A_i = 0$ 表示该杆可从结构中删去,即改变了结构的拓扑关系。

　　应该指出,采用基结构法无论以内力还是截面积为设计变量最终都是将桁架拓扑优化问题转化为广义(截面)尺寸优化问题,这样做虽然简单,但也带来了一些较难解决的困难。例如 Zhou 和 Rozvany 的研究指出考虑应力、局部稳定(屈曲)约束时的特殊困难;还有"奇异最优解"问题等。奇异最优解问题是 Sved 和 Ginos(1968)最早发现的,他们在采用广义截面优化模型求解多工况应力约束下三杆桁架的拓扑优化算例时,始终无法求出全局最优解,只能得到局部最优解,从而猜测在某种情况下,拓扑优化的全局最优解可能是设计空间中的一个孤立可行点,称为奇异最优解。Sheu 和 Schmit(1972)对这个问题进行了详细说明;Kirsch(1990)对该问题做了进一步研究后指出,结构最优拓扑可能是设计空间的一个奇异点,并绘制了设计域的图形。程耿东(1995)对此做了详细说明,指出了应力约束函数在零截面处的不连续性是造成奇异最优解的根本原因,结构拓扑优化的可行域不仅可能非凸而且可能呈星形,全局最优解可能位于设计空间中非凸星形可行域的退化低维子域的端点。因此采用传统的数学规划方法难以得到全局最优解[10]。

　　在数学模型式(5.1)中,设计变量只包含截面面积,结构的拓扑形式的改变,是在完成截面优化后,通过删除截面为零的构件或建立一定的删除与恢复准则删除某些构件实现的,以达到拓扑优化的目的。这种方法实际上是将截面变量和拓扑变量分离、分别进行优化的分离变量优化方法。

　　对于静不定结构,一根杆件的应力不但与其自身的截面有关,还与一些相关杆件的截面有关,即使 A_i 为零,其应力 σ_{il} 也不一定为零,这即是"极限应力"。$\sigma_{il\lim} = \sigma_{il}(A_1, \cdots, A_{i-1}, A_i = 0, A_{i+1}, \cdots, A_n) > 0$ 且不满足式(5.1)中的相应约束。而实际上当 A_i 为零时,结构中已不再包含 i 杆件了,显然该杆件就不应再有应力与应力约束了。

另一方面,对于结构的不同拓扑形式,设计变量具有不同的可行域 Ω_i,令 N 为结构拓扑的总数,若取这些可行域的并集

$$\Omega = \bigcup_{i=1}^{N} \Omega_i \qquad (5.2)$$

作为整个拓扑优化过程的可行域,虽然其包含了所有的可行设计点,不会漏掉最优解,但在许多情况下,会使得可行域具有强烈的"非凸"性,在最优解出现在奇异点上的情况下,就会发生"最优解的奇异性问题"。

2. 包含截面设计变量和拓扑设计变量两类变量的数学模型

结构拓扑优化设计既要对结构截面进行优化,又要选择结构的最优拓扑形式,因此从本质上讲,结构拓扑优化设计的数学模型应当包含截面设计变量和拓扑设计变量两类变量。为以下讨论方便,首先给出截面尺寸设计变量 A_i 和拓扑关系设计变量 α_i 的定义。

定义 5.1:在结构优化设计中,只改变结构截面几何尺寸而不改变结构的拓扑形式的设计变量称为截面设计变量,对桁架结构即为截面面积 A_i。其中对连续变量优化 $A_i > 0$,对离散变量优化 $A_i \in S_i = \{A_{i1}, A_{i2}, \cdots, A_{in}\}$。

定义 5.2:只改变结构的拓扑形式而不改变结构截面几何尺寸的设计变量称为拓扑设计变量,用 α_i 表示拓扑设计变量。$\alpha_i \in \{0, 1\}$,$\alpha_i = 0$ 表示删除相应的杆件,$\alpha_i = 1$ 表示保留相应的杆件。

包含两类变量的多工况下受应力、位移约束的桁架结构拓扑优化设计的数学模型可以表示为:

$$P_2 \quad 求 \ A_i, \alpha_i$$

$$\min \ W = \sum_{i=1}^{M} \rho_i A_i \alpha_i l_i$$

$$\text{s.t.} \begin{cases} \alpha_i \sigma_{il}(\boldsymbol{A}, \boldsymbol{\alpha}) \leqslant \overline{\sigma}_i & l = 1, 2, \cdots, NL \\ \delta_{kl}(\boldsymbol{A}, \boldsymbol{\alpha}) \leqslant \overline{\delta}_k & k = 1, 2, \cdots, ND \\ A_i > 0 & 连续变量 \\ A_i \in S_i = \{A_{i1}, A_{i2}, \cdots, A_{i,N_i}\} & 离散变量 \\ \alpha_i \in \{0, 1\} \end{cases} \qquad (5.3)$$

式中 $\boldsymbol{\alpha}$——各杆拓扑设计变量 α_i 的集合;

$\sigma_{il}(\boldsymbol{A}, \boldsymbol{\alpha})$,$\delta_{kl}(\boldsymbol{A}, \boldsymbol{\alpha})$——应力和位移都同时是截面设计变量和拓扑设计变量的函数。

数学模型 P_2 中包含截面设计变量和拓扑设计变量两类变量,由以上两个定义可见,截面设计变量是连续变量(对连续变量优化)或是离散变量(对离散变量优化),而拓扑变量是取 0 或 1 的离散变量,因此,P_2 是混合变量结构优化设计模型(对连续变量优化)或是纯离散变量结构优化设计模型。

在数学模型 P_2 中,应力约束为

$$\alpha_i \sigma_{il}(\boldsymbol{A}, \boldsymbol{\alpha}) \leqslant \overline{\sigma}_i \qquad (5.4)$$

若某一杆件 i 被删去,即使极限应力 $\sigma_{il\text{lim}} > 0$,由于相应的拓扑设计变量 $\alpha_i = 0$,应力 $\alpha_i \sigma_{il}(\boldsymbol{A}, \boldsymbol{\alpha}) = 0$,应力约束 $\alpha_i \sigma_{il}(\boldsymbol{A}, \boldsymbol{\alpha}) \leqslant \overline{\sigma}_i$ 恒满足,因而不会出现由于极限应力 $\sigma_{il\text{lim}} > 0$ 而导致无法满足约束条件的情况。

　　由于 P_2 是混合变量优化设计模型或是纯离散变量优化设计模型,其可行域 $\boldsymbol{\Omega}$ 同样包含拓扑变量和截面变量两类变量。当按某一算法(例如字典生成算法)生成结构拓扑组合时,对应于序号 i 的拓扑变量是确定的,令对应于第 i 个拓扑结构的截面变量可行域是 Ω_i,则

$$\boldsymbol{\Omega} = \{\Omega_1, \Omega_2, \cdots, \Omega_N\} \tag{5.5}$$

显然,数学模型 P_2 可以被分解为 N 个拓扑结构确定的截面优化设计模型 $PP_1 \sim PP_N$,而在每一截面优化模型中都不存在奇异性问题,所以数学模型 P_2 不存在"最优解的奇异性"问题。

5.2.2　桁架结构拓扑优化的可行域

　　结构拓扑优化设计的奇异最优解问题与可行域有关,一定程度上正是由于可行域的奇异性才导致了奇异最优解的存在。桁架结构是最简单的离散结构,本节给出了有关桁架结构拓扑优化设计可行域的几个定义,对可行域的连通性、奇异性以及最优解的奇异性问题进行相应的探讨[11]。

　　1. 有关桁架结构拓扑优化可行域的几个定义

　　定义 5.3:在 n 维设计变量的设计空间中,由仅有 k 个设计变量不为零的点 $P = (\{A_1, A_2, \cdots, A_n\}, | (A_i > 0 \; \forall i \in S^k \wedge A_i = 0 \; \forall i \notin S^k), (S^k = \{I_1, I_2, \cdots, I_k\}, I_i \in \{1, 2, \cdots, n\} \wedge I_i \neq I_j \; \forall i \neq j))$ 的点集构成的可行域称为 n 维设计变量空间中的 k 维可行子域 $\Omega_l^k (1 \leq k \leq n, 0 \leq l \leq C_n^k)$。

　　定义 5.4:由 $P = (\{A_1, A_2, \cdots, A_n\} | (A_i > 0 \; \forall i \in S^{k+1} \wedge A_i = 0 \; \forall i \notin S^{k+1}), (S^{k+1} = S^k + \{I_{k+1}\} \wedge I_{k+1} \notin S^k))$ 的点集构成的可行域称为 k 维可行子域 Ω_l^k 的上相邻可行子域 Ω_p^{k+1},由 $P = (\{A_1, A_2, \cdots, A_n\} | (A_i > 0 \; \forall i \in S^{k-1} \wedge A_i = 0 \; \forall i \notin S^{k-1}), (S^{k-1} = S^k - \{I_i\} \wedge I_i \in S^k))$ 的点集构成的可行域称为 k 维可行子域 Ω_l^k 的下相邻可行子域 Ω_q^{k-1}。

　　定义 5.5:若点集 Ω_l^k 与点集 Ω_q^{k-1} 中包含有相同的点,即 $\Omega_l^k \cap \Omega_q^{k-1} \neq \phi$,则称点集 Ω_l^k 与点集 Ω_q^{k-1} 是连通的。

　　定义 5.6:若 Ω_l^k 与其任一下相邻可行子域 Ω_q^{k-1} 是连通的,则称 Ω_l^k 为 k 维连通可行子域;若 Ω_l^k 与其所有 k 个下相邻可行子域 Ω_q^{k-1} 是连通的,则称 Ω_l^k 为 k 维全连通可行子域;若 Ω_l^k 与其所有下相邻可行子域 Ω_q^{k-1} 都是不连通的,则称 Ω_l^k 为 k 维不连通可行子域。

　　定义 5.7:若 Ω_l^k 与某一下相邻可行子域 Ω_p^{k-1} 不满足 $\Omega_l^k \supset \Omega_p^{k-1}$,则称 Ω_l^k 为 k 维弱奇异可行子域,若 Ω_l^k 与其所有下相邻可行子域 Ω_q^{k-1} 均不满足 $\Omega_l^k \supset \Omega_q^{k-1}$,则称 Ω_l^k 为 k 维奇异可行子域,否则,称 Ω_l^k 为 k 维非奇异可行子域。

　　在图 5.4 所示的相邻可行子域示意图中,各可行子域均是半开的半无限域,Ω_1^3 包含其三个下相邻可行子域 Ω_1^2、Ω_2^2 和 Ω_3^2,与它们是连通的,因此 Ω_1^3 是一个全连通可行子域;同样,Ω_1^2、Ω_2^2 和 Ω_3^2 也是全连通可行子域,但由于 $\Omega_1^1 \not\subset \Omega_3^2$,所以 Ω_3^2 就是一个 2 维弱奇异可行域。

　　Rozvany 等曾给奇异最优解下了一个定义"在一个具有 n 个设计变量的拓扑优化问题中,如果在问题的全局最优解附近,可行域是一个 k 维的退化子域(这里 $k<n$),那么这样的最优解就称为奇异最优解"。这里,根据以上关于奇异可行子域的定义和集合的描述方法,可以对 Rozvany 等关于奇异最优解的定义做一更严密的描述。

　　定义 5.8:若结构拓扑优化设计的最优解 $P^* = \{A_1^*, A_2^*, \cdots, A_n^*\}$ 在一 $k+1$ 维奇异可行子域 Ω_p^{k+1} 的一下相邻可行子域 Ω_l^k 中,且 $P^* = \{A_1^*, A_2^*, \cdots, A_n^*\} \not\subset \Omega_p^{k+1}$,则称 P^* 为一 k 维奇异最优解。

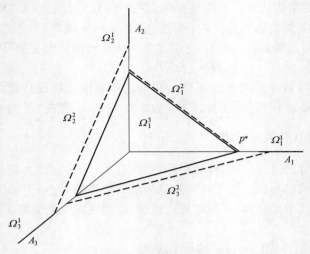

图 5.4　相邻可行子域示意图

若结构拓扑优化设计的最优解 P^* 如在图 5.4 中所示,由于 P^* 是在 2 维奇异可行子域 Ω_3^2 的一个下相邻可行子域 Ω_1^1 中,且 $P^* \not\subset \Omega_3^2$,于是 P^* 就是一个 1 维奇异最优解。

2. 桁架拓扑优化可行域分析

Ω_l^k 与 Ω_q^{k-1} 连通的条件:

一般说来,只要截面面积上限足够大,设计空间不同拓扑的可行域总是连通的,但并不是桁架结构拓扑优化设计问题的不同拓扑的可行域总是连通的,下面首先讨论 Ω_l^k 与 Ω_q^{k-1} 连通的条件。可以证明对于截面尺寸下限为零,且无尺寸上限的桁架结构受应力约束的拓扑优化设计数学模型

$$P_3 \quad 求 A_i$$

$$\min \ W = \sum_{i=1}^{M} \rho_i A_i l_i \tag{5.6}$$

$$\text{s. t.} \begin{cases} |\ \sigma_{il}(\boldsymbol{A})\ | \leqslant \overline{\sigma}_i & l = 1,2,\cdots,NL \\ A_i \geqslant 0 \end{cases}$$

的任一 k 维可行子域 Ω_l^k 都是 k 维全连通可行子域。

证明:

①若 k 维可行子域 Ω_l^k 对应的桁架结构是一静定结构,则去掉任一杆件桁架结构都将成为机构,因此 Ω_l^k 无下相邻可行子域,也无连通性问题;

②若 k 维可行子域 Ω_l^k 对应的桁架结构(以下简称原结构)是静不定的,其任一下相邻可行子域 Ω_l^{k-1} 是由 Ω_l^k 对应的桁架结构去掉杆件 $I_i(I_i \in S^k)$ 得到的退化结构(以下简称退化结构)的可行域。在原结构中,当 $A_{I_i} \to 0$ 时,杆件 I_i 的极限应力为

$$\left| \lim_{A_{I_i} \to 0} \sigma_{I_i l}^k \right| = \left| \lim_{A_{I_i} \to 0} E \varepsilon_{I_i l}^k \right| = \frac{E}{l_{I_i}} \left| \lim_{A_{I_i} \to 0} \Delta l_{I_i l}^k \right| \tag{5.7}$$

而由 Mohr 定理

$$\left| \lim_{A_{I_i} \to 0} \Delta l_{I_i l}^k \right| = \left| \lim_{A_{I_i} \to 0} \sum_{i \in S^k} \frac{N_{i0}^k \cdot N_{il}^k \cdot l_i}{E \cdot A_i} \right| = \left| \lim_{A_{I_i} \to 0} \frac{N_{I_i 0}^k \cdot N_{I_i l}^k \cdot l_{I_i}}{E \cdot A_{I_i}} \right| + \left| \sum_{\substack{i \in S^k \\ i \neq I_i}} \frac{\lim\limits_{A_{I_i} \to 0} (N_{i0}^k \cdot N_{il}^k) \cdot l_i}{E \cdot A_i} \right|$$

$$(5.8)$$

式中　$N_{I_i 0}^k$，N_{i0}^k——当结构仅在杆件 I_i 两端节点沿杆件轴线方向加一对单位力时原结构杆件 I_i 和杆件 $i(i \in S^k \wedge i \neq I_i)$ 的内力；

　　$N_{I_i l}^k$，N_{il}^k——原结构在 l 工况杆件 I_i 和杆件 $i(i \in S^k \wedge i \neq I_i)$ 的内力。

其中

$$\left| \lim_{A_{I_i} \to 0} \frac{N_{I_i 0}^k \cdot N_{I_i l}^k \cdot l_{I_i}}{E \cdot A_{I_i}} \right| = \left| \lim_{A_{I_i} \to 0} \frac{(\sigma_{I_i 0}^k \cdot A_{I_i}) \cdot (\sigma_{I_i l}^k \cdot A_{I_i}) \cdot l_{I_i}}{E \cdot A_{I_i}} \right| = \left| \lim_{A_{I_i} \to 0} \frac{\sigma_{I_i 0}^k \cdot \sigma_{I_i l}^k \cdot l_{I_i}}{E} \cdot A_{I_i} \right|$$

$$(5.9)$$

由于 $\lim\limits_{A_{I_i} \to 0} \sigma_{I_i 0}^k$ 和 $\lim\limits_{A_{I_i} \to 0} \sigma_{I_i l}^k$ 都是有界量，所以有

$$\left| \lim_{A_{I_i} \to 0} \frac{N_{I_i 0}^k \cdot N_{I_i l}^k \cdot l_{I_i}}{E \cdot A_{I_i}} \right| = \left| \lim_{A_{I_i} \to 0} \frac{\sigma_{I_i 0}^k \cdot \sigma_{I_i l}^k \cdot l_{I_i}}{E} \cdot A_{I_i} \right| = 0 \qquad (5.10)$$

式(5.7)可表示为

$$\left| \lim_{A_{I_i} \to 0} \sigma_{I_i l}^k \right| = \left| \lim_{A_{I_i} \to 0} E \varepsilon_{I_i l}^k \right| = \frac{E}{l_{I_i}} \left| \lim_{A_{I_i} \to 0} \Delta l_{I_i l}^k \right| = \frac{1}{l_{I_i}} \cdot \left| \sum_{\substack{i \in S^k \\ i \neq I_i}} \frac{\lim\limits_{A_{I_i} \to 0} (N_{i0}^k \cdot N_{il}^k) \cdot l_i}{A_i} \right| \qquad (5.11)$$

于是其相应的应力约束条件

$$\left| \lim_{A_{I_i} \to 0} \sigma_{I_i l}^k \right| = \frac{1}{l_{I_i}} \cdot \left| \sum_{\substack{i \in S^k \\ i \neq I_i}} \frac{\lim\limits_{A_{I_i} \to 0} (N_{i0}^k \cdot N_{il}^k) \cdot l_i}{A_i} \right| \leq \overline{\sigma}_i \qquad (5.12)$$

可表示为

$$\overline{\sigma}_i - \frac{1}{l_{I_i}} \cdot \left| \sum_{\substack{i \in S^k \\ i \neq I_i}} \frac{\lim\limits_{A_{I_i} \to 0} (N_{i0}^k \cdot N_{il}^k) \cdot l_i}{A_i} \right| \geq 0 \qquad (5.13)$$

上式表示的是退化结构设计空间的一个曲面方程。

在原结构中，当 $A_{I_i} \to 0$ 时，杆件 $I_j(I_j \in S^k \wedge I_j \neq I_i)$ 的应力可表示为

$$\left| \lim_{A_{I_i} \to 0} \sigma_{I_j l}^k \right| = \frac{\left| \lim\limits_{A_{I_i} \to 0} N_{I_j l}^k (\mathbf{A}^k) \right|}{A_{I_j}} \qquad (5.14)$$

式中　$\mathbf{A}^k$——原结构设计变量的集合，$\mathbf{A}^k = \{A_1, A_2, \cdots, A_n\}$；

$\lim\limits_{A_{I_i} \to 0} N_{I_j l}^k (\mathbf{A}^k)$——在原结构中当 $A_{I_i} \to 0$ 时，杆件 I_j 的内力的极限值，是 $\mathbf{A}^k$ 的函数。

其相应的应力约束条件可表示为

$$\overline{\sigma}_{I_j} - \frac{\left| \lim\limits_{A_{I_i} \to 0} N^k_{I_j l}(\boldsymbol{A}^k) \right|}{A_{I_j}} \geq 0 \tag{5.15}$$

上式表示的也是退化结构设计空间的一个曲面方程。

由式(5.13)和式(5.15)的包络函数,构成了在原结构中当 $A_{I_i} \to 0$ 时在退化结构设计空间的可行子域 $\Omega^{k-1}_{I_i}$,$\Omega^{k-1}_{I_i}$ 是半开的半无限子域。同时,由于 $\Omega^{k-1}_{I_i}$ 是原结构的可行子域 Ω^k_l 当 $A_{I_i} \to 0$ 时的极限值,因此有 $\Omega^k_l \supset \Omega^{k-1}_{I_i}$。

在退化结构中,杆件 $I_j(I_j \in S^{k-1})$ 的应力可表示为

$$\left| \sigma^{k-1}_{I_j l} \right| = \frac{\left| N^{k-1}_{I_j l}(\boldsymbol{A}^{k-1}) \right|}{A_{I_j}} \tag{5.16}$$

其相应的应力约束条件可表示为

$$\overline{\sigma}_{I_j} - \frac{\left| N^{k-1}_{I_j l}(\boldsymbol{A}^{k-1}) \right|}{A_{I_j}} \geq 0 \tag{5.17}$$

式(5.17)的包络函数即构成了在退化结构设计空间的可行子域 Ω^{k-1}_q,Ω^{k-1}_q 也是半开的半无限子域。

由于构成 $\Omega^{k-1}_{I_i}$ 的约束函数比构成 Ω^{k-1}_q 的约束函数多式(5.13)表示的杆件 I_i 的极限应力约束条件,所以在一般情况下 $\Omega^{k-1}_{I_i} \neq \Omega^{k-1}_q$,但由于 $\Omega^{k-1}_{I_i}$、Ω^{k-1}_q 都是退化结构设计空间的半开的半无限子域,令点 $P = (\{A_1, A_2, \cdots, A_n\} \mid A_i \geq C \, \forall \, i \in S^{k-1} \wedge A_i = 0 \, \forall \, i \notin S^{k-1})$,只要 C 足够大,就会有 $P \in \Omega^{k-1}_{I_i} \wedge P \in \Omega^{k-1}_q$,即 $\Omega^{k-1}_{I_i} \cap \Omega^{k-1}_q \neq \phi$。同时,由于 $\Omega^k_l \supset \Omega^{k-1}_{I_i}$,于是也有 $\Omega^k_l \cap \Omega^{k-1}_q \neq \phi$,由定义 5.6,$\Omega^k_l$ 和 Ω^{k-1}_q 是连通的,另外,由于删除杆件 $I_i(I_i \in S^k)$ 的任意性可得 Ω^k_l 与其任一下相邻可行子域 Ω^{k-1}_q 都是连通的,即 Ω^k_l 为 k 维全连通可行子域。另一方面,由于只要满足 Ω^{k-1}_q 对应的退化结构不成为机构,则 k 可以是任意的,即任意的 k 维可行子域 Ω^k_l 都是 k 维全连通可行子域。这就证明了对于截面尺寸下限为零,且无尺寸上限的桁架结构受应力约束的拓扑优化设计问题,其设计空间不同拓扑的可行域总是连通的。

Ω^k_l 与 Ω^{k-1}_q 不连通的实例:

以上证明了数学模型 P_3 的设计空间不同拓扑的可行域总是连通的,但并不是桁架结构拓扑优化设计问题的不同拓扑的可行域总是连通的,下面举几个 Ω^k_l 与 Ω^{k-1}_q 不连通的实例:

(1)受有尺寸下限约束和应力约束的桁架结构拓扑优化设计问题

在实际工程结构中,由于设计规范、制造、安装等方面的要求,往往不允许桁架杆件的截面面积无限小,要为杆件的截面面积增加一个尺寸下限,受有尺寸下限约束和应力约束的桁架结构拓扑优化设计的数学模型就成为

$$P_4 \quad 求 \, A_i$$

$$\min \, W = \sum_{i=1}^M \rho_i A_i l_i \tag{5.18}$$

$$\text{s.t.} \begin{cases} \mid \sigma_{il}(\boldsymbol{A}) \mid \leq \overline{\sigma}_i & l = 1, 2, \cdots, NL \\ A_i \geq A_{i,\min}(A_{i,\min} > 0), \quad \text{or} \quad A_i = 0 \end{cases}$$

式中　$A_{i,\min}$——设计变量 A_i 的尺寸下限。

由于数学模型 P_2 中存在尺寸下限约束,使得原结构无法通过截面设计变量 A_i 的连续变化,在 $A_i \to 0$ 时得到相应的退化结构,Ω_l^k 与 Ω_q^{k-1} 是相互独立的,$\Omega_l^k \cap \Omega_q^{k-1} = \phi$,$\Omega_l^k$ 与 Ω_q^{k-1} 是不连通的。从四杆桁架受有尺寸下限约束和应力约束的拓扑优化设计问题就可以清楚地看到这一现象。

例 5.1　图 5.5 所示的四杆平面桁架,杆件分为两组,$A_1 = A_3, A_2 = A_4$,各杆的弹性模量 $E = 1$,杆长 $l = 1$,杆间夹角 $\beta = 45°$,应力约束为 $|\sigma| \leqslant 5$。三个荷载工况,工况 1:$P = 40, \alpha = 45°$;工况 2:$P = 30, \alpha = 90°$;工况 3:$P = 20, \alpha = 135°$。各杆截面尺寸下限 $A_i \geqslant 2$,其可行域见图 5.6。

令 $C_1 = 2\rho_1 l_1, C_2 = 2\rho_2 l_2$,并将应力约束化为截面面积约束,其数学模型为

$$\min \ W = C_1 A_1 + C_2 A_2$$

$$\text{s. t.} \begin{cases} A_1 + A_2 \geqslant 8, A_i \geqslant 2 \\ A_2 \geqslant 6 \ \forall A_1 = 0 \\ A_1 \geqslant 8 \ \forall A_2 = 0 \end{cases}$$

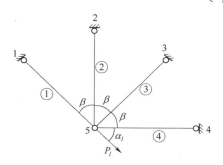

图 5.5　四杆桁架结构图

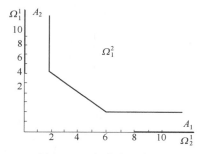

图 5.6　四杆桁架可行域

由图 5.6 可见,由于存在尺寸下限约束 $A_i \geqslant 2$,2 维可行子域 Ω_1^2 与其两个下相邻子域 Ω_1^1 和 Ω_2^1 都是不连通的,因此,Ω_1^2 是一个 2 维不连通可行子域。

(2)受有局部稳定性约束的桁架结构拓扑优化设计问题

受有局部稳定性的桁架结构拓扑优化设计的数学模型为

$$P_5 \quad 求 \ A_i$$

$$\min \ W = \sum_{i=1}^M \rho_i A_i l_i$$

$$\text{s. t.} \begin{cases} |\sigma_{il}(A)| \leqslant \dfrac{\Psi E A_i}{l_i^2} & l = 1, 2, \cdots, NL \\ A_i \geqslant 0 \end{cases} \tag{5.19}$$

式中　$\Psi = \dfrac{J_i \pi^2}{A_i^2}$——截面系数。

受有局部稳定性的桁架结构拓扑优化设计同样具有可行域不连通的问题,下面仍以图 5.5 所示四杆桁架受有局部稳定性约束的拓扑优化设计问题为例,讨论可行域的连通性问题。

例 5.2　图 5.5 所示的四杆平面桁架,杆件分为两组,$A_1 = A_3, A_2 = A_4$,截面为圆杆,$\psi = \pi/4$,各杆的弹性模量 $E = 1$,杆长 $l = 10$,杆间夹角 $\beta = 45°$。沿 $\alpha = 30°$ 方向作用一拉力 $P = 1$。

分析结构受力情况,可知③、④杆受压力,有局部稳定性问题,③、④杆的应力分别为

$$|\sigma_3| = \left| -\frac{\sqrt{2}}{2} \cdot \frac{P(\cos\alpha - \sin\alpha)}{A_1 + A_2} \right| = \frac{\sqrt{2}(\sqrt{3} - 1)}{4(A_1 + A_2)}$$

$$|\sigma_4| = \left| -\frac{P\cos\alpha}{A_1 + A_2} \right| = \frac{\sqrt{3}}{2(A_1 + A_2)}$$

其相应的约束条件化为

$$A_1(A_1 + A_2) \geqslant \frac{\sqrt{2}(\sqrt{3} - 1) \cdot l_3^2}{4\Psi} = 32.95$$

$$A_2(A_1 + A_2) \geqslant \frac{\sqrt{3} \cdot l_4^2}{2\Psi} = 110.26$$

其可行域见图 5.7。

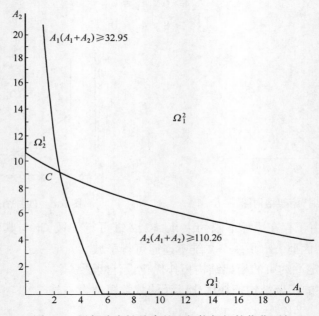

图 5.7   局部稳定性约束的四杆桁架拓扑优化可行

由图 5.7 可见,其可行子域 Ω_1^2 是由相交于 C 点的两条约束曲线构成的。

$$\Omega_1^2 = (\{A_1, A_2\} \mid A_1(A_1 + A_2) \geqslant 32.95 \,\forall A_1 \leqslant A_{1C} \wedge A_2(A_1 + A_2) \geqslant 110.26 \,\forall A_1 > A_{1C})$$

式中 A_{1C}——交点 C 的 A_1 值。

而可行子域 Ω_1^1 和 Ω_2^1 则分别为

$$\Omega_1^1 = (\{A_1, 0\} \mid A_1 \geqslant 5.74)$$

$$\Omega_2^1 = (\{0, A_2\} \mid A_2 \geqslant 10.5)$$

两条约束曲线尽管在无穷远处分别趋近于 A_1 轴和 A_2 轴,但那在工程上是没有意义的,在有限的区域内,$\Omega_1^2 \cap \Omega_1^1 = \phi$,$\Omega_1^2 \cap \Omega_2^1 = \phi$,因此,$\Omega_1^2$ 是一个 2 维不连通子域。

3. 结论

由以上研究可见,一方面对于截面尺寸下限为零,且无尺寸上限的桁架结构受应力约束的

拓扑优化设计问题,其设计空间不同拓扑的可行子域总是连通的,这为采用连续变量直接搜索求得奇异最优解提供了几何上的保证;另一方面,对于具有尺寸下限约束、具有局部稳定性约束的桁架结构拓扑优化设计的可行子域是不连通的,这相当于在上、下相邻可行子域之间有一条"壕沟"。结构拓扑优化设计的一项重要工作就是要研究越过这条"壕沟"的方法。

5.2.3　包含两类变量的多工况下受应力、位移约束的桁架结构拓扑优化设计

第 5.2.1 节建立了包含两类变量的多工况下受应力、位移约束的桁架结构拓扑优化设计的数学模型,本节介绍应用相对差商法求解这一模型的方法[12]。

数学模型式(5.3)包含应力约束和位移约束,是一多约束优化设计问题,考虑到各种约束条件可能因为量纲不一致而使约束值相差甚远,因此,首先将式(5.3)的约束条件进行归一化无量纲处理,应力约束化为

$$\widetilde{\sigma}_{il}(A_i,\alpha_i) = 1 - \alpha_i\sigma_{il}(A_i,\alpha_i)/\overline{\sigma}_i \geqslant 0 \tag{5.20}$$

位移约束化为

$$\widetilde{\delta}_{jl}(A_i,\alpha_i) = 1 - \delta_{jl}(A_i,\alpha_i)/\overline{\delta}_j \geqslant 0 \tag{5.21}$$

在各设计点 $\{A_1^{k_1}, A_2^{k_2}, \cdots, A_M^{k_M}, \alpha_1^{k_1}, \alpha_2^{k_2}, \cdots, \alpha_M^{k_M}\}^{\mathrm{T}}(A_i^{k_i} \in S_i, \alpha_i^{k_i} \in \{0,1\})$,应力约束值与位移约束值组成一个向量

$$\boldsymbol{X} = \{\widetilde{\sigma}_{1,1}, \cdots, \widetilde{\sigma}_{1,NL}, \widetilde{\sigma}_{2,1}, \cdots, \widetilde{\sigma}_{2,NL}, \cdots, \widetilde{\sigma}_{m,1}, \cdots, \widetilde{\sigma}_{m,NL}, \widetilde{\delta}_{1,1}, \cdots, \widetilde{\delta}_{1,NL}, \cdots, \widetilde{\delta}_{ND,1}, \cdots, \widetilde{\delta}_{ND,NL}\}^{\mathrm{T}}$$
$$\tag{5.22}$$

式中　m 为结构单元总数,$\boldsymbol{X} \in R^{m \times NL + NL \times ND}$。

$\boldsymbol{X}$ 的各个分量组成一个集合

$$G = \{\widetilde{\sigma}_{il}(A_i,\alpha_i), \widetilde{\delta}_{jl}(A_i,\alpha_i) \mid i = 1,2,\cdots,m; j = 1,2,\cdots,ND; l = 1,2,\cdots,NL\} \tag{5.23}$$

将 G 分为两个子集,$G_1 = \{\widetilde{\sigma}_{il}(A_i,\alpha_i) \mid \widetilde{\sigma}_{il}(A_i,\alpha_i)<0\} \cup \{\widetilde{\delta}_{jl}(A_i,\alpha_i) \mid \widetilde{\delta}_{jl}(A_i,\alpha_i)<0\}$ 和 $G_2 = G-G_1$,G_1 为有效约束子集,G_2 为无效约束子集。定义统一约束函数为

$$Z(A_i,\alpha_i) = \begin{cases} \|\boldsymbol{X}\|_2 = \left[\sum \widetilde{\sigma}_{il}^2(A_i,\alpha_i) + \sum \widetilde{\delta}_{il}^2(A_i,\alpha_i)\right]^{\frac{1}{2}} & \text{若 } G_1 \text{ 为空集合} \\ -1 & \text{若 } G_1 \text{ 为非空集合} \end{cases}$$
$$\tag{5.24}$$

式中　$\|\boldsymbol{X}\|_2$ 为 $\boldsymbol{X}$ 的 $\|\cdot\|_2$ 范数。

于是数学模型式(5.3)可化为

$$P_6 \quad 求 A_i, \alpha_i$$

$$\min \ W = \sum_{i=1}^{M} \rho_i A_i \alpha_i \sum_{j \in G_i} l_j$$

$$\tag{5.25}$$

$$\text{s. t.} \begin{cases} Z(A_i,\alpha_i) \geqslant 0 \\ A_i \in S_i = \{A_{i1}, A_{i2}, \cdots, A_{i,N_i}\} \\ \alpha_i \in \{0,1\} \end{cases}$$

在优化设计中,设计变量的改变,同时会引起目标函数的改变及约束函数的改变。为了综

合考虑目标函数的变化与约束函数的变化,引进定义 5.9。

定义 5.9:当设计变量 A_i 由 A_{ij} 变化到 $A_{i,j-1}$ 时,约束函数的差商与目标函数的差商的比值

$$\beta_i = \frac{\Delta Z/\Delta A_i}{\Delta W/\Delta A_i} = \frac{\Delta Z}{\Delta W} = \frac{|Z(A_{i,j-1},\alpha_i) - Z(A_{ij},\alpha_i)|}{|W(A_{i,j-1},\alpha_i) - W(A_{ij},\alpha_i)|} \tag{5.26}$$

定义为对应于设计变量 A_i 的相对差商。

当设计变量 α_i 由 1 变化到 0 时,约束函数的差商与目标函数的差商的比值

$$\gamma_i = \frac{\Delta Z/\Delta \alpha_i}{\Delta W/\Delta \alpha_i} = \frac{\Delta Z}{\Delta W} = \frac{|Z(A_{ij},0) - Z(A_{ij},1)|}{|W(A_{ij},0) - W(A_{ij},1)|} \tag{5.27}$$

定义为对应于设计变量 α_i 的相对差商。

式中　$Z_i(A_{i,j-1},\alpha_i)$,$W_i(A_{i,j-1},\alpha_i)$——设计变量 A_i 的值为 $A_{i,j-1}$ 时的约束函数值和目标函数值;

$Z_i(A_{ij},\alpha_i)$,$W_i(A_{ij},\alpha_i)$——A_i 的值为 A_{ij} 时的约束函数值和目标函数值;

$Z_i(A_{ij},0)$,$W_i(A_{ij},0)$——设计变量 α_i 的值为 0 时的约束函数值和目标函数值;

$Z_i(A_{ij},1)$,$W_i(A_{ij},1)$——α_i 的值为 1 时的约束函数值和目标函数值。

在计算 β_i 时,由静定化假设,认为各单元内力不变,各单元的应力可表示为

$$\sigma_{il} = \frac{N_{il}}{A_i} \tag{5.28}$$

结构的位移可由 Mohr 定理表示为

$$\delta_{jl} = \sum_{k=1}^{M} \frac{1}{E_k A_k} \sum_{i \in G_k} N_{il} N_{ij} \tag{5.29}$$

式中　N_{il},N_{ij}——i 单元在 l 工况和对应于 j 位移所加单位载荷的虚工况的内力。

当结构拓扑关系变化时,考虑到单元内力可能有很大的变化,静定化假设可能不再适用,在计算 γ_i 时,单元的内力和结构的位移必须由结构的重分析求得,为提高计算效率,可以采用近似结构重分析方法。

由以上定义可见,相对差商的物理意义是当目标函数有单位增量时约束函数的增量。由于拓扑优化是由结构基结构开始,通过删除结构的构件而逐步得到最优拓扑,为和这种变化趋势相对应,在计算 β_i 时按照设计变量 A_i 由 A_{ij} 变化到 $A_{i,j-1}$ 的方向,这与第 4 章的方向正好相反。

最轻重量结构优化设计的目的就是在满足结构各项约束条件的前提下,设计重量最轻的结构。为达此目的,显然应改变相对差商最小的设计变量。令

$$C_k = \min\{\beta_i\}, \quad D_k = \min\{\gamma_i\} \qquad i = 1,2,\cdots,M \tag{5.30}$$

若 $C_k \leqslant D_k$,则令 $A_k = A_{k,j-1}$;若 $C_k > D_k$ 且结构非几何可变,则令 $\alpha_k = 0$,删去该组变量所对应的杆件,形成新的结构,进行结构重分析及优化迭代过程。

例 5.3　图 5.5 所示的四杆平面桁架,杆件分为两组,$A_1 = A_3$,$A_2 = A_4$,各杆的弹性模量 $E = 1$,杆长 $l = 1$,杆间夹角 $\beta = 45°$,应力约束为 $|\sigma| \leqslant 5$。三个荷载工况,工况 1:$P = 40$,$\alpha = 45°$;工况 2:$P = 30$,$\alpha = 90°$;工况 3:$P = 20$,$\alpha = 135°$。各截面的离散变量集为 $A = \{3,4,5,6,7,8,9,10\}$。

这是拓扑优化中的一个著名问题,许多学者曾对本问题进行过研究,由于存在极限应力,

采用分离变量优化方法很难得到其最优解。

令 $C_1 = 2\rho_1 l_1$，$C_2 = 2\rho_2 l_2$，包含两类变量的数学模型为

$$\min \ W = \alpha_1 C_1 A_1 + \alpha_2 C_2 A_2$$

$$\text{s. t. } \begin{cases} \alpha_i \mid \sigma_{il} \mid \leqslant 5 \\ A_i \in S = \{3,4,5,6,7,8,9,10\} \\ \alpha_i \in \{0,1\} \end{cases}$$

各杆的应力分别为

$$\sigma_{1l} = \frac{\sqrt{2}}{2} \cdot \frac{P_l(\cos\alpha_l + \sin\alpha_l)}{A_1 + A_2}$$

$$\sigma_{2l} = \frac{P_l\sin\alpha_l}{A_1 + A_2}$$

$$\sigma_{3l} = -\frac{\sqrt{2}}{2} \cdot \frac{P_l(\cos\alpha_l - \sin\alpha_l)}{A_1 + A_2}$$

$$\sigma_{4l} = -\frac{P_l\cos\alpha_l}{A_1 + A_2}$$

考虑最严约束,以上应力约束可化为

$$A_1 + A_2 \geqslant 8$$

其对应的可行集如图 5.8 所示,其对应的四个拓扑结构如图 5.9 所示。

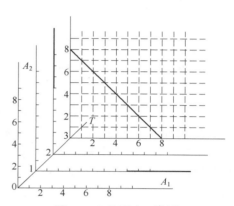

图 5.8　四杆桁架可行集

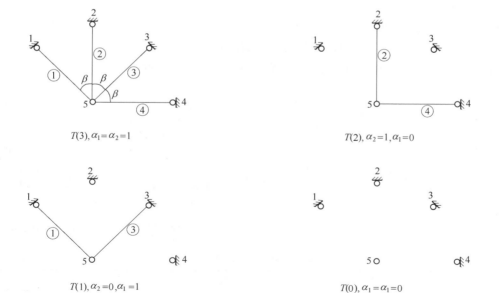

图 5.9　四杆桁架的四个拓扑结构

应用包含两类变量的相对差商法可求得问题的最优解 $\{A_1, A_2\}^{\mathrm{T}} = \{0,6\}^{\mathrm{T}}$,而采用一般的分离变量优化方法只能求得 $\{A_1, A_2\}^{\mathrm{T}} = \{0,8\}^{\mathrm{T}}$。其求解过程如表 5.1 所示。

表 5.1　四杆桁架的求解过程

计算过程	相对差商				设计变量			
	β_1	β_2	γ_1	γ_2	A_1	A_2	α_1	α_2
初值	0.029	0.029	0.0057	0.014	10	10	1	1
1	0	0.041	0	1	0	10	0	1
2	0	0.050	0	1	0	9	0	1
3	0	0.047	0	1	0	8	0	1
4	0	0.043	0	1	0	7	0	1
5	0	−1	0	1	0	6	0	1

注：表中 β_1，$\gamma_1 = 0$ 表示已将第一组杆删掉，$\gamma_2 = 1$ 表示若删掉第二组杆则结构将成为机构，因此不能删掉第二组杆，$\beta_2 = -1$ 表示当 A_2 取其下一个离散值 $A_2 = 5$ 时，统一约束函数 $Z(A_i, \alpha_i) = -1$，有的约束条件不满足，当前解即为优化结果。

由以上计算过程可见，在由初始值计算的相对差商中，最小值为 γ_1，优化设计的第一步即令其对应的设计变量 $\alpha_1 = 0$，首先进行拓扑优化，在以后的优化过程中，做得都是截面优化。

例 5.4 12 杆平面桁架，有 6 个节点 10 个设计变量，材料是铝。$E = 68.97$ GN/m²，$\rho = 27150.68$ N/m³，全部杆件的许用应力均为 ±172.4 MN/m²，两个荷载工况，工况 1：$P_{2y} = -445$ kN，工况 2：$P_{4y} = -445$ kN，各可动节点 y 方向的位移允许值为 50.8 mm，各杆截面积的下限均为 6.45 cm²，初始设计值均为 64.5 cm²。离散变量集为：

$S = \{ 5.45, 19.35, 32.26, 51.61, 67.74, 77.42,$
$64.51, 95.77, 109.68, 141.94, 154.84, 167.74,$
$180.64, 187.1, 200, 225.81 \}$（单位：cm²），优化结果如表 5.2 所示。

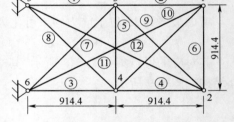

图 5.10　12 杆桁架（单位：cm）

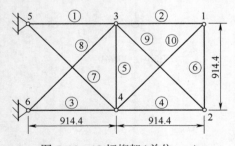

图 5.11　10 杆桁架（单位：cm）

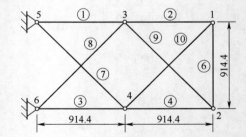

图 5.12　12 杆桁架最优拓扑（单位：cm）

表 5.2　12 杆桁架优化结果

	W(kg)	截面面积(cm²)										
		A_1	A_2	A_3	A_4	A_5	A_6	A_7	A_8	A_9	A_{10}	A_{11}	A_{12}
参考文献[9]	20477	167.74	0	109.68	95.77	51.61	0	32.26	95.77	141.94	0	0	0
本方法	20122	167.74	19.35	109.68	77.42	0	19.35	32.26	109.68	109.68	32.26	0	0

本例题经过六轮优化收敛,第一轮首先做面积优化,然后删去了第 5 杆,又做面积优化,然后删去了第 12 杆,再做面积优化,然后删去了第 11 杆,确定了结构的最优拓扑;后五轮优化只进行了面积优化。由以上优化过程可见,拓扑优化和截面优化是交替进行的,这也说明两类变量是互相耦合的,采用本算法,两类变量优化交替进行,得到了如图 5.12 所示的与分离变量的分级算法不同的最优拓扑结构,且目标函数更优。如果选定的基结构如图 5.11 所示的 10 杆桁架,则优化结果相同。对不同的初始点所做的对比计算,优化结果也相同。

例 5.5　15 杆桁架如图 5.13 所示,$E = 210 \text{ GN/m}^2$, $\rho = 78.5 \text{ kN/m}^3$, $\overline{\sigma} = 160 \text{ MN/m}^2$, $\underline{\sigma} = -160 \text{ MN/m}^2$。两个荷载工况,工况 1: $P_{3y} = P_{5y} = P_{7y} = -4.45 \times 10^5 \text{ N}$;工况 2: $P_{4y} = P_{6y} = P_{8y} = -4.45 \times 10^5 \text{ N}$, $M = 8$,分组情况如表 5.3 所示,结点 5 的 y 方向有 $\pm 1.524 \text{ cm}$ 的位移约束。截面离散集为:

$$S = \{6.45, 9.68, 22.58, 32.26, 45.16, 70.97, 83.87, 103.23, 129.03, 161.29, 193.55\} \text{ cm}^2$$

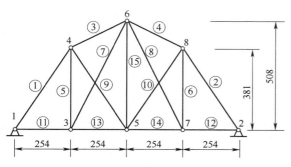
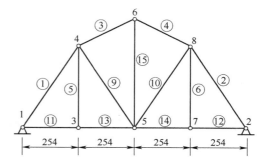

图 5.13　15 杆桁架(单位:cm)　　　　　图 5.14　15 杆桁架最优拓扑(单位:cm)

表 5.3　变量连接

分组号	1	2	3	4	5	6	7	8
杆件号	1,2	3,4	5,6	7,8	9,10	11,12	13,14	15

15 杆桁架优化拓扑如图 5.14 所示,优化结果如表 5.4 所示。

表 5.4　15 杆桁架优化结果

	$W(\text{N})$	截面积(cm^2)							
		A_1	A_2	A_3	A_4	A_5	A_6	A_7	A_8
参考文献[9]	4 859	83.87	45.16	32.26	0	5.45	5.45	5.45	70.97
本方法	4 859	83.87	45.16	32.26	0	5.45	5.45	5.45	70.97

在该例题的优化过程中,第一轮首先删去了第 7、8 杆,然后是面积优化;第二轮全都是面积优化,经过两轮迭代,算法就收敛了。

例 5.6　25 杆空间桁架有 10 个节点,如图 5.15 所示,$E = 6.897 \times 10^4 \text{ N/cm}^2$, $\rho = 0.0277 \text{ N/cm}^2$。由对称性,将 25 根杆分为 8 组,即有 8 个设计变量。位移约束是节点 1 和 2 在 x, y 方向的位移不超过 $\pm 0.889 \text{ cm}$。截面离散集为:$S = \{0.774, 1.255, 2.142, 3.348, 4.065, 4.632, 5.542, 7.742, 9.032, 10.839, 12.671, 14.581, 21.483, 34.839, 44.516, 52.903, 60.258, 65.226\} \text{ cm}^2$,变量连接情况、许用应力和荷载工况分别如表 5.5~表 5.7 所示。

表 5.5　变量连接情况

分组号	杆件号
1	1-2
2	1-4,2-3,1-5,2-6
3	2-5,2-4,1-3,1-6
4	3-6,4-5
5	3-4,5-6
6	3-10,6-7,4-9,5-8
7	3-8,4-7,6-9,5-10
8	3-7,4-8,5-9,6-10

表 5.6　许用应力

分组号	$\underline{\sigma}$	$\overline{\sigma}$
1	−24 204	27 590
2	−7 994	27 590
3	−11 936	27 590
4	−24 204	27 590
5	−24 204	27 590
6	−4 662	27 590
7	−4 662	27 590
8	−7 664	27 590

表 5.7　荷载工况

荷载工况	节点	P_x(kN)	P_y(kN)	P_z(kN)
1	1	4.45	44.5	−22.25
	2	0	44.5	−22.25
	3	2.225	0	0
	6	2.225	0	0
2	1	0	89	−22.25
	2	0	−89	−22.25

本例由相对差商法,经过两次迭代就收敛,最优拓扑如图 5.16 所示,优化结果如表 5.8 所示。

表 5.8　25 杆桁架优化结果

设计变量	A_1	A_2	A_3	A_4	A_5	A_6	A_7	A_8	W
参考文献[9]	0	12.671	21.483	0	0	5.542	14.581	14.581	2750
本方法	0	12.671	21.483	0	0	3.348	12.671	21.483	2733.5

在该例题中,第一轮优化一开始就删去了杆 1,紧接着删去了杆 12、13,然后分别对杆 10、11 和 14、15 做几次面积优化,又删去了杆 10、11;最后全部都是面积优化。第二轮全部都是面积优化,没有进行删杆优化,实际上,当前的结构已经不能再删杆,否则将变成机构。

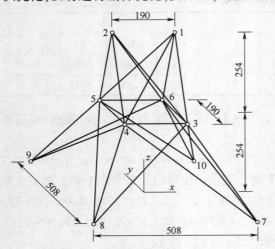

图 5.15　25 杆桁架结构图(单位:cm)

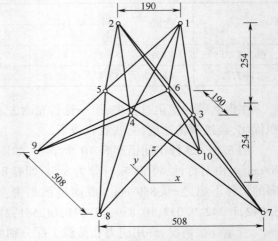

图 5.16　25 杆桁架最优拓扑(单位:cm)

讨论:

通过本节的研究可以看出,将两类变量分离考虑,尽管将问题的难度降低了,但由于忽略了截面变量与拓扑变量间的耦合关系,很难求得问题的最优解。在离散变量结构拓扑优化设计中,根据截面变量与拓扑变量均为离散值的特点,将两类变量统一起来作为组合优化问题进行求解,这样充分考虑了截面变量与拓扑变量间的耦合关系,反映了拓扑优化的本质,可以较好地解决"极限应力"、"最优解的奇异性"等困扰结构拓扑优化设计的问题。

5.3　连续体的结构拓扑优化设计

连续体是指满足力学中认为组成固体的物质毫无空隙地充满固体的几何空间的连续性假设的变形固体,在有限元分析中,都是应用二维或三维实体单元进行连续体的网格剖分。由于以下几个原因使得在连续体结构的拓扑优化问题中不能再应用"基结构"模型:①连续体没有结构拓扑图中明显的"顶点"和"边",无法构建连续体的"基结构";②物质连续、致密地充满实体空间,即使在有限元模型中,节点也只是和相关单元的节点有连接关系,和其余节点是不会有连接关系的;③在有限元模型中,构成连续体结构的最基本单位是单元,单元的各条边是依附于单元的,因而不能通过增、删连接各节点的边而改变拓扑结构;④其拓扑结构的不同体现在各节点和相关单元的连接关系(这种连接关系可以用节点与相关单元的边的集合来表示)不同上,这些拓扑结构就体现在实体结构具有不同的孔、洞的集合形式。

连续体结构的拓扑优化问题,本质上是一种 0-1 离散变量的组合问题,由于数学模型中目标函数与约束函数的不连续性,使得优化问题成为不可微和非凸的优化模型。常用的基于连续变量的优化算法很难应用。分支定界法、进化结构法、模拟退火法和基因遗传等传统的离散变量的组合优化算法具有全局寻优能力,但在求解具有大量设计变量的结构拓扑优化问题时易出现"组合爆炸"问题。为了克服离散变量优化模型的求解困难,将基于连续变量的导数优化算法应用于优化中,常将离散变量的优化问题松弛为一个连续变量的优化问题,用连续变量的优化模型代替原来离散变量的设计模型。这样连续设计变量可以取 0 和 1 之间的中间密度值,优化结构中将会出现中间密度材料,工程中应该避免,可采用各种惩罚措施来压缩中间密度材料,主要有显式和隐式两类惩罚方法。显式方法直接惩罚单元的中间密度,如直接在优化的目标函数中增加对中间密度的惩罚项或将惩罚项作为一个单独的约束函数。隐式方法主要有均匀化方法和变密度法。

目前常用的连续体结构拓扑优化设计方法有均匀化方法和变密度方法,另外,ICM 方法在连续体结构拓扑优化设计中也取得了很好的效果。

均匀化方法假定连续体结构可以用均质的宏观材料和非均质的具有周期性分布的细观结构描述,细观结构是由单胞结构在细观尺度上周期性重复而形成的,这种周期性的重复导致了材料的高度异质性,均匀化方法用细胞和宏观两种尺度之比作为小参数,用数学中基于渐进展开的奇异摄动技术将原问题的力学量化为互不耦合的细观问题和宏观问题,它不用详尽表示域中各点的材料属性而以一种近似的方法求解材料的弹性模量。

变密度方法以连续变量的密度函数形式显式地表达单元相对密度与弹性模量之间的对应关系,这种方法基于各向同性材料,不需引入微结构和附加的均匀化过程,它以每个单元的相对密度作为设计变量,人为假定相对密度和材料弹性模量之间的某种对应关系,程序实现简单,计算效率高。变密度法中所指的密度是反应材料密度和材料特性之间对应关系的一种伪密度。变密度法中常见的插值模型:固体各向同性惩罚微结构模型(SIMP)、材料属性的合理近似模型(RAMP)。SIMP 和 RAMP 通过引进惩罚因子对中间密度值进行惩罚,使中间密度值向 0/1 两端聚集,使连续变量的拓扑优化模型很好地逼近 0-1 离散变量的优化模型,这时中间密度单元对应一个很小的弹性模量,对结构刚度矩阵的影响将变得很小[13]。

ICM(independent,continuous,mapping)方法意为独立连续映射。"独立"及"连续"是指拓扑变量独立于低层次变量且为区间[0,1]上的连续值,即在 ICM 方法中定义了独立连续的拓扑变量;"映射"是指通过映射及反演的过程,使独立连续的拓扑变量逼近离散拓扑变量,完成拓扑变量"离散—连续—离散"的转化。ICM 方法将拓扑变量从依附于截面、厚度等低层次变量中抽象出来,使之成为独立的层次;用 {0,1} 之间的连续变量代替 0,1 离散变量,从而避免了离散优化的困难;用磨光函数对拓扑变量进行磨光映射,再用过滤函数对拓扑变量进行过滤映射,通过映射反演完成拓扑变量"离散—连续—离散"的变化过程,磨光函数及过滤函数可取为幂函数队建立以重量为目标的优化模型,克服了以柔顺度为目标难以处理多工况的不足[14]。

连续体结构拓扑优化设计研究较多的是单工况,而工程实际问题多是多工况情况,这就使得研究多工况情况下连续体结构拓扑优化设计问题具有很大的必要性。

5.3.1　均匀化方法

基于均匀化方法的连续体结构拓扑优化的基本思想是:在组成拓扑结构的材料中引入细观结构,以宏观结构单元模型对设计区域进行有限元离散划分,用周期性细观结构来描述宏观单元,优化过程中以细观结构的几何尺寸作为设计变量,把弹性模量、材料密度等参量表示成细观结构几何尺寸变量的函数。平面问题设计域和微结构的示意图分别如图 5.17、图 5.18 所示。单位晶胞结构由边长为 1 的正方形内部嵌套边长分别为 a 和 b 的长方形组成,θ 为晶胞局部坐标与优化域全局坐标的夹角。当 a 和 b 的取值都为 0 时,表明该晶胞内部充满材料,为实体区域,当 a 和 b 都为 1,表明该晶胞内部没有材料,为空穴。

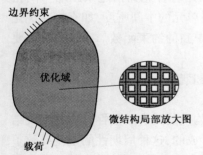

图 5.17　二维设计域及局部放大图

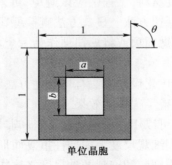

图 5.18　二维微结构示意图

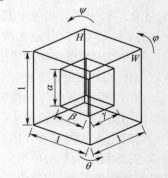

图 5.19　三维微结构示意图

对于图 5.17 所示的二维弹性问题,胞元的应力与应变矩阵可以表示为:

$$\begin{Bmatrix} \sigma_{11} \\ \sigma_{22} \\ \sigma_{12} \end{Bmatrix} = \begin{bmatrix} D_{11} & D_{12} & 0 \\ D_{21} & D_{22} & 0 \\ 0 & 0 & D_{66} \end{bmatrix} \begin{Bmatrix} \varepsilon_{11} \\ \varepsilon_{22} \\ \varepsilon_{12} \end{Bmatrix} \tag{5.31}$$

式中　σ_{ij}——应力；

　　　ε_{ij}——应变；

　　　D_{ij}——材料的刚度矩阵。

如图 5.18 所示，微观胞元的计算域为 Y，胞元的刚度矩阵是其参数 a、b 和 θ 的函数：

$$D = D(a,b,\theta) \tag{5.32}$$

对参数 a、b 的依赖可以通过渐进均匀化理论来解决，当晶胞局部坐标与全局坐标方向不一致，存在夹角 θ 时，可以通过相应的旋转矩阵来进行转换：

$$D = R(\theta)^{\mathrm{T}} D^{\mathrm{H}}(a,b) R(\theta) \tag{5.33}$$

式中　$R(\theta)$——角度变化矩阵。

$$R(\theta) = \begin{bmatrix} \cos^2\theta & \sin^2\theta & \cos\theta\sin\theta \\ \sin^2\theta & \cos^2\theta & -\cos\theta\sin\theta \\ -2\cos\theta\sin\theta & 2\cos\theta\sin\theta & \cos^2\theta - \sin^2\theta \end{bmatrix} \tag{5.34}$$

胞元的密度函数同样是 a、b 的函数

$$\rho = \rho(a,b) = (1-ab)\rho_s \tag{5.35}$$

式中　ρ_s——实体材料的密度。

将均匀化方法应用于拓扑优化中时，结构胞元中一般不存在内力边界，当不考虑体力项的影响时，结构胞元的宏观平衡方程可写为：

$$\int_{\Omega} E_{ijkl}^{H} \frac{\partial u_k^0}{\partial x_l} \frac{\partial v_i}{\partial x_j} \mathrm{d}\Omega = \int_{\Gamma_i} t_i v_i \mathrm{d}\Gamma \tag{5.36}$$

式中　t_i——作用在边界上的外力；

　　　E_{ijkl}^{H}——均匀化弹性张量，可表示为：

$$E_{ijkl}^{H}(x) = \frac{1}{|Y|} \int_Y \left(E_{ijkl} - E_{ijpq} \frac{\partial x_p^{kl}}{\partial y_q} \right) \mathrm{d}Y \tag{5.37}$$

式中　x_p^{kl}——特征变形量，可由式（5.38）求出。

$$\int_Y E_{ijpq} \frac{\partial x_p^{kl}}{\partial y_q} \frac{\partial v_i(y)}{\partial y_j} \mathrm{d}Y = \int_Y E_{ijkl} \frac{\partial v_i(y)}{\partial y_j} \mathrm{d}Y \qquad \forall v \in V_Y \tag{5.38}$$

式中　$|Y|$——胞元体积。

当 $k=1,l=1$ 时

$$\int_Y \left[\left(E_{1111} \frac{\partial x_1^{11}}{\partial y_1} + E_{1122} \frac{\partial x_2^{11}}{\partial y_2} \right) \frac{\partial v_1}{\partial y_1} + E_{1212}\left(\frac{\partial x_1^{11}}{\partial y_2} + \frac{\partial x_2^{11}}{\partial y_1} \right)\left(\frac{\partial v_1}{\partial y_2} + \frac{\partial v_2}{\partial y_1} \right) \right.$$
$$\left. + \left(E_{1122} \frac{\partial x_1^{11}}{\partial y_1} + E_{2222} \frac{\partial x_2^{11}}{\partial y_2} \right) \frac{\partial v_2}{\partial y_2} \right] \mathrm{d}Y \tag{5.39}$$
$$= \int_Y \left(E_{1111} \frac{\partial v_1}{\partial y_1} E_{1122} \frac{\partial v_2}{\partial y_2} \right) \mathrm{d}Y \quad \forall v \in V_Y$$

$$E_{1111}^{H} = \frac{1}{|Y|} \int_Y \left(E_{1111} - E_{1111} \frac{\partial x_1^{11}}{\partial y_1} - E_{1122} \frac{\partial x_2^{11}}{\partial y_2} \right) \mathrm{d}Y \tag{5.40}$$

为简化起见，取 $x_1^{11} = \phi_1$，$x_2^{11} = \phi_2$，则式（5.39）、式（5.40）可以简写为

$$\int_Y \left[\left(D_{11} \frac{\partial \phi_1}{\partial y_1} + D_{12} \frac{\partial \phi_2}{\partial y_2} \right) \frac{\partial v_1}{\partial y_1} + D_{66} \left(\frac{\partial \phi_1}{\partial y_2} + \frac{\partial \phi_2}{\partial y_1} \right) \left(\frac{\partial v_1}{\partial y_2} + \frac{\partial v_2}{\partial y_1} \right) \right.$$
$$\left. + \left(E_{1122} \frac{\partial x_1^{11}}{\partial y_1} + E_{2222} \frac{\partial x_2^{11}}{\partial y_2} \right) \frac{\partial v_2}{\partial y_2} \right] \mathrm{d}Y = \int_Y \left(D_{11} \frac{\partial v_1}{\partial y_1} D_{12} \frac{\partial v_2}{\partial y_2} \right) \mathrm{d}Y \quad \forall v \in V_Y \tag{5.41}$$

$$D_{11}^H = \frac{1}{|Y|} \int_Y \left(E_{1111} - E_{1111} \frac{\partial \phi_1}{\partial y_1} - E_{1122} \frac{\partial \phi_2}{\partial y_2} \right) \mathrm{d}Y \tag{5.42}$$

定义

$$\varepsilon(v) = \left\{ \begin{array}{c} \dfrac{\partial v_1}{\partial y_1} \\[2mm] \dfrac{\partial v_2}{\partial y_2} \\[2mm] \dfrac{\partial v_1}{\partial y_2} + \dfrac{\partial v_2}{\partial y_1} \end{array} \right\}, \varepsilon(\phi) = \left\{ \begin{array}{c} \dfrac{\partial \phi_1}{\partial y_1} \\[2mm] \dfrac{\partial \phi_2}{\partial y_2} \\[2mm] \dfrac{\partial \phi_1}{\partial y_2} + \dfrac{\partial \phi_2}{\partial y_1} \end{array} \right\} \tag{5.43}$$

$$D = [d_1, d_2, d_3] \tag{5.44}$$

式中　d_1, d_2, d_3——弹性矩阵 D 的列阵,即

$$d_1 = \left\{ \begin{array}{c} D_{11} \\ D_{21} \\ 0 \end{array} \right\}, d_2 = \left\{ \begin{array}{c} D_{12} \\ D_{22} \\ 0 \end{array} \right\}, d_3 = \left\{ \begin{array}{c} 0 \\ 0 \\ D_{66} \end{array} \right\} \tag{5.45}$$

则式(5.41)可以写为

$$\int_Y \varepsilon^{\mathrm{T}}(v) D \varepsilon(\phi) \mathrm{d}Y = \int_Y \varepsilon^{\mathrm{T}}(v) d_1 \mathrm{d}Y \quad \forall v \in V_Y \tag{5.46}$$

采用有限单元法对图 5.18 所示的胞元求解,通过式(5.46)获得位移函数 ϕ 和应变函数 ε (ϕ),则可以求出式(5.47)

$$D_{11}^H = \frac{1}{|Y|} \int_Y [D_{11} - d_1^{\mathrm{T}} \varepsilon(\phi)] \mathrm{d}Y \tag{5.47}$$

当 $k=2, l=2$ 时

$$\int_Y \left[\left(E_{1111} \frac{\partial x_1^{22}}{\partial y_1} + E_{1122} \frac{\partial x_2^{22}}{\partial y_2} \right) \frac{\partial v_1}{\partial y_1} + E_{1212} \left(\frac{\partial x_1^{22}}{\partial y_2} + \frac{\partial x_2^{22}}{\partial y_1} \right) \left(\frac{\partial v_1}{\partial y_2} + \frac{\partial v_2}{\partial y_1} \right) \right.$$
$$\left. + \left(E_{2211} \frac{\partial x_1^{22}}{\partial y_1} + E_{2222} \frac{\partial x_2^{22}}{\partial y_2} \right) \frac{\partial v_2}{\partial y_2} \right] \mathrm{d}Y = \int_Y \left(E_{1122} \frac{\partial v_1}{\partial y_1} E_{2222} \frac{\partial v_2}{\partial y_2} \right) \mathrm{d}Y \tag{5.48}$$
$$\forall v \in V_Y$$

$$E_{1122}^H = \frac{1}{|Y|} \int_Y \left(E_{1122} - E_{1111} \frac{\partial x_1^{22}}{\partial y_1} - E_{1122} \frac{\partial x_2^{22}}{\partial y_2} \right) \mathrm{d}Y \tag{5.49}$$

取 $x_1^{22} = \varphi_1, x_2^{22} = \varphi_2$,则可以得

$$\int_Y \varepsilon^{\mathrm{T}}(v) D \varepsilon(\phi) \mathrm{d}Y = \int_Y \varepsilon^{\mathrm{T}}(v) d_2 \mathrm{d}Y \quad \forall v \in V_Y \tag{5.50}$$

$$D_{22}^H = \frac{1}{|Y|} \int_Y [D_{22} - d_2^{\mathrm{T}} \varepsilon(\phi)] \mathrm{d}Y \tag{5.51}$$

$$D_{12}^{\mathrm{H}} = \frac{1}{\mid Y \mid} \int_{Y} [\, D_{12} - d_{1}^{\mathrm{T}} \varepsilon(\phi) \,] \mathrm{d}Y \tag{5.52}$$

当 $k = 1, l = 2$ 时

$$\int_{Y} \left[\left(E_{1111} \frac{\partial x_{1}^{12}}{\partial y_{1}} + E_{1122} \frac{\partial x_{2}^{12}}{\partial y_{2}} \right) \frac{\partial v_{1}}{\partial y_{1}} + E_{1212} \left(\frac{\partial x_{1}^{12}}{\partial y_{2}} + \frac{\partial x_{2}^{12}}{\partial y_{1}} \right) \left(\frac{\partial v_{1}}{\partial y_{2}} + \frac{\partial v_{2}}{\partial y_{1}} \right) \right.$$
$$\left. + \left(E_{1122} \frac{\partial x_{1}^{12}}{\partial y_{1}} + E_{2222} \frac{\partial x_{2}^{12}}{\partial y_{2}} \right) \frac{\partial v_{2}}{\partial y_{2}} \right] \mathrm{d}Y = \int_{Y} \left(E_{1212} \left(\frac{\partial v_{1}}{\partial y_{2}} + \frac{\partial v_{2}}{\partial y_{1}} \right) \right) \mathrm{d}Y \tag{5.53}$$

$$\forall v \in V_{Y}$$

$$E_{1212}^{\mathrm{H}} = \frac{1}{\mid Y \mid} \int_{Y} \left[E_{1212} \left(1 - \frac{\partial x_{1}^{12}}{\partial y_{1}} - \frac{\partial x_{2}^{12}}{\partial y_{2}} \right) \right] \mathrm{d}Y \tag{5.54}$$

取 $x_{1}^{12} = \theta_{1}, x_{2}^{12} = \theta_{2}$,则可以得

$$\int_{Y} \varepsilon^{\mathrm{T}}(v) D \varepsilon(\theta) \mathrm{d}Y = \int_{Y} \varepsilon^{\mathrm{T}}(v) d_{3} \mathrm{d}Y \quad \forall v \in V_{Y} \tag{5.55}$$

$$D_{66}^{\mathrm{H}} = \frac{1}{\mid Y \mid} \int_{Y} [\, D_{66} - d_{3}^{\mathrm{T}} \varepsilon(\phi) \,] \mathrm{d}Y \tag{5.56}$$

将均匀化理论应用到二维连续体结构拓扑优化中,数值计算上采用有限单元法,以板壳单元来离散优化域,以每个单元作为微结构,微结构的结构参数 a, b, θ 为优化变量,这样每个单元具有三个优化变量。假设微结构的实体部分为各向同向材料,由于单元微结构中存在矩形孔洞使得单元整体变成正交各向异性的。根据均匀化理论,单元的刚度矩阵为优化变量 $a, b,$ θ 的函数,考虑到单元微结构局部坐标与全局坐标夹角 θ,单元刚度矩阵可以表示为:

$$D_{\mathrm{E}} = D_{\mathrm{E}}(a, b, \theta) = R_{\mathrm{E}}(\theta)^{\mathrm{T}} D_{\mathrm{E}}^{\mathrm{H}}(a, b) R_{\mathrm{E}}(\theta) \tag{5.57}$$

式中　$R_{\mathrm{E}}(\theta)$——单元刚度旋转矩阵;

　　　$D_{\mathrm{E}}^{\mathrm{H}}(a, b)$——局部坐标系下单元刚度矩阵,可以通过式(5.47)、式(5.51)、式(5.52)和式(5.56)来计算获得。

优化过程中单元等效弹性模量随着优化变量的改变而发生变化,从而导致单元刚度矩阵和总体刚度矩阵的变化,调节总体结构的刚度。基于均匀化方法的结构柔度最小化的拓扑优化模型可以描述为:

$$\min \; F^{\mathrm{T}} U$$

$$\mathrm{s.\,t.} \begin{cases} \sum_{i=1}^{n} v_{i} \leqslant V^{*} & i = 1, 2, \cdots, n \\ K(\alpha) U = F & \alpha = (a_{1}, b_{1}, \theta_{1}, \cdots, a_{n}, b_{n}, \theta_{n}) \\ 0 \leqslant a_{i} \leqslant l & i = 1, 2, \cdots, n \\ 0 \leqslant b_{i} \leqslant l & i = 1, 2, \cdots, n \\ -\dfrac{\pi}{2} \leqslant \theta_{i} \leqslant \dfrac{\pi}{2} & i = 1, 2, \cdots, n \end{cases} \tag{5.58}$$

式中　F——载荷向量;

　　　U——节点位移向量;

　　　v_{i}——第 i 个单元体积;

n——有限元模型中单元数目；

V^*——规定的材料体积数；

$K(\alpha)$——系统总体刚度矩阵；

l——单元尺寸。

从以上的公式中可以看出，基于均匀化的连续体结构拓扑优化通过引入微结构，将拓扑优化变量降级为尺寸优化变量，从而达到能够利用成熟的尺寸优化理论来求解的目的。基于均匀化理论的连续体结构拓扑优化方法求解的关键在于单元等效刚度矩阵，虽然具有坚实的理论基础，但单元刚度矩阵计算量很大。在优化过程中，采用有限单元法来离散优化域时，对于二维连续体结构，每个单元对应 3 个优化变量，如图 5.18 所示；对于三维连续体结构，每个单元则对应 6 个优化变量，如图 5.19 所示，总体结构优化变量数目巨大，灵敏度计算量大且复杂。因而基于均匀化方法的连续体结构拓扑优化方法由于受到计算规模的限制，很难推广到大规模优化问题求解中。

5.3.2　变密度方法

基于变密度法的连续体结构拓扑优化方法采用有限单元法对连续体结构进行离散，以连续变量的密度插值函数形式显式地表达了单元的相对密度与材料弹性模量之间的对应关系，以每个单元的相对密度作为优化变量，优化过程中每个单元对应一个优化变量，通过改变优化变量的取值，结构中单元的弹性模量发生变化，从而调节结构总体刚度矩阵的变化，使结构中材料布局趋于最优。Bendsoe 和 Sigmund 从理论上证明了这种属性随单元相对密度变化而变化的材料在理论上是允许存在的。

1. 拓扑优化中材料插值模型

目前基于变密度法的连续体结构拓扑优化方法中主要存在两种密度插值数学模型：

（1）SIMP（Solid Isotropic Material with Penalization）材料插值模型

$$E^p(x_i) = E^{\min} + x_i^p(E^0 - E^{\min}) \tag{5.59}$$

令 $\Delta E = E^0 - E^{\min}$，则上式可以表示为

$$E^p(x_i) = E^{\min} + x_i^p \Delta E \tag{5.60}$$

（2）RAMP（Rational Approximation of Material Properties）材料插值模型

$$E^p(x_i) = E^{\min} + \frac{x_i}{1 + p(1 - x_i)}\Delta E \tag{5.61}$$

式中，E^p 表示插值以后的弹性模量；E^0 和 $E^{\min}$ 分别为实体和孔洞部分材料的弹性模量。当第 i 单元的相对密度 x_i 为 1 时，则表示该单元处于实体材料，当 x_i 为 0 时，表示为空域。通过引入惩罚因子 p，使中间密度值向两端聚集，使连续变量的拓扑优化模型很好地逼近离散变量的优化模型。本书只简单介绍基于 SIMP 模型的变密度方法。

2. 优化算法

对于结构拓扑优化设计，常用的优化算法有优化准则法和数学规划法。

优化准则法是从一个初始设计 x^k 出发，着眼于每次迭代中满足的优化条件，按照迭代公式

$$x^{k+1} = C^k x^k \tag{5.62}$$

来得到一个改进的 x^{k+1}，而无需再考虑目标函数和约束条件的信息状态。

数学规划法也是从一个设计点 x^k 出发,对结构进行分析,但是按照

$$x^{k+1} = x^k + \Delta x^k \tag{5.63}$$

来获得一个改进的设计 x^{k+1}。目前在结构拓扑优化领域应用广泛的主要有移动渐进线法(MMA)和序列凸规划法(SCP)。

优化准则法是基于直觉的准则法,是把数学中最优解应满足的 K-T 条件作为最优结构应满足的准则,用优化准则来更新设计变量和拉格朗日乘子。与传统的满应力设计等准则设计方法不同的是,在优化准则方法中,由于准则方程是目标函数梯度和所有约束函数梯度的线性组合,所以它已经失去了原来满应力类设计与目标函数无关的特点,而具有数学规划法的性质。

对于优化问题:

$$\min f(\boldsymbol{x})$$
$$\text{s. t.} \begin{cases} f_j \leqslant \bar{f}_j & j = 1,2,\cdots,m \\ x_{i\min} \leqslant x_i \leqslant x_{i\max} & i = 1,2,\cdots,n \end{cases} \tag{5.64}$$

式中　$f(\boldsymbol{x})$ ——目标函数;

　　　f_j ——约束函数;

　　　m ——约束函数的个数;

　　　n ——优化变量的个数;

　$x_{i\min}, x_{i\max}$ ——优化变量取值的上、下界。

对应优化问题式(5.64)建立的拉格朗日函数表示为:

$$L = f + \sum_{j=1}^{m} \lambda_j(f_j - \bar{f}_j) + \sum_{i=1}^{n} \lambda_{2i}(x_{i\min} - x_i) + \sum_{i=1}^{n} \lambda_{3i}(x_i - x_{i\max}) \tag{5.65}$$

问题的 K-T 条件可以写为:

$$\frac{\partial f}{\partial x_i} + \sum_{j=1}^{m} \lambda_i \frac{\partial f_j}{\partial x_i} \begin{cases} = 0 & \text{if} \quad x_{i\min} \leqslant x_i \leqslant x_{i\max} \\ \geqslant 0 & \text{if} \quad x_i = x_{i\min} \\ \leqslant 0 & \text{if} \quad x_i = x_{i\max} \end{cases}$$
$$\lambda_j(f_j - \bar{f}_j) = 0$$
$$\lambda_j \geqslant 0 \qquad j = 1,2,\cdots,m \tag{5.66}$$

对优化变量采用准则法来更新

$$x_i^{k+1} = c_i^k x_i^k \tag{5.67}$$

根据相应的准则来确定迭代算子 c_i^k。

移动渐进线法(MMA)对结构响应函数在当前设计点处进行一阶倒变量泰勒展开,通过近似的方法将非线性优化问题线性化,将隐式问题变为一系列凸显式子问题来求解,每个显式子问题都是对原问题的一个凸近似。显式子问题的形式由一些半经验公式来确定。MMA 算法中采用了倒变量近似,并对凸线性化近似中的中间变量做了一些调整,使得近似问题的凸性度可以随着分析问题的变化而变化,从而比较准确地逼近原函数。

对于式(5.64)的优化问题,通常情况下约束函数 f_j 是优化变量的隐式函数,在移动渐进线方法中采用显式函数 $\bar{f}_j^k$ 来近似隐式约束函数 f_j,则原来的优化问题可以改写为:

$$\min f(\boldsymbol{x})$$

$$\text{s. t.} \begin{cases} \bar{f}_j^k \leqslant \bar{f}_j & j = 1, 2, \cdots, m \\ x_{i\min} \leqslant x_i \leqslant x_{i\max} & i = 1, 2, \cdots, n \end{cases} \tag{5.68}$$

式中　k——迭代次数。

$$\bar{f}_j^k = \sum_{i=1}^n \left(\frac{p_{ji}}{x_{i\min} - x_i} + \frac{q_{ji}}{x_i - x_{i\min}} \right) + r_j \tag{5.69}$$

$$\text{if} \quad \frac{\partial \bar{f}_j^k}{\partial x_i} > 0 \quad \text{at} \quad x^k \quad \text{then} \quad p_{ji} = (x_{i\min} - x_i^k)^2 \frac{\partial \bar{f}_j^k}{\partial x_i} \wedge q_{ji} = 0 \tag{5.70}$$

$$\text{if} \quad \frac{\partial \bar{f}_j^k}{\partial x_i} < 0 \quad \text{at} \quad x^k \quad \text{then} \quad q_{ji} = (x_i^k - x_{i\min})^2 \frac{\partial \bar{f}_j^k}{\partial x_i} \wedge p_{ji} = 0 \tag{5.71}$$

相对于移动渐进线法,优化准则法的突出特点是计算过程对设计变量修改较大,因而收敛速度快,迭代次数少且与结构大小及复杂程度无关,对约束简单、具有大量的优化变量的结构拓扑优化问题具有较高的优化效率。

3. 优化终止准则

通常采用的迭代计算终止准则主要有以下三种形式:

(1)点距准则。相邻两迭代点间 X^k 和 X^{k+1} 的距离已达到充分小,即:

$$\| X^{k+1} - X^k \| \leqslant \varepsilon_1 \tag{5.72}$$

或向量 X^k、X^{k+1} 的各分量的最大移动距离已达到充分小:

$$\max\{ | x_i^{k+1} - x_i^k |, i = 1, 2, \cdots, n \} \leqslant \varepsilon_2 \tag{5.73}$$

(2)函数下降量准则。相邻两迭代点的函数值下降量已达到充分小,即:

$$| f(X^{k+1}) - f(X^k) | \leqslant \varepsilon_3 \tag{5.74}$$

(3)梯度准则。目标函数在迭代点的梯度已达到充分小,即:

$$\| \nabla f(X^k) \| \leqslant \varepsilon_4 \tag{5.75}$$

以上常用的三种形式的迭代终止准则都在一定程度上反映了达到最优点的程度,但各自也具有一定的局限性。如仅使用梯度准则作为迭代终止的条件,则有可能结束在鞍点上;而单独使用点距准则,则遇到函数曲面很陡峭的时候,可能造成迭代过早地结束;只使用函数下降准则,则遇到函数曲面平坦时,也会过早结束。因而在实际使用过程中,一般采用点距准则和函数下降量准则组合的方式。

4. 连续体结构拓扑优化基本流程

基于 SIMP 和优化准则法的连续体结构拓扑优化基本步骤如下:

(1)采用有限单元法离散优化域,并对各个单元的材料参数赋初值;

(2)计算结构的柔度及相关的灵敏度;

(3)计算拉格朗日乘子;

(4)采用优化准则法进行优化变量的更新;

(5)检查优化结果的收敛性;

(6)输出优化变量、目标函数和优化结果。

5. 3. 3　ICM 方法

ICM 方法意为独立连续映射。"独立"及"连续"是指拓扑变量独立于低层次变量且为区间$[0,1]$上的连续值,即在 ICM 方法中定义了独立连续的拓扑变量;"映射"是指通过映射及反演的过程,使独立连续的拓扑变量逼近离散拓扑变量,完成拓扑变量"离散—连续—离散"的转化。

1. 映射反演过程

在传统的结构拓扑优化中,一个物理量(如杆件的截面积、板的厚度或单元的材料密度等)在变化中无论怎么小,只要不等于零,就认为其拓扑量为 1;此物理量达到零时,拓扑变量突然变为零,这种传统的物理量与拓扑变量的关系可以用阶跃函数描述(如图 5.20 所示)

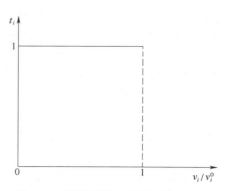

$$t_i = \begin{cases} 1 & v_i/v_i^0 \in (0,1] \\ 0 & v_i/v_i^0 = 0 \end{cases} \quad (5.76)$$

式中　v_i——物理量,可以是单元的重量 w_i,单元刚度阵 k_i 或单元质量阵 m_i;

图 5.20　阶跃函数与传统拓扑变量

　　　　v_i^0——固有物理量,可以是单元的固有重量 w_i^0,单元固有刚度阵 k_i^0 或单元固有质量阵 m_i^0。

然而,阶跃函数在 $v_i/v_i^0 = 0$ 点不连续,这种不连续性使得在优化中不能使用基于连续函数理论的优化算法,为此,引入磨光函数将阶跃函数连续可导化。取磨光函数为幂函数 $t_i = p(v_i/v_i^0) = (v_i/v_i^0)^{1/n}$,当 n 取大于等于 2 的整数时,磨光函数满足连续性、可微性及 0→1 逼近性特点,且随着 n 的取值增大,磨光函数对阶跃函数的逼近越好(见图 5.21)。通过用磨光函数逼近阶跃函数,拓扑变量由离散值 0 或 1 拓展到区间$[0,1]$上的连续值,使得拓扑变量与各物理量间的函数关系由不连续、不可导成为连续可导。

拓扑变量取中间值时反映出对应子域"有"与"无"的接近程度,也识别出子域结构各物理量的大小。阶跃函数的逆映射中拓扑变量只取 0 或 1,如图 5.22 所示,因而需要一个函数逼近阶跃函数的逆映射,使得拓扑值取中间值时也能识别出各物理量的大小。这一函数很自然地应取为磨光函数的反函数 $v_i/v_i^0 = f(t_i) = (t_i)^n$,对应拓扑变量 t_i,$f(t_i)$ 反应出对应子域的各物理量对"物理量固有值"与"零"的接近程度。

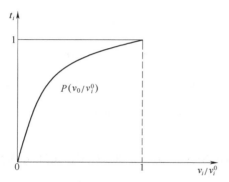

图 5.21　磨光函数与独立连续拓扑变量

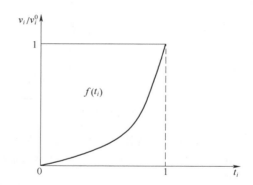

图 5.22　作为磨光函数反函数的过滤函数

　　磨光函数在逼近阶跃函数过程中使拓扑值由 0 或 1 的离散值自然扩展到区间[0,1]的连续值,这一过程为"离散—连续"映射过程,称为磨光映射。拓扑变量连续化后,就可以对结构拓扑问题重新建构,然后求解得到最优的拓扑值 t^*。但这不是传统的 0 或 1 的离散型变量,于是产生了根据区间[0,1]上的实数判断哪些单元应当保留与删除。由于磨光函数的反函数是对阶跃函数逆映射的逼近,所以可以用磨光函数的反函数识别出来的物理量,按某准则将区间[0,1]上的实数离散为 0 或 1,故此,磨光函数的反函数称为过滤函数。这个用过滤函数逼近阶跃函数的逆映射并按准则对区间[0,1]上的实数 t 离散的过程为"连续—离散"的映射过程,是磨光映射的逆映射,称为过滤映射。

　　映射反演的关系如图 5.23 所示,依据不同类型的问题,这种映射反演过程可以每次迭代都应用,也可以只在建模开始用一次磨光映射,在得到最优点后用一次过滤映射。

　　2. 过滤函数的选取

　　将拓扑变量由离散变量扩展为 0 到 1 区间上的连续变量,各单元重量、单元刚度阵及单元质量阵与拓扑设计变量间的关系分别用不同的过滤函数进行识别如下

$$w_i = f_w(t_i) w_i^0, k_i = f_k(t_i) k_i^0, m_i = f_m(t_i) m_i^0 \tag{5.77}$$

其中 3 个过滤函数分别为

$$f_w(t_i) = t^{\alpha_w}, f_k(t_i) = t^{\alpha_k}, f_m(t_i) = t^{\alpha_m} \tag{5.78}$$

　　拓扑优化的实质是寻求最佳传力路径,设计用最少的材料来传递外载的结构,即以最低成本产生最大效益。单元重量可以看成是付出的成本;单元刚度阵及单元质量阵,可以看成的单元重量产生的效益。因此图 5.24 所示的 $f_w(t_i)$ 曲线应当在 $f_k(t_i)$ 与 $f_m(t_i)$ 曲线的上方,意思是:对于相同的拓扑变量,单元的重量较大,但单元刚度阵及单元质量阵较小,即以高的成本产生低的效益;而结构优化的结果是重量最小,这就使得只有少数拓扑变量值接近于 1,也就是说,尽量使大多数拓扑变量变为零,即以最少量的成本来达到一定的效益,实现低成本、高效益的目标。为了避免 $t_i \rightarrow 0$ 时,刚度阵与质量阵不是同阶无穷小,于是取 α_k 与 α_m 相等。

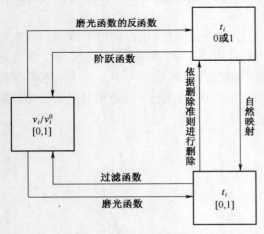

图 5.23　映射反演关系

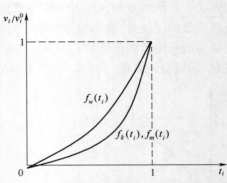

图 5.24　不同物理量的过滤函数图形

　　3. ICM 方法结构拓扑优化建模及求解

　　下面以位移约束下重量最轻为目标的连续体结构拓扑优化为例来说明用 ICM 方法建模及其求解方法。

各单元拓扑设计变量与位移约束的显式关系式由莫尔定理给出

$$u_j = \sum_{i=1}^{N} \int (\sigma_i^{\mathrm{v}})^{\mathrm{T}} \varepsilon_i^{\mathrm{R}} \mathrm{d}v = \sum_{i=1}^{N} (F_i^{\mathrm{v}})^{\mathrm{T}} \delta_i^{\mathrm{R}} \tag{5.79}$$

式中，σ_i^{v}，$\varepsilon_i^{\mathrm{R}}$ 分别是 i 单元同虚、实载荷对应的应力与应变，上标 v 表示 j 号位移对应的虚载荷工况；F_i^{v} 及 δ_i^{R} 为 i 单元在虚工况下的单元节点力向量及在实工况下的单元节点位移向量。

由此定义位移显函数

$$u_j = \sum_{i=1}^{N} \left[(t_i^{(k)})^{\alpha_k} / t_i^{\alpha_k} \right] (F_i^{\mathrm{v}})^{\mathrm{T}} \delta_i^{\mathrm{R}} = \sum_{i=1}^{N} A_{ij} (t_i^{(k)})^{\alpha_k} / t_i^{\alpha_k} = \sum_{i=1}^{N} c_{ij} / t_i^{\alpha_k} \tag{5.80}$$

式中，$t_i^{(k)}$ 为第 k 步迭代时 i 单元对应的拓扑变量值；$A_{ij} = (F_i^{\mathrm{v}})^{\mathrm{T}} \delta_i^{\mathrm{R}}$ 为单元对位移的贡献系数；$c_{ij} = (t_i^{(k)})^b A_{ij}$ 为位移约束方程系数；$J = L \times R$ 为优化模型中位移约束条件总数，L 为工况数，R 为用户定义的位移约束总数。上式中 t_i 取为 $t_i^{(k)}$ 时退回式（5.79），因此上式是位移关于拓扑变量的近似显函数。类似地，借助瑞利商、过滤函数和一阶泰勒展式，将频率约束化为近似显函数

$$\lambda_j = \lambda_j^{(k)} + \sum_{i=1}^{N} 2(U_{ij}^{(k)} - V_{ij}^{(k)}) - \sum_{i=1}^{N} 2(t_i^{(k)})^{\alpha_k} (U_{ij}^{(k)} - V_{ij}^{(k)}) / t_i^{\alpha_k} \tag{5.81}$$

式中　　$\lambda_j^{(k)}$，$U_{ij}^{(k)}$，$V_{ij}^{(k)}$——第 j 阶模态在第 k 次迭代的特征值、i 单元的模态应变能及模态动能。

简谐载荷作用下位移幅值约束用一阶泰勒展式近似

$$A_j = A_j^{(k)} + \sum_{i=1}^{N} (\partial A_j / \partial x_i)(x_i - x_i^k) \tag{5.82}$$

其中，展开点为 $x_i = 1/t_i^{\alpha_k}$，$A_j^{(k)}$ 为位移约束处的位移幅值在第 k 次迭代时的值。由此得到有限元离散后的拓扑优化模型为

$$\min \ W = \sum_{i=1}^{N} t_i^{\alpha_k} w_i^0 \\ \text{s.t.} \ \begin{cases} \sum_{i=1}^{N} c_{ij} / t_i^{\alpha_k} \leqslant u_j & (j = 1, 2, \cdots, J) \\ t_i \leqslant t_i \leqslant 1 & (i = 1, 2, \cdots, N) \end{cases} \tag{5.83}$$

其中 t_i 是第 i 号拓扑变量下限，本来应该为 0，为防止计算中刚度矩阵可能出现奇异，用 0.001 代替它。

令

$$1/t_i^{\alpha_k} = x_i \tag{5.84}$$

则 $t_i = 1/x_i^{1/\alpha_k}$，$t_i^{\alpha_w} = 1/x_i^{\alpha_w/\alpha_k} = 1/x_i^{\alpha}$，其中 $\alpha = \alpha_w / \alpha_k$。

式（5.83）可写为

$$\min \ W = \sum_{i=1}^{N} w_i^0 / x_i^{\alpha} \\ \text{s.t.} \ \begin{cases} \sum_{i=1}^{N} c_{ij} x_i \leqslant u_j & (j = 1, 2, \cdots, J) \\ 1 \leqslant x_i \leqslant \bar{x}_i & (i = 1, 2, \cdots, N) \end{cases} \tag{5.85}$$

式(5.85)为线性约束下目标非线性的数学规划,对目标函数进行二阶泰勒近似并略去常数项得到二次规划模型如式(5.86)所示:

$$\left.\begin{array}{l}\min \ W = \sum_{i=1}^{N}(b_i x_i^2 + a_i x_i)\\[3mm] \text{s. t.} \begin{cases}\sum_{i=1}^{N} c_{ij} x_i \leqslant u_j & (j=1,2,\cdots,J)\\[3mm] 1 \leqslant x_i \leqslant \bar{x}_i & (i=1,2,\cdots,N)\end{cases}\end{array}\right\} \tag{5.86}$$

其中 $b_i = 0.5\alpha(\alpha+1)/(x_i^{(k)})^{\alpha+2}$,$a_i = -\alpha(\alpha+2)/(x_i^{(k)})^{\alpha+1}$,$x_i^{(k)}$ 为第 k 次迭代得到的第 i 个设计变量的值。

　　由于在连续体结构拓扑优化中设计变量数往往比约束数多许多,所以根据对偶理论,将上述规划转化为对偶规划如式(5.87)所示

$$\left.\begin{array}{l}\min \ \boldsymbol{\Phi}(\lambda)\\ \text{s. t.} \ \ \lambda \geqslant 0\end{array}\right\} \tag{5.87}$$

其中:

$$\boldsymbol{\Phi}(\lambda) = \min_{1 \leqslant x_i \leqslant \bar{x}_i}(L(x,\lambda))$$

$$L(x,\lambda) = \sum_{i=1}^{N}(b_i x_i^2 + a_i x_i) + \sum_{j=1}^{J}\lambda_j\Big(\sum_{i=1}^{N} d_{ij} x_i - e_j\Big)$$

对式(5.87)中目标函数用二阶泰勒展式近似,由对偶理论,计算目标函数对设计变量的一、二阶敏度得

$$\partial\boldsymbol{\Phi}(\lambda)/\partial\lambda_j = \sum_{i=1}^{N} c_{ij} x_i^* - u_j \tag{5.88}$$

$$\partial^2\boldsymbol{\Phi}(\lambda)/(\partial\lambda_j\partial\lambda_k) = \sum_{i=1}^{N} c_{ij}\partial x_i^*/\partial\lambda_k \tag{5.89}$$

　　由 K-T 条件有

$$\partial L(x,\lambda)/\partial x_i = 2b_i x_i^* + a_i + \sum_{j=1}^{J}\lambda_j c_{ij} \begin{cases}\leqslant 0 & x_i^* = \bar{x}_i\\ = 0 & 1 \leqslant x_i \leqslant \bar{x}_{ii}\\ \geqslant 0 & x_i^* = 1\end{cases} \tag{5.90}$$

　　令 $I_\alpha = \{i \mid 1 \leqslant x_i^* \leqslant \bar{x}_i\}$($i=1,2,\cdots,N$)为主动变量集,代入上式中第 2 种情况恒等式 $2b_i x_i^*(\lambda) + a_i + \sum_{j=1}^{J}\lambda_j c_{ij} = 0$,两边对 λ_k 求导得

$$2b_i\partial x_i^*/\partial\lambda_k + c_{ik} = 0 \tag{5.91}$$

即

$$\partial x_i^*/\partial\lambda_k = -c_{ik}/(2b_i) \tag{5.92}$$

所以

$$\partial^2\boldsymbol{\Phi}(\lambda)/(\partial\lambda_j\partial\lambda_k) = -\sum_{i\in I_\alpha} c_{ij}c_{ik}/(2b_i) \tag{5.93}$$

　　将 $\boldsymbol{\Phi}(\lambda)$ 二阶近似并略去常数项得如下二次规划模型

$$\left. \begin{array}{ll} \min & \boldsymbol{\varPhi}(\boldsymbol{\lambda}) = \dfrac{1}{2}\boldsymbol{\lambda}^{\mathrm{T}}\boldsymbol{D}\boldsymbol{\lambda} + \boldsymbol{H}^{\mathrm{T}}\boldsymbol{\lambda} \\ \mathrm{s.\,t.} & \boldsymbol{\lambda} \geqslant 0 \end{array} \right\} \tag{5.94}$$

其中：

$$H_j = -\sum_{i=1}^{N} c_{ij}x_i^* + u_j + \sum_{i \in I_\alpha} d_{ij}/(2b_i)(2b_i x_i^* + a_i)$$

$$D_{jk} = -\sum_{i=1}^{N} c_{ij}c_{ik}/(2b_i)$$

解此二次规划,求出 $\boldsymbol{\lambda}$,再由式(5.82)求出 x^*,更新式(5.86),进入下一轮循环,直至

$$\| x^{(k+1)} - x^{(k)} \| / \| x^{(k)} \| \leqslant \varepsilon$$

终止循环换代,此时得到的 x^* 即为式(5.78)的最优解。再由式(5.76)计算得到 t^*,令 $t^{(k+1)} = t^*$,对结构进行修改,进入下一次循环,如此迭代直至满足收敛准则

$$\Delta W = \| W^{(k+1)} - W^{(k)} \| / \| W^{(k+1)} \| \leqslant \varepsilon \tag{5.95}$$

式中 $W^{(k)}$, $W^{(k+1)}$——前轮与本轮迭代的结构总重量;

         ε——收敛精度。

第6章 结构多目标优化设计

6.1 多目标优化设计的概念

在工程实践中,在评价工程设计方案的优劣时,经常会遇到需要考虑多个目标(标准)都尽可能好的问题。例如,设计一种新产品,人们常常希望在一定条件下能选择那种同时是质量好、产量高和利润大的方案,这类在给定条件下同时要求多个目标都尽可能好的最优化问题就是所谓多目标最优化问题。但是实际情况往往是各个分目标之间的优化是矛盾的,甚至完全对立,不能期望其最优点完全相同。

研究多目标最优化问题的学科称为多目标最优化或多目标规划。它是数学规划的一个重要分支。用数学的语言来说,多目标最优化的研究对象是:多于一个的数值目标函数在给定区域上的最优化(极小化或极大化)问题。由于多个数值目标可用一个向量目标表示,因此,多目标最优化有时也叫作向量极值问题。

多目标规划的数学模型为:

$$\min f_1(x_1, x_2, \cdots, x_n)$$
$$\cdots\cdots\cdots\cdots\cdots\cdots$$
$$\min f_r(x_1, x_2, \cdots, x_n)$$
$$\max f_{r+1}(x_1, x_2, \cdots, x_n)$$
$$\cdots\cdots\cdots\cdots\cdots\cdots$$
$$\max f_m(x_1, x_2, \cdots, x_n)$$
$$\text{s. t.} \begin{cases} g_i(x_1, x_2, \cdots, x_n) \leqslant 0 & i=1,2,\cdots,p \\ h_j(x_1, x_2, \cdots, x_n) = 0 & j=1,2,\cdots,q \end{cases} \tag{6.1}$$

表示在满足 q 个等式约束和 p 个不等式约束的条件下,求 r 个数值目标函数极小和 $m-r$ 个数值目标函数极大。

令

$$\max \varphi(x_1, x_2, \cdots, x_n) = \min \left[-\varphi(x_1, x_2, \cdots, x_n) \right]$$

可将多目标优化统一为极小化形式

$$\min f_1(x_1, x_2, \cdots, x_n)$$
$$\cdots\cdots\cdots\cdots\cdots\cdots$$
$$\min f_m(x_1, x_2, \cdots, x_n)$$
$$\text{s. t.} \begin{cases} g_i(x_1, x_2, \cdots, x_n) \leqslant 0 & i=1,2,\cdots,p \\ h_j(x_1, x_2, \cdots, x_n) = 0 & j=1,2,\cdots,q \end{cases} \tag{6.2}$$

由目标函数构成的向量 $F(\boldsymbol{x}) = (f_1(\boldsymbol{x}), f_2(\boldsymbol{x}), \cdots, f_m(\boldsymbol{x}))^{\mathrm{T}}$ 称为向量目标函数;$g_i(x_1, x_2,$

$\cdots,x_n)$ 和 $h_j(x_1,x_2,\cdots,x_n)$ 称为约束函数,称

$$D=\left\{x\in R^n\left|\begin{matrix}g_i(x)\leqslant 0 & i=1,2,\cdots,p\\h_j(x)=0 & j=1,2,\cdots,q\end{matrix}\right.\right\} \tag{6.3}$$

为可行域。多目标优化问题可记为向量形式:

$$\begin{matrix}V\text{-}\min F(x)\\x\in D\end{matrix} \tag{6.4}$$

另外,在很多实际问题中,各目标的量纲一般是不同的,所以有必要把每个目标事先规范化,例如对第 j 个带量纲的目标函数 $f_j(x)$,可令

$$f_j(x)=f_j(x)/f_j \tag{6.5}$$

其中 $f_j=\min\limits_{x\in D}f_j(x)$,这样 $f_j(x)$ 就是规范化的目标了,在以后的叙述中,都假设目标规划问题中的目标函数都已经规范化了。

多目标(向量)优化问题与单目标优化问题的区别在于:

(1)前者是一个向量函数的优化,而后者是一个标量函数的优化;

(2)前者的设计点不一定能比较出优劣,而后者的任意两个设计点都可以比较出优劣;

(3)前者理论上没有最优点,而后者具有理论上的最优解。

由于多目标最优化问题的目标函数(指标)不是单一的,造成最优概念的复杂化。因而产生了各种意义下的"最优"概念。多目标最优化问题的最优解可分为:

(1)绝对最优解

考虑向量数学规划(Vector Mathematical Programming,VMP)问题,设 $x^*\in D$。若对于任意 $x\in D$ 以及 $i=1,2,\cdots,m$,都有

$$f_i(x^*)\leqslant f_i(x) \tag{6.6}$$

成立,则称 x^* 为(VMP)问题的绝对最优解。所有绝对最优解的集合称为(VMP)问题的绝对最优解集,记为 R^*_{ab}。

在实际问题中,大多数情况下绝对最优解不存在,为此在多目标规划中提出了有效解和弱有效解的概念。

(2)有效解

考虑(VMP)问题,设 $x^*\in D$。若不存在 $x\in D$ 使得 $F(x)\leqslant F(x^*)$,则称 x^* 为问题的有效解,又称为 x^* 为 Pareto 最优解(该概念由经济学家 V. Pareto 于 1893 年引入的)。所有有效解的集合称为有效解集,记为 R^*_{pa}。

不难看出,若 $x^*\in R^*_{pa}$,即找不到一个可行解 x,使得 $F(x)=(f_1(x),f_2(x),\cdots f_p(x))^T$ 每一个目标函数都不比 $f(x^*)=(f_1(x^*),f_2(x^*),\cdots,f_m(x^*))^T$ 的相应目标值"坏",并且 $F(x)$ 至少有一个目标值要比 $F(x^*)$ 的相应目标值"好"。也就是说,当 $x^*\in R^*_{pa}$ 时,x^* 在"$\leqslant$"的意义下不能找到另一个可"改进"的可行解。

(3)弱有效解

考虑(VMP)问题,设 $x^*\in D$,若不存在 $x\in D$ 使得 $F(x)<F(x^*)$,则称 x^* 为问题的弱有效解,又称 x^* 为弱 Pareto 最优解。所有弱有效解的集合称为弱有效解集,记为 R^*_{wp}。

不难看出,若 $x^*\in R^*_{wp}$,即找不到一个可行解 x,使得 $F(x)=(f_1(x),f_2(x),\cdots f_p(x))^T$ 每一个目标函数都比 $F(x^*)=(f_1(x^*),f_2(x^*),\cdots,f_m(x^*))^T$ 的相应目标值严格的"好"。也

就是说,当 $x^* \in R^*_{\text{wp}}$ 时,x^* 在"<"的意义下不能找到另一个可"改进"的可行解。

6.2　多目标优化算法

求解(VMP)问题,最好是求出绝对最优解。如果它不存在,应该求出有效解或弱有效解(如果有的话)。求解多目标最优化问题有多种方法,如约束法、分层求解法、功能系数法、评价函数法和逐步法等。其中最基本的方法是评价函数法和分层求解法。

1. 评价函数法

评价函数法基本思想:

根据问题的特点和决策者的意图,构造一个把 m 个目标函数转化为一个数值目标函数——评价函数 $h(f(x))$,然后求解问题

$$\begin{cases} \min h(F(x)) \\ \text{s.t. } x \in D \end{cases} \tag{6.7}$$

用上式的最优解 x^* 作为(VMP)问题的最优解。

选取不同的评价函数对应于不同的解法,从而可以求出在不同意义下的有效解或弱有效解。构造评价函数的方法很多,主要有理想点法、平方和加权法、线性加权法、乘除法、极小-极大法。

(1)理想点法

下面先介绍一下理想点的相关概念。

理想点:设(VMP)问题的各分量目标函数在 D 上的极小点均存在,且

$$f_i^* = f_i(x_i^*) = \min f_i(x), i = 1, 2, \cdots, m \tag{6.8}$$

则称点 $F^* = (f_1^*, f_2^*, \cdots, f_m^*)^{\mathrm{T}}$ 为向量目标函数 $F(x)$ 在空间 R^m 中的理想点。如图 6.1 所示。

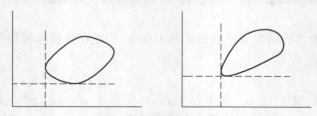

图 6.1　理想点与解集

在以上定义中,当 $x_1^* = \cdots = x_m^*$ 时,对于任意 $x \in D$,都有

$$f_i(x_1^*) \leqslant f_i(x), i = 1, 2, \cdots, m$$

根据定义 x_1^* 是(VMP)问题的绝对最优解。因 $x_1^* \in D$,则理想点 $F^* = (f_1^*(x_1^*), f_2^*(x_1^*), \cdots, f_m^*(x_1^*))^{\mathrm{T}} \in F(D)$,即当 $x_1^* = \cdots = x_m^*$ 时,理想点在象集中,问题已解决。

当 $x_1^*, x_2^*, \cdots, x_m^*$ 不完全相等时,$F(x)$ 的理想点 F^* 不一定在象集 $F(D)$ 中。一个很自然的想法是,在可行域 D 内寻找一点,使它的象 $F(x_s^*)$ 与 F^* "距离"最近,则此时的 x_s^* 是某种意义下的解。因这种方法是使向量目标函数尽可能地逼近理想点,故称为理想点法。

在目标空间 R^m 引进 p 范数

$$u(F) = \| F - F^* \|_p = \left[\sum_{i=1}^m (f_i - f_i^*)^p \right]^{\frac{1}{p}} \tag{6.9}$$

作为评价函数,其中 $1 \leqslant p < +\infty$。

若上述算法中取 $p=2$,即 2—范数的情况,则 $u(F)$ 体现了与理想点的距离,故称为最短距离理想点法,简称最短距离法。

最短距离法的算法:

Step1. 求理想点

求 $f_i^* = f_i(\boldsymbol{x}_i^*) = \min\limits_{\boldsymbol{x} \in D} f_i(\boldsymbol{x})$,$i=1,2,\cdots,m$,得理想点 $F^* = (f_1^*,\cdots,f_m^*)^{\mathrm{T}}$。

Step2. 检验理想点

若 $\boldsymbol{x}_1^* = \cdots = \boldsymbol{x}_m^*$,绝对最优解 $\boldsymbol{x}^* = \boldsymbol{x}_1^*$,计算结束;否则转 Step3。

Step3. 求单目标最优化问题

$$\min_{\boldsymbol{x} \in D} \sqrt{\sum_{i=1}^{m} (f_i(\boldsymbol{x}) - f_i(\boldsymbol{x}_i^*)^2)} \tag{6.10}$$

得最优解 $\boldsymbol{x}_s^*$。

（2）平方和加权法

先求出各个单目标规划问题的一个尽可能好的下界:$f_1^0, f_2^0, \cdots, f_m^0$,即

$$\min_{\boldsymbol{x} \in D} f_i(\boldsymbol{x}) \geqslant f_i^0 \ (i=1,2,\cdots,m) \tag{6.11}$$

然后构造新的评价函数

$$h(\boldsymbol{x}) = h(F(\boldsymbol{x})) = \sum_{i=1}^{m} \lambda_i (f_i(\boldsymbol{x}) - f_i^0)^2 \tag{6.12}$$

其中 $\lambda_1, \lambda_2, \cdots, \lambda_m$ 为选定的一组权系数,它们满足条件

$$\sum_{i=1}^{m} \lambda_i = 1 \ (\lambda_i > 0, i=1,2,\cdots,m) \tag{6.13}$$

再求出问题式(6.7)的最优解 $\boldsymbol{x}^*$ 作为原问题的最优解。权系数 λ_i 的选取方法如下:

①经验法。由相关专家或者研究者根据评价指标的重要性由经验给出。

②数理统计方法。该法利用数理统计方法根据每个指标的贡献率来确定权系数,一般情况下,贡献率越大,权系数也相应较大。

③层次分析法。根据各指标的相对重要性,采用层次分析法确定。

（3）线性加权法

对式(6.2)中的 m 个目标函数 $f_1(\boldsymbol{x}), f_2(\boldsymbol{x}), \cdots, f_m(\boldsymbol{x})$ 按其重要性程度给以适当的权系数

$$\lambda_i \geqslant 0, i=1,2,\cdots,m \tag{6.14}$$

且

$$\sum_{i=1}^{m} \lambda_i = 1 \tag{6.15}$$

然后构造评价函数

$$h(F) = h(F(\boldsymbol{x})) = \sum_{i=1}^{m} \lambda_i f_i(\boldsymbol{x}) \tag{6.16}$$

作为新的目标函数,再求解问题式(6.7)的最优解 $\boldsymbol{x}^*$,以 $\boldsymbol{x}^*$ 作为原问题的最优解。

线性加权法简单易行,计算量小,常常被用于工程实践。

举个简单的线性加权的例子。当 $m=2, n=2$ 时,

$$\min_{[f_1, f_2]^{\mathrm{T}} \in F(D)} (\overline{\lambda}_1 f_1 + \overline{\lambda}_2 f_2) \tag{6.17}$$

式中，$\overline{\lambda}_1 > 0, \overline{\lambda}_2 > 0, \overline{\lambda}_1 + \overline{\lambda}_2 = 1$。目标函数与约束图如图 6.2 所示。我们可以得出存在 $\boldsymbol{x}^* \in D$，使得

$$f_1(\boldsymbol{x}^*) = \overline{f_1}, f_2(\boldsymbol{x}^*) = \overline{f_2} \tag{6.18}$$

易知 $\boldsymbol{x}^*$ 为多目标问题的有效解，即 $\boldsymbol{x}^* \in R_{\mathrm{pa}}^*$。但是当 $\overline{\lambda}_1, \overline{\lambda}_2$ 中有等于零的时候，$\boldsymbol{x}^*$ 可能是弱有效解，如图 6.3 所示。假设 $\overline{\lambda}_1 = 0$ 时，上述情况就会变为

$$\min_{[f_1, f_2]^{\mathrm{T}} \in F(D)} f_2 \tag{6.19}$$

此时若 $\boldsymbol{x}^* \in D$ 满足 $f_1(\boldsymbol{x}^*) = \overline{f_1}, f_2(\boldsymbol{x}^*) = \overline{f_2}$，则有 $\boldsymbol{x}^* \in R_{\mathrm{wp}}^*$。

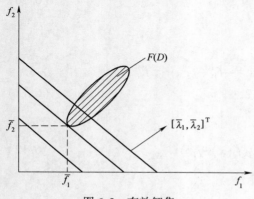

图 6.2　有效解集

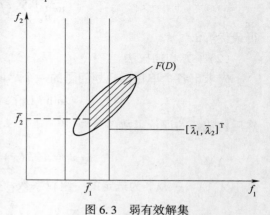

图 6.3　弱有效解集

例 6.1　用线性加权法求解下述问题。

$$\min (x_1 - 1)^2 + (x_2 - 2)^2 + (x_3 - 3)^2$$
$$\min x_1^2 + 2x_2^2 + 3x_3^2$$
$$\mathrm{s.\,t.} \begin{cases} x_1 + x_2 + x_3 = 6 \\ x_1, x_2, x_3 \geqslant 0 \end{cases}$$

权系数为：$\lambda_1 = 0.36, \lambda_2 = 0.64$

解：构造评价函数如下：

$$h(F) = h(F(\boldsymbol{x})) = \sum_{i=1}^{2} \lambda_i f_i(\boldsymbol{x})$$
$$= 0.36[(x_1 - 1)^2 + (x_2 - 2)^2 + (x_3 - 3)^2] + 0.64[x_1^2 + 2x_2^2 + 3x_3^2]$$

利用外点法构造罚函数如下：

$$\phi(x, k^{(k)}) = F(x) + \frac{1}{r^{(k)}} \sum_{u=1}^{p} G[g_u(x)]$$
$$= 0.36[(x_1 - 1)^2 + (x_2 - 2)^2 + (x_3 - 3)^2] + 0.64[x_1^2 + 2x_2^2 + 3x_3^2]$$
$$\frac{1}{r^{(k)}} (x_1 + x_2 + x_3 - 6)^2$$

其中 $r^{(k)}$ 为趋于零的递减数列。

求 $\phi(x,r^{(k)})$ 的极值：

$$\frac{\partial \phi}{\partial x_1} = 0.36 \times 2(x_1-1) + 0.64 \times 2x_1 + \frac{2}{r^{(k)}}(x_1+x_2+x_3-6) = 0$$

$$\frac{\partial \phi}{\partial x_2} = 0.36 \times 2(x_2-1) + 0.64 \times 4x_2 + \frac{2}{r^{(k)}}(x_1+x_2+x_3-6) = 0$$

$$\frac{\partial \phi}{\partial x_3} = 0.36 \times 2(x_3-1) + 0.64 \times 6x_1 + \frac{2}{r^{(k)}}(x_1+x_2+x_3-6) = 0$$

由上面三式求得：

$$x_1 = 1.64x_2 - 0.36$$
$$1.64x_2 = 2.28x_3 - 0.36$$
$$x_1 + x_2 + x_3 = 3.36x_2 - 0.20$$

代入到等式约束条件得

$$x_1 + x_2 + x_3 = 3.36x_2 - 6.20$$

$$0.36(x_2-2) + 0.64 \times 2x_2 + \frac{1}{r^{(k)}}(3.36x_2 - 6.20) = 0$$

求解得：

$$x_2 = \frac{6.20\frac{1}{r^{(k)}} + 0.72}{3.36\frac{1}{r^{(k)}} + 1.64}, \quad 当\ r^{(k)} \rightarrow 0\ 时，\frac{1}{r^{(k)}} \rightarrow \infty，则\ x_2 = 1.84$$

同理求得 $x_1 = 2.67, x_3 = 1.48$。

最优解为 $(x_1^*, x_2^*, x_3^*)^{\mathrm{T}} = (2.67, 1.84, 1.48)^{\mathrm{T}}$。

(4) 乘除法

设对于任意的 $\boldsymbol{x} \in D$，各目标函数值均满足 $f_i(\boldsymbol{x}) > 0 (i=1,2,\cdots,m)$。

将目标函数分为两类：

$$a: f_1(\boldsymbol{x}), f_2(\boldsymbol{x}), \cdots, f_1(\boldsymbol{x}) \rightarrow \min$$
$$b: f_{t+1}(\boldsymbol{x}), f_{t+2}(\boldsymbol{x}), \cdots, f_m(\boldsymbol{x}) \rightarrow \max$$
$$t \in (1, 2, \cdots, m)$$

构造评价函数如下：

$$h(F(\boldsymbol{x})) = \left[\prod_{i=1}^{t} f_i(\boldsymbol{x}) \right] \Big/ \left[\prod_{i=t+1}^{m} f_i(\boldsymbol{x}) \right] \tag{6.20}$$

然后求解式(6.6)，即可得到原问题的最优解。

(5) 极小-极大值法

在进行决策时，通常要考虑保守策略，即要考虑在最不利的情况下找出一个最优的方案，这就是极小-极大值法。按该思想构建的评价函数如下

$$h(F(\boldsymbol{x})) = \max_{1 \leqslant i \leqslant m} f_i(\boldsymbol{x}) \tag{6.21}$$

然后求解问题

$$\begin{cases} \min\ h(F(\boldsymbol{x})) = \min_{\boldsymbol{x} \in D} (\max_{1 \leqslant i \leqslant m} f_i(\boldsymbol{x})) \\ \text{s. t. } \boldsymbol{x} \in D \end{cases} \tag{6.22}$$

得到的最优解 $x^* \in D$ 作为原问题的最优解。

为了在评价函数中反映各个分目标的重要程度,一般考虑式(6.21)更广泛的带权系数的情况。依据此法将极小-极大值法的问题变化为:

$$\min_{x \in D} (\max_{1 \leq i \leq m} \lambda_i f_i(x))$$
$$\lambda_i \geq 0, i = 1, 2, \cdots, m \tag{6.23}$$
$$\sum_{i=1}^{m} \lambda_i = 1$$

在求解上述模型时,通常要对极大值进行选择,然后再进行极小化计算,在实际计算中比较麻烦。为此,我们可以引进一个数值变量 M

$$M = \max_{1 \leq i \leq m} \lambda_i f_i(x) \tag{6.24}$$

这样,式(6.23)就变为求 $\min_{x \in D} M$,并且有

$$\lambda_i f_i(x) \leq M \tag{6.25}$$

于是,求极小-极大值法的问题变化为求解常见的极小值的问题

$$\min M$$
$$\text{s. t.} \begin{cases} x \in D \\ \lambda_i f_i(x) \leq M \\ i = 1, 2, \cdots, m \end{cases} \tag{6.26}$$

求解上式得到的最优解 $x^*(x^* \in D)$ 作为原问题的最优解。

2. 分层求解法

考虑多目标数学模型

$$\begin{cases} \min [f_1(x), f_2(x), \cdots, f_p(x)]^T \\ \text{s. t.} \ x \in D \end{cases}$$

在约束条件下,将各个目标函数按其重要程度进行排序,进行优化时各个分目标函数不是等同的被优化,而是按不同的优先层次先后的进行最优化。

假定目标函数的排序已定:$f_1(x)$ 最重要,$f_2(x)$ 其次,……则可先求出第一个目标函数 $f_1(x)$ 的最优解,问题记为:

$$\begin{cases} \min f_1(x) = f_1^* \\ \text{s. t.} \ x \in D \end{cases} \tag{6.27}$$

再求第二个目标的最优解,即求问题

$$\begin{cases} \min f_2(x) \\ \text{s. t.} \ x \in D \cap \{x | f_2(x) \leq f_1^*\} \end{cases} \tag{6.28}$$

的最优解,其最优值记为 f_2^*。这实际上是在第一个目标的最优解的集合上来求第二个目标 $f_2(x)$ 的最优解。然后再求第三个目标的最优解记为 f_3^*,……直到求解完第 p 个目标的最优解,记为 x^*,则 x^* 就是多目标问题在分层序列下的最优解,$x^* \in R_{pa}^*$。

上述的分层求解法中,对每个目标都进行分层,即每一个优先层只有一个目标极小化问题,对这种分层模式进行求解的方法称为完全分层法。与该方法相对应的是,每一层次已不是求解一个数值极小化问题,而是求解一个多目标极小化问题,并且对每一层次的多目标极小化

都采用评价函数法,这种方法称为分层评价法。分层评价法构造的极小化多目标数学模型如下:

$$\min \left[\lambda_1 F_1(\boldsymbol{x}), \lambda_2 F_2(\boldsymbol{x}), \cdots, \lambda_i F_i(\boldsymbol{x}), \cdots, \lambda_L F_L(\boldsymbol{x}) \right]^{\mathrm{T}}$$

$$\text{s.t.} \begin{cases} \boldsymbol{x} \in D \\ L < p \\ \lambda_i \geq 0, i = 1, 2, \cdots, L, \ \sum_{i=1}^{L} \lambda_i = 1 \end{cases} \tag{6.29}$$

其中 L 为分层总数。$F_i(\boldsymbol{x})$ 一般包含至少一个极小化问题。

(1)对于完全分层法,其求解步骤如下:

①确定初始可行域 D,将 D 作为第一次优化问题的可行域 $D^1:D^1=D$,令 $k=1$。

②在第 k 优化层次的可行域上求解第 k 次优先层次目标函数 $f_k(\boldsymbol{x})$ 的数值极小化问题:

$$\min_{\boldsymbol{x} \in D^k} f_k(\boldsymbol{x}) \tag{6.30}$$

设求得的最优解为 $\boldsymbol{x}^k$ 和最优值 $f_k(\boldsymbol{x}^k)$。

③检验求解的优先层次数:若 $k=m$,则停止迭代,输出 $\boldsymbol{x}^* = \boldsymbol{x}^m$;否则转步骤④。

④建立下一层次的可行域:取第 $k+1$ 次优先层次的可行域为

$$D^{k+1} = \{ \boldsymbol{x} \in D^k | f_k(\boldsymbol{x}) \leq f_k(\boldsymbol{x}^k) \} \tag{6.31}$$

令 $k=k+1$,转入步骤②。

(2)对于分层评价法,其计算步骤如下:

①确定初始可行域 D,将 D 作为第一次优化问题的可行域 $D^1:D^1=D$,令 $k=1$。

②选用评价函数:确定求解第 k 优先层次的评价函数,评价函数构造如下:

$$\phi_k \left[F_k(\boldsymbol{x}) \right] \tag{6.32}$$

③在第 k 优化层次的可行域上求解第 k 次优先层次目标函数 $f_k(\boldsymbol{x})$ 的数值极小化问题:

$$\min_{\boldsymbol{x} \in D^k} \phi_k \left[F_k(\boldsymbol{x}) \right] \tag{6.33}$$

设求得的最优解为 $\boldsymbol{x}^k$ 和最优值 $\phi_k \left[F_k(\boldsymbol{x}^k) \right]$。

④检验求解的优先层次数:若 $k=m$,则停止迭代,输出 $\boldsymbol{x}^* = \boldsymbol{x}^m$;否则转步骤⑤。

⑤建立下一层次的可行域,给出第 k 次优先层次的宽容值,取第 $k+1$ 次优先层次的宽容可行域为

$$D^{k+1} = \{ \boldsymbol{x} \in D^k | \phi_k \left[F_k(\boldsymbol{x}) \right] \leq \phi_k \left[F_k(\boldsymbol{x}^k) \right] \} \tag{6.34}$$

令 $k=k+1$,转入步骤②。

注意:在进行上述完全分层法的求解时,若在某一中间优先层次得到了唯一的解,则下一层次的求解已经没有意义了,特别是第一层的解是唯一解时,更是如此。在出现这种情况时,以后各优先层次的目标函数在问题中就不起任何作用,而这种情况在实际中经常会发生。为了避免发生这种情况,人们对上述分层进行了修正,修正如下:对每一优先层次求解之后的最优值以适当的宽容,取宽容值为 $\varepsilon_1 > 0, \varepsilon_2 > 0, \cdots, \varepsilon_{p-1} > 0$。这种修正了的方法称为宽容完全分层法。利用宽容完全分层法进行求解时,方法与完全分层法类似,逐步求第 1 个,……,第 p 个问题的最优值,不同之处在于把原来的第 k 次分层问题修改为

$$\min f_k(\boldsymbol{x})$$

$$\text{s. t.} \begin{cases} \boldsymbol{x} \in D \cap \{\boldsymbol{x} \mid f_j(\boldsymbol{x}) \leqslant f_j^* + \varepsilon_j\} \\ j = 1, 2, \cdots, k-1 \\ k = 2, 3, \cdots, p \end{cases} \tag{6.35}$$

宽容完全分层法步骤如下：

①确定初始可行域 D，将 D 作为第一次优化问题的可行域 D^1：$D^1 = D$，令 $k=1$。

②在第 k 优化层次的可行域上求解第 k 次优先层次目标函数 $f_k(\boldsymbol{x})$ 的数值极小化问题：

$$\min_{\boldsymbol{x} \in D^k} f_k(\boldsymbol{x})$$

设求得的最优解为 $\boldsymbol{x}^k$ 和最优值 $f_k(\boldsymbol{x}^k)$。

③检验求解的优先层次数：若 $k=m$，则停止迭代，输出 $\boldsymbol{x}^* = \boldsymbol{x}^m$；否则转步骤④。

④建立下一层次的可行域，给出第 k 次优先层次的宽容值，取第 $k+1$ 次优先层次的宽容可行域为

$$D^{k+1} = \{\boldsymbol{x} \in D^k \mid f_k(\boldsymbol{x}) \leqslant f_k(\boldsymbol{x}^k) + \varepsilon_k\}$$

令 $k=k+1$，转入步骤②。

6.3　结构多目标优化设计

本节以汽轮机叶片多目标优化为例介绍结构多目标优化设计的具体过程。

汽轮机叶片是汽轮机中的重要工作部件，由于制造过程的问题或由于不平衡力的作用，叶轮与汽缸会产生相对偏心，使得叶尖间隙沿圆周分布不均匀，并且这种不均匀分布是与转子一道旋转的。由于叶间间隙不均匀，同一级中各叶片上的气动力就不相等，因此，叶片上的周向气动力除合成一个扭矩外，还合成一个作用于转子轴心的横向力。这一横向力随叶轮偏心距的增大而增大，是转子的一个自激激振力，该力引起转子的进动（涡动），在一定条件下会引起转子的失稳。

因此，从汽轮机运行的安全性来说，应当合理地选择汽轮机叶片的参数，使这一激振力越小越好。另一方面，气流通过汽轮机叶片，将气流的动能转化为汽轮机的机械能，并对外做功，汽轮机叶片的参数，直接影响到汽轮机的做功效率，因此应合理地选择汽轮机叶片的参数，使汽轮机的扭矩越大越好。以上两个方面是互相矛盾的，为兼顾两方面的要求，需对汽轮机叶片进行多目标优化设计。

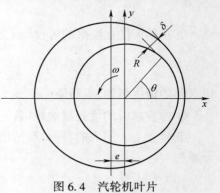

图 6.4　汽轮机叶片

以间隙激振力最小和扭矩最大为目标函数的汽轮机叶片参数多目标优化的数学模型为

$$\min P_{ty} = \frac{(R^2-r^2)^2 \cdot \pi \cdot C \cdot R \cdot e}{(R^2-r^2+2\overline{R\delta})^2} \tag{6.36}$$

$$\min(-T) = -\frac{C \cdot (R^3-r^3) \cdot (R^2-r^2)}{3} \cdot \frac{2\pi}{\sqrt{(R^2-r^2+2\overline{R\delta})^2-(2R \cdot e)^2}} \tag{6.37}$$

s. t.

$$v_{1\min} \leqslant v_1 \leqslant v_{1\max} \qquad \gamma_{0\min} \leqslant \gamma_0 \leqslant \gamma_{0\max} \qquad e_{\min} \leqslant e \leqslant e_{\max}$$

$$\beta_{1\min} \leqslant \beta_1 \leqslant \beta_{1\max} \qquad \psi_{\min} \leqslant \psi \leqslant \psi_{\max} \qquad R_{\min} \leqslant R \leqslant R_{\max}$$

$$\beta_{2\min} \leqslant \beta_2 \leqslant \beta_{2\max} \qquad \bar{\delta}_{\min} \leqslant \bar{\delta} \leqslant \bar{\delta}_{\max} \qquad r_{\min} \leqslant r \leqslant r_{\max}$$

$$e \leqslant \bar{\delta}$$

其中

$$C = \frac{v_1^2 \sin\beta_1}{g}\gamma_0 \cdot (\cos\beta_1 + \psi\cos\beta_2) \tag{6.38}$$

例 6.2　一单圆盘转子,其设计参数如下:$250 \leqslant v_1 \leqslant 350, 15° \leqslant \beta_1 \leqslant 45°, 20° \leqslant \beta_2 \leqslant 50°$, $60 \leqslant \gamma_0 \leqslant 100, 0.5 \leqslant \psi \leqslant 0.7, 0.001 \leqslant \bar{\delta} \leqslant 0.002\ 5, 0.000\ 7 \leqslant e \leqslant 0.001\ 5, 0.8 \leqslant R \leqslant 1, 0.5 \leqslant r \leqslant 0.7$。根据模型求一有效解。

采用上述多目标最优化算法进行优化设计,下面列出本例的整个计算过程。

(1)求理想点

利用任意一种单目标非线性规划方法,分别求解 $\min P_{ty}$ 和 $\min(-T)$。在这里分别采用约束变尺度法和拟牛顿乘子法程序,以 $(300,30,35,80,0.60,0.001\ 5,0.001\ 0,0.90,0.60)^{\mathrm{T}}$ 作为初始点进行优化,求得

$$\min P_{ty} = 212.797\ 70, \boldsymbol{x}_1^* = (250,15,50,60,0.50,0.002\ 5,0.000\ 7,0.8,0.7)^{\mathrm{T}}$$

$$\min(-T) = -2\ 204\ 981.0, \boldsymbol{x}_2^* = (350,45,20,100,0.70,0.001,0.001,1.0,0.5)^{\mathrm{T}}$$

得理想点 $F^* = (212.797\ 70, -2\ 204\ 981.0)^{\mathrm{T}}$。

(2)检验理想点

$\boldsymbol{x}_1^* \neq \boldsymbol{x}_2^*$,$P_{ty}$ 和 $(-T)$ 的极小点不同,故不存在绝对最优点。

(3)归一化

$$\widetilde{P}_{ty} = P_{ty}/212.797\ 70$$

$$-\widetilde{T} = -2\ 204\ 981.0/(-T)$$

(4)构造评价函数

$$h(F(\boldsymbol{x})) = \sqrt{(\widetilde{P}_{ty} - 1)^2 + (-\widetilde{T} - 1)^2}$$

(5)应用单目标非线性规划方法,求解

$$\begin{cases} \min h(F(\boldsymbol{x})) \\ \boldsymbol{x} \in D \end{cases}$$

在本例中,仍旧采用约束变尺度法,以

$$(300,30,35,80,0.60,0.001\ 5,0.001\ 0,0.90,0.60)^{\mathrm{T}}$$

作为初始点进行优化设计,求得

$$\min h(F(\boldsymbol{x})) = 12.645\ 62$$

$$P_{tyS}^* = 747.82, T_S^* = 627\ 340.9$$

$$\boldsymbol{x}_S^* = (296.067\ 0, 23.456\ 7, 37.573\ 7, 73.679\ 3, 0.500\ 0, 0.002\ 5, 0.000\ 7, 1.000\ 0, 0.500\ 0)^{\mathrm{T}}$$

第7章 ANSYS 结构分析基础

本章开始的后续各章,将以 ANSYS 结构分析及优化分析程序为工具,结合例题介绍基于 ANSYS 的结构分析及优化设计的具体实现方法和注意事项。本章介绍基于 ANSYS 的结构分析理论与方法,内容包括 ANSYS 结构分析的理论基础、结构建模以及结构分析方法。结构分析是优化设计的基础,通过 ANSYS 软件进行结构建模和有限元计算,可以得到与结构优化设计相关的目标函数及各类约束变量结果,如最大变形、最大应力、振动频率等,也可以为结构优化设计提供备选方案以及验证手段。

7.1 ANSYS 结构分析的理论背景

ANSYS 是目前国内应用最为广泛的大型结构分析及优化设计软件。ANSYS 程序系列中用于结构力学分析的模块是 ANSYS Mechanical,其功能涵盖结构静力分析、动力分析、热传导以及耦合场问题,其计算的理论基础是有限单元法(Finite Element Method)[15~17]。

有限单元法是结构工程师和应用数学研究人员共同智慧的结晶,此方法起源于结构矩阵分析,目前已发展成为一种通用的多物理场数值计算方法。1956 年,Turner 和 Clough 等人首次将刚架分析的矩阵位移法应用于飞机结构的分析中。1960 年,Clough 将这种处理问题的思路推广到求解弹性力学的平面应力问题,给出了三角形单元求解弹性平面应力问题的正确解答,并且首次提出"有限单元法"的名称。之后,应用数学家和力学家们又通过研究找到了有限元方法的数学基础——变分原理,进而将这一方法推广应用于求解各种数学物理问题,如:热传导、流场问题以及电磁场问题等。

对结构分析而言,最常用的是基于位移的有限单元法,其处理结构力学问题的基本过程可概括为如下的步骤。

(1)结构离散化

此步骤的作用是将连续的结构求解域离散为有限个单元的组合体。

(2)单元分析

在每一个离散的单元体上采用节点位移值和近似插值函数来近似描述位移,通过虚功原理进行单元分析,得到单元刚度方程,即单元节点荷载和节点位移之间的关系。

(3)结构分析

根据平衡关系和变形协调关系,建立离散结构的总体控制方程,即:包含节点位移(对动力问题,还包含节点加速度及速度)向量的线性代数方程组(对瞬态问题为常微分方程组)。

(4)引入定解条件并计算节点位移

引入边界条件(瞬态问题还需引入初始条件)后进行求解,得到节点位移解。

（5）计算其他导出量

通过计算出的节点位移基本解，计算其他待求的导出量，如结构的支反力、应变、应力等。

下面以一般弹性结构分析的三维 8 节点线性单元（ANSYS 的 SOLID185 单元）为例，介绍基于 ANSYS 有限元方法进行结构分析的相关理论基础。

连续的实体结构被离散化为由有限个单元所组成的离散系统后，对其中任意一个单元 e，单元内任意一点的位移、应变以及应力分别用向量形式表示如下：

$$\{u\} = \{u, v, w\}^{\mathrm{T}}$$

$$\{\varepsilon\} = \{\varepsilon_{xx}, \varepsilon_{yy}, \varepsilon_{zz}, \varepsilon_{xy}, \varepsilon_{yz}, \varepsilon_{zx}\}^{\mathrm{T}}$$

$$\{\sigma\} = \{\sigma_{xx}, \sigma_{yy}, \sigma_{zz}, \sigma_{xy}, \sigma_{yz}, \sigma_{zx}\}^{\mathrm{T}}$$

由弹性理论可知，单元应变与位移之间应满足几何关系，

$$\{\varepsilon\} = [L]\{u\} \tag{7.1}$$

其中，三维问题的微分算子阵 $[L]$ 为：

$$[L] = \begin{bmatrix} \partial/\partial x & 0 & 0 \\ 0 & \partial/\partial y & 0 \\ 0 & 0 & \partial/\partial z \\ \partial/\partial y & \partial/\partial x & 0 \\ 0 & \partial/\partial z & \partial/\partial y \\ \partial/\partial z & 0 & \partial/\partial x \end{bmatrix}$$

单元应力与应变之间满足物理关系：

$$\{\sigma\} = [D]\{\varepsilon\} \tag{7.2}$$

其中，三维问题的弹性矩阵 $[D]$ 为：

$$[D] = \frac{E(1-\nu)}{(1+\nu)(1-2\nu)} \begin{bmatrix} 1 & \dfrac{\nu}{1-\nu} & \dfrac{\nu}{1-\nu} & 0 & 0 & 0 \\ & 1 & \dfrac{\nu}{1-\nu} & 0 & 0 & 0 \\ & & 1 & 0 & 0 & 0 \\ & \text{sym} & & \dfrac{1-2\nu}{2(1-\nu)} & 0 & 0 \\ & & & & \dfrac{1-2\nu}{2(1-\nu)} & 0 \\ & & & & & \dfrac{1-2\nu}{2(1-\nu)} \end{bmatrix}$$

式中　E, ν ——弹性模量和泊松比。

首先来进行单元分析。

在离散系统的任一单元 e 的体积 V_e 上应用虚功原理：

$$\int_{V_e} \{\varepsilon^*\}^{\mathrm{T}} \{\sigma\} \mathrm{d}V = \{u^{e*}\}^{\mathrm{T}} \{F^e\} \tag{7.3}$$

式中　$\{u^{e*}\}$ ——虚拟的变形状态下的节点位移向量；

$\{\varepsilon^*\}$——相应于 $\{u^{e*}\}$ 的单元内虚应变；

$\{F^e\}$——实际状态下的单元 e 的节点载荷向量(在单元分析中视节点力为外力)；

$\{\sigma\}$——实际状态下的单元应力。

单元内任意点的位移(虚位移)可通过节点位移(节点虚位移)值和插值函数得到,即:

$$\{u\} = \begin{Bmatrix} u \\ v \\ w \end{Bmatrix} = \begin{Bmatrix} \sum_{i=1}^{8} N_i(\xi,\eta,\zeta) u_i \\ \sum_{i=1}^{8} N_i(\xi,\eta,\zeta) v_i \\ \sum_{i=1}^{8} N_i(\xi,\eta,\zeta) w_i \end{Bmatrix} = [N]\{u^e\} \tag{7.4}$$

其中, $N_i(i=1,\cdots,8)$ 为各节点的形函数,形函数满足两个基本要求:一是各节点对应的形函数在本节点值为 1,在其他节点为 0;二是各节点的形函数之和为 1。$[N]$ 为形函数矩阵,对 8 节点单元,其具体形式可写为:

$$[N] = [N_1 [I]_{3\times3}, \cdots, N_8 [I]_{3\times3}]$$

其中, $[I]_{3\times3}$ 为 3 阶单位矩阵。

用形函数表示的单元位移式(7.4)代入几何关系式(7.1),得到应变与节点位移向量之间的关系为:

$$\{\varepsilon\} = [L][N]\{u^e\} = [B]\{u^e\} \tag{7.5}$$

其中, $[B]$ 为应变矩阵,其形式为:

$$[B] = [[B_1], \cdots, [B_8]]$$

其中各分块为:

$$[B_i] = [L][N_i [I]_{3\times3}] = \begin{bmatrix} \partial N_i/\partial x & 0 & 0 \\ 0 & \partial N_i/\partial y & 0 \\ 0 & 0 & \partial N_i/\partial z \\ \partial N_i/\partial y & \partial N_i/\partial x & 0 \\ 0 & \partial N_i/\partial z & \partial N_i/\partial y \\ \partial N_i/\partial z & 0 & \partial N_i/\partial x \end{bmatrix}$$

根据式(7.5),虚位移引起的应变也可由应变矩阵和节点虚位移表示出:

$$\{\varepsilon^*\} = [B]\{u^{e*}\} \tag{7.5a}$$

代回虚功方程(7.3),得到:

$$\{u^{e*}\}^T \int_{V_e} [B]^T [D][B] dV \{u^e\} = \{u^{e*}\}^T \{F^e\}$$

两边消去节点虚位移,得到:

$$\int_{V_e} [B]^T [D][B] dV \{u^e\} = \{F^e\} \tag{7.6}$$

上式可写为简洁的形式:

$$[K^e]\{u^e\} = \{F^e\} \tag{7.6a}$$

式(7.6a)给出了单元节点力与节点位移之间的关系,通常被称为单元刚度方程。其中,

$[K^e]$ 称为单元刚度矩阵,其表达式下式给出:

$$[K^e] = \int_{V_e} [B]^T [D] [B] \mathrm{d}V \tag{7.7}$$

单元刚度方程右端的节点载荷向量 $\{F^e\}$ 由如下的几部分组成:

$$\{F^e\} = \{F^{ef}\} + \{F^{eS}\} + \{F^{eC}\} + \{F^{ei}\} \tag{7.8}$$

其中, $\{F^{ef}\}$ 为体积力 $\{f\}$ 的等效节点力向量,其表达式如下:

$$\{F^{ef}\} = \int_{V_e} [N]^T \{f\} \mathrm{d}V \tag{7.8a}$$

$\{F^{eS}\}$ 为表面力的等效节点载荷向量,其表达式如下:

$$\{F^{eS}\} = \int_{S^e} [N]^T \{T\} \mathrm{d}S \tag{7.8b}$$

式中, S^e 为单元受到表面力 T 作用的表面域; $\{F^{eC}\}$ 为单元集中节点载荷向量; $\{F^{ei}\}$ 为相邻单元对单元 e 的作用力,在后续的结构分析时 $\{F^{ei}\}$ 作为单元之间的内力相互抵消。

实际计算中,ANSYS 采用等参变换技术,单元刚度矩阵及载荷向量均采用了数值积分方法计算。图 7.1 为 8 节点单元的等参变换示意图。

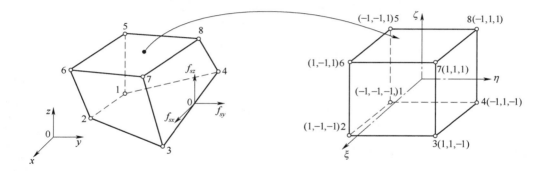

图 7.1　三维单元的等参变换

在自然坐标(ξ , η , ζ)中,可以很方便地给出形函数的表达式:

$$N_i = \frac{1}{8}(1 + \xi_i\xi)(1 + \eta_i\eta)(1 + \zeta_i\zeta) \quad (i = 1, \cdots, 8) \tag{7.9}$$

单元内各点的坐标通过与位移相同的插值函数(形函数)表示出:

$$\begin{Bmatrix} x \\ y \\ z \end{Bmatrix} = \begin{Bmatrix} \sum_{i=1}^{8} N_i(\xi,\eta,\zeta) x_i \\ \sum_{i=1}^{8} N_i(\xi,\eta,\zeta) y_i \\ \sum_{i=1}^{8} N_i(\xi,\eta,\zeta) z_i \end{Bmatrix} \tag{7.10}$$

对自然坐标的导数,可通过链式微分法则表示对总体坐标的导数的表达式:

$$\begin{Bmatrix} \dfrac{\partial N_i}{\partial \xi} \\[2mm] \dfrac{\partial N_i}{\partial \eta} \\[2mm] \dfrac{\partial N_i}{\partial \zeta} \end{Bmatrix} = \begin{bmatrix} \dfrac{\partial x}{\partial \xi} & \dfrac{\partial y}{\partial \xi} & \dfrac{\partial z}{\partial \xi} \\[2mm] \dfrac{\partial x}{\partial \eta} & \dfrac{\partial y}{\partial \eta} & \dfrac{\partial z}{\partial \eta} \\[2mm] \dfrac{\partial x}{\partial \zeta} & \dfrac{\partial y}{\partial \zeta} & \dfrac{\partial z}{\partial \zeta} \end{bmatrix} \begin{Bmatrix} \dfrac{\partial N_i}{\partial x} \\[2mm] \dfrac{\partial N_i}{\partial y} \\[2mm] \dfrac{\partial N_i}{\partial z} \end{Bmatrix} = [J] \begin{Bmatrix} \dfrac{\partial N_i}{\partial x} \\[2mm] \dfrac{\partial N_i}{\partial y} \\[2mm] \dfrac{\partial N_i}{\partial z} \end{Bmatrix} \tag{7.11}$$

上式的系数矩阵 $[J]$ 被称为雅克比矩阵,式(7.10)代入式(7.11),用自然坐标的形函数和总体坐标值表示 $[J]$ 如下:

$$[J] = \begin{bmatrix} \displaystyle\sum_{i=1}^{8} x_i \dfrac{\partial N_i}{\partial \xi} & \displaystyle\sum_{i=1}^{8} y_i \dfrac{\partial N_i}{\partial \xi} & \displaystyle\sum_{i=1}^{8} z_i \dfrac{\partial N_i}{\partial \xi} \\[4mm] \displaystyle\sum_{i=1}^{8} x_i \dfrac{\partial N_i}{\partial \eta} & \displaystyle\sum_{i=1}^{8} y_i \dfrac{\partial N_i}{\partial \eta} & \displaystyle\sum_{i=1}^{8} z_i \dfrac{\partial N_i}{\partial \eta} \\[4mm] \displaystyle\sum_{i=1}^{8} x_i \dfrac{\partial N_i}{\partial \zeta} & \displaystyle\sum_{i=1}^{8} y_i \dfrac{\partial N_i}{\partial \zeta} & \displaystyle\sum_{i=1}^{8} z_i \dfrac{\partial N_i}{\partial \zeta} \end{bmatrix} \tag{7.12}$$

于是,矩阵 $[B]$ 中对总体坐标的偏导数可用对自然坐标偏导数来表示:

$$\begin{Bmatrix} \dfrac{\partial N_i}{\partial x} \\[2mm] \dfrac{\partial N_i}{\partial y} \\[2mm] \dfrac{\partial N_i}{\partial z} \end{Bmatrix} = [J]^{-1} \begin{Bmatrix} \dfrac{\partial N_i}{\partial \xi} \\[2mm] \dfrac{\partial N_i}{\partial \eta} \\[2mm] \dfrac{\partial N_i}{\partial \zeta} \end{Bmatrix} \tag{7.13}$$

积分体积元素按下式也进行等参变换:

$$dV = |J| d\xi d\eta d\zeta \tag{7.14}$$

于是,单元刚度矩阵由下式计算:

$$[K^e] = \int_{V_e} [B]^T [D] [B] dV = \int_{-1}^{1} \int_{-1}^{1} \int_{-1}^{1} [B]^T [D] [B] |J| d\xi d\eta d\zeta \tag{7.15}$$

这样,单元刚度矩阵成为关于自然坐标的标准区间内的积分;类似地,各种等效载荷向量也可变换为这一形式的积分。这样,与单元有关的量均可通过标准数值积分来计算如下:

$$I = \int_{-1}^{+1} \int_{-1}^{+1} \int_{-1}^{+1} f(\xi, \eta, \zeta) d\xi d\eta d\zeta = \sum_{i=1}^{l} \sum_{j=1}^{m} \sum_{k=1}^{n} H_i H_j H_k f(\xi_i, \eta_j, \zeta_k) \tag{7.16}$$

式中 H_i, H_j, H_k ——数值积分的权系数,对于 2×2×2 积分点方案,各积分点的自然坐标分别取 ±0.577,各点权重均为 1.000。

在实际计算中,采用相关的数值积分方法(如:高斯积分等)进行计算,以刚度矩阵的计算为例,仅需要计算式(7.15)中的 $[B]$ 以及 $|J|$ 等在积分点处的值。

至此,已经完成了单元分析。

下面进行结构分析。

结构分析是基于各节点的变形协调条件和受力平衡条件建立总体刚度方程。相邻单元在公共节点上的位移是协调的,因此结构分析中,相邻单元在公共节点对应位移上的刚度矩阵元素被叠加到一起,以共同抵抗公共节点的位移。实际计算中,单元刚度矩阵的元素被送入总刚对应自由度的位置(对号入座),等效单元节点载荷送入结构载荷向量对应自由度位置,每个节点相邻单元的相互作用力相互抵消,外力作用等效载荷及节点集中载荷进行叠加;这样就形成了结构的总体刚度方程。

$$\sum_e [K^e]\{U\} = \sum_e \{F^{ef}\} + \sum_e \{F^{eS}\} + \sum_e \{F^{eC}\} \tag{7.17}$$

式中,$\{U\}$ 为结构节点位移向量,各求和符号表示矩阵或向量元素在对应自由度上的叠加,右端三项依次为单元等效体力、表面力载荷向量与单元节点集中载荷向量的叠加。令:

$$[K] = \sum_e [K^e] , \{F\} = \sum_e \{F^{ef}\} + \sum_e \{F^{eS}\} + \sum_e \{F^{eC}\}$$

则式(7.15)简写为:

$$[K]\{U\} = \{F\} \tag{7.17a}$$

式中,$[K]$ 为总体刚度矩阵;$\{F\}$ 为总体节点载荷向量。

结构平衡方程(7.17a)是奇异的,引入边界条件消除刚体位移后即可求解。ANSYS 提供了一系列直接求解器以及迭代求解器计算自由节点的位移,再通过总体刚度方程计算结构的支反力,通过节点位移得到积分点的应变以及应力。对于线性分析,ANSYS 会将积分点的应力值外插到节点并对相邻单元公共节点的应力作平均处理后输出。

以上即为 ANSYS 静力结构分析的一般过程。

对于动力学问题,根据达朗贝尔原理,在平衡方程中考虑惯性力及阻尼力。惯性力作为体积力,即:

$$\{f_I\} = \{-\rho\{\ddot{u}\}\} \tag{7.18}$$

式中的 ρ 为单元的密度,各点的加速度用节点加速度值按形函数插值,即:

$$\{\ddot{u}\} = [N]\{\ddot{u}^e\} \tag{7.19}$$

代入体积力等效节点载荷表达式,得到:

$$\{F^{ef_I}\} = \int_{V_e} [N]^T\{-\rho\{\ddot{u}\}\}dV = -\int_{V_e} \rho[N]^T[N]\{\ddot{u}^e\}dV \tag{7.20}$$

采用类似的处理方式,阻尼力也作为体力的一部分:

$$\{f_D\} = \{-c\{\dot{u}\}\} \tag{7.21}$$

式中的 c 为单元阻尼系数,各点速度用节点速度值按形函数插值,即:

$$\{\dot{u}\} = [N]\{\dot{u}^e\} \tag{7.22}$$

代入体积力等效节点载荷表达式,得到:

$$\{F^{ef_D}\} = \int_{V_e} [N]^T\{-c\{\dot{u}\}\}dV = -\int_{V_e} c[N]^T[N]\{\dot{u}^e\}dV \tag{7.23}$$

上述惯性力、阻尼力作为体力代入单元刚度方程,可得到单元动力学方程:

$$[M^e]\{\ddot{u}^e\} + [C^e]\{\dot{u}^e\} + [K^e]\{u^e\} = \{F^e\} \tag{7.24}$$

式中　$[M^e]$,$[C^e]$——单元的(一致)质量矩阵和单元阻尼矩阵,其表达式如下:

$$[M^e] = \int_{V_e} \rho[N]^T[N]dV \tag{7.25}$$

$$[C^e] = \int_{V_e} c[N]^T[N]dV \tag{7.26}$$

单元分析之后同样是结构分析,根据节点的平衡条件及相邻单元公共节点的变形协调性,各单元矩阵元素送入总体矩阵对应自由度的位置(对号入座),单元等效节点载荷送入结构载荷向量对应自由度位置,注意到节点载荷与时间相关,于是形成下列结构动力方程:

$$[M]\{\ddot{u}\} + [C]\{\dot{u}\} + [K]\{u\} = \{F(t)\} \tag{7.27}$$

其中:

$$[M] = \sum_e [M^e] \ , \ [C] = \sum_e [C^e], \ [K] = \sum_e [K^e]$$

$$\{F(t)\} = \sum_e \{F^e(t)\}$$

式(7.27)为结构动力有限元分析的一般方程,其中,$[M]$、$[C]$ 及 $[K]$ 分别为结构的总体质量矩阵、总体阻尼矩阵、总体刚度矩阵;$\{\ddot{u}\}$、$\{\dot{u}\}$ 及 $\{u\}$ 分别为节点的加速度向量、速度向量及位移向量;$\{F(t)\}$ 为结构节点载荷向量。式中带有下标 e 的各求和符号的意义为对所有单元进行对应元素的叠加。

对于模态分析,仅考虑结构特性,与外部荷载无关,通常也不考虑阻尼,此时结构动力方程简化为:

$$[M]\{\ddot{u}\} + [K]\{u\} = 0 \tag{7.28}$$

如果令:

$$\{u\} = \{\phi_i\} \cos(\omega_i t)$$

代入结构自由振动有限元方程,简化得到:

$$([K] - \omega_i^2 [M])\{\phi_i\} = 0 \tag{7.29}$$

上式为一个齐次线性方程组,其有非零解的条件为:

$$\det([K] - \omega_i^2 [M]) = 0 \tag{7.30}$$

上式是结构频率特征值分析的基本方程,求解这一特征值问题即可得到结构的各阶自振频率和振型。对振型计算结果,ANSYS 程序提供了两种归一化方法。一种方法是振型向量最大分量归一,其他各分量成比例缩放;另一种是关于质量矩阵归一化,即满足:

$$\{\phi_i\}^T [M]\{\phi_i\} = 1 \tag{7.31}$$

作为结构动力分析中一类常见的特殊问题,当结构外荷载为简谐荷载时,ANSYS 提供了谐响应分析来给出系统在简谐荷载作用下的最大稳态响应。假设外荷载的频率为 Ω,外荷载和稳态位移响应的相位分别为 ψ 及 φ,简谐外荷载及稳态位移响应分别为:

$$\{F(t)\} = \{F_{max} e^{i\psi}\} e^{i\Omega t} = \{F_{max}\cos\psi + iF_{max}\sin\psi\} e^{i\Omega t} = \{F_1 + iF_2\} e^{i\Omega t}$$

$$\{u(t)\} = \{u_{max} e^{i\varphi}\} e^{i\Omega t} = \{u_{max}\cos\varphi + iu_{max}\sin\varphi\} e^{i\Omega t} = \{u_1 + iu_2\} e^{i\Omega t}$$

将上两式代入结构动力有限元方程(7.27),得到:

$$(-\Omega^2 [M] + i\Omega[C] + [K])\{u_1 + iu_2\} = \{F_1 + iF_2\} \tag{7.32}$$

求解此方程组即可求出给定 Ω 的稳态位移响应幅值和相位角。

对于一般的瞬态结构动力问题,上述结构有限元分析的一般方程实际上是一个常微分方程组,需引入初始条件和位移边界条件后再进行求解。瞬态问题的求解方法可分为振型叠加法和时域逐步积分法两大类。振型叠加法的基本思路是:利用振型矩阵作为变换矩阵,将多自由度系统原本相互耦合的振动方程组转化为等数量解耦的单自由度振动方程并分别求解,以求得的单自由度解作为系数将结构的各阶模态进行叠加并求和,最终得出结构的瞬态响应。

时域逐步积分法的思路是：将原本在任意时刻都需要满足的运动方程的位移，代之以只要在离散的时间点满足动力学方程；而在一定时间间隔内，对位移、速度和加速的关系采取某种假设，这样就可由初始条件逐步求出后续各个时间点的响应值。时域数值积分的算法方面，ANSYS 提供了 Newmark 方法、HHT 方法等，此处不再展开讨论。

7.2　ANSYS 结构分析模型的构建

建立分析模型是 ANSYS 结构分析及优化过程中的重要一环。本节首先简要介绍了 ANSYS 中创建有限元模型的方法和建模工具体系，随后对 ANSYS 结构分析中常用的单元类型及特性进行了必要的介绍，最后对 ANSYS 中不同类型结构的建模要点进行了讲解。

7.2.1　ANSYS 的建模方法和建模工具体系

本节介绍 ANSYS 有限元分析模型的两种建模方法及其建模工具体系。

1. ANSYS 结构分析的两种建模方法

ANSYS 结构分析有两种思路完全不同的建模方法：直接方法和间接方法。对于杆件系统等自然离散的结构，一般采用直接建模的方法；对连续体而言，则通常采用对实体几何模型进行剖分的间接建模方法[18,19]。

（1）适合于杆件系统建模的直接方法

杆件结构多见于各类多、高层框架建筑、大跨空间钢结构、工业塔架等结构体系中，图 7.2 所示的球面网壳结构和框架结构就属于杆件结构体系。杆件结构体系由于其本身存在有自然的节点连接关系，因此是一种自然离散系统。对于自然离散的结构形式，在 ANSYS 中建模时，可以采用直接创建节点然后再通过节点创建单元的建模方式，这种建模方法无需借助于几何模型，因此被称为直接法。

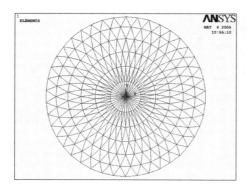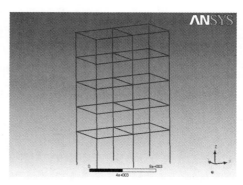

图 7.2　自然离散的杆件结构系统

（2）适合连续体建模的间接方法

对于连续的实体结构来说，需要经过求解域的人工离散过程，才能形成分析的有限元模型。在 ANSYS 中提供了功能强大的网格划分（Mesh）解决方案，可对各种复杂形状的几何模型进行网格划分。图 7.3 所示为实体结构经网格划分后得到离散化有限元模型的例子。由于这种建模方法需要借助于对几何模型的网格剖分，因此被称为间接建模方法。这里顺便指出，对于杆系结构结构,也可以通过对线段的 Mesh 实现分析模型的创建,因此间接建模方法是 ANSYS 建模的一般性方法。

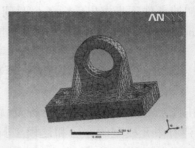

图 7.3　实体结构离散化的例子

2. ANSYS 软件的建模工具体系

ANSYS 软件提供了一个功能强大的几何建模和网格划分工具体系。常用的建模模块包括 ANSYS 经典环境的 PrepPost 前后处理器以及 Workbench(以下简称 WB)环境下的 ANSYS DesignModeler(以下简称 ANSYS DM)、ANSYS SpaceClaim Direct Modeler(以下简称 SCDM)、ANSYS Mechanical Application(以下简称 Mechanical)、ANSYS Meshing(以下简称 AM)等建模组件。此外,ANSYS 还提供了与各种主流 3D 设计软件的接口。

上述 ANSYS 建模模块及其功能的简单描述列于表 7.1 中。

表 7.1　ANSYS 的前处理工具模块功能描述

模块名称	建模功能简述
ANSYS PrepPost	ANSYS 经典环境的前后处理器,前处理功能包括几何建模、模型编辑,线段、表面及实体的网格划分等
ANSYS DM	Workbench 环境下的几何建模工具,可创建各种线体、表面体和实体,还可进行模型编辑修复等
ANSYS SCDM	直接建模工具,快速直接创建线体、面体、实体,并提供部件快速装配、干涉检查与消除、几何修复编辑等强大功能
ANSYS Meshing	WB 环境下的网格划分模块,可对线、面、体进行剖分
Mechanical Application	WB 环境下的 Mechanical 前后处理环境,集成了部分 ANSYS Meshing 的网格划分功能

结合使用表 7.1 中列出的各模块,可以形成经典 ANSYS 环境及 WB 环境下的两套建模解决方案。

在 ANSYS 结构分析的经典环境中,主要通过 Prep7(前处理器)创建几何以及进行网格划分。在此前处理环境中,可以借助工作平面、体素建模、旋转、拉伸、布尔运算等功能实现复杂几何的创建;可以对模型指定各种网格属性(单元类型、材料、截面等),可以对模型进行各种总体和局部的网格划分控制,可以对模型划分各种智能网格、自由网格、映射网格、扫略网格,将辅助的面网格拖拉形成体网格,还可将线模型网格化为梁单元。ANSYS 经典环境 Mechanical APDL 实质上是一个由命令驱动的程序,图形界面的菜单操作与直接输入命令是完全等效的,一般推荐采用命令流批处理方式操作以提高建模工作的效率。本书后续基于 Mechanical APDL 完成的例题,都将采用命令流方式。在 ANSYS 经典环境中还可以利用 APDL 脚本语言(下一章详细介绍)实现建模以及分析过程的参数化。

在 ANSYS WB 环境下,用户可通过 DM 或 SCDM 创建几何模型;也可以导入在其他三维 CAD 系统中创建的模型,然后通过 DM 或 SCDM 进行编辑修补得到分析所需的几何模型。几何模型完成后,再通过 AM 进行网格划分。DM 是集成于 ANSYS WB 环境下的几何建模模块,主要包括草绘、3D 实体建模、概念建模(建立线、面模型)、几何修补、中面抽取等建模和模型编辑功能,DM 中的建模操作可以实现参数化的驱动。SCDM 是 WB 中新集成的直接建模及几何处理模块,是一个工作效率很高的几何模型准备程序,可以实现快速直接建模、模型修复处理、中面和梁的抽取、中性几何模型的参数化、不同格式转换等功能。AM 是集成于 ANSYS WB 环境下的网格划分模块,可以进行完善的总体及局部网格控制,提供自动网格划分、四面体网格划分、六面体网格划分、扫略网格划分、薄壁扫略网格划分、多区域网格划分等网格算法,可实现各种 1D(梁)、2D(板壳、两维弹性问题)以及 3D(实体)几何模型的网格划分。在 WB 环境下的结构分析模块 Mechanical 中也包含了 AM 的网格划分功能。

本章不展开介绍上述各建模工具的基础性操作,这些内容请读者参考 ANSYS 有关模块的帮助手册。在 7.2.3 小节中会结合各种结构形式的建模方法介绍这些模块的有关操作要点。

7.2.2　ANSYS 结构分析常用单元简介

ANSYS Mechanical 提供了丰富的结构分析单元库,可用于模拟各类桁架结构、梁(框架)结构、板壳结构、一般弹性结构以及各种组合结构(如:板-梁组合、实体-板组合等)。

在 ANSYS 单元库中,每种单元都有唯一的名称。单元名称由单元类型以及单元编号两部分组成,比如:BEAM189 单元,其中 BEAM 为单元类型,即梁单元;189 为这种梁单元在 ANSYS 程序单元库中的编号。ANSYS 结构分析常用的单元类型有 LINK(杆或索)、BEAM(梁)、SHELL(板壳单元)、PLANE(弹性平面结构或轴对称问题单元)、SOLID(三维体单元)、COMBIN(连接单元)等。

ANSYS 结构分析中的单元类型、常见的代表单元及其特性和适用场合列于表 7.2。

表 7.2　ANSYS 常用单元类型

单元类型	典型单元	单元特性及适用场合
LINK	LINK180	用于模拟桁架结构的杆件
BEAM	BEAM188	3-D 线性 Timoshinco 梁单元,可定义实际截面形状
	BEAM189	3-D 二次 Timoshinco 梁单元,可定义实际截面形状
SHELL 壳	SHELL181	线性插值的有限应变壳元
	SHELL281	二次薄壳单元
PLANE	PLANE182	模拟平面应力、平面应变、轴对称问题的线性单元
	PLANE183	模拟平面应力、平面应变、轴对称问题的二次单元
SOLID	SOLID185	3-D 连续体单元,8 节点的线性单元,六面体
	SOLID186	3-D 连续体单元,20 节点二次单元,六面体或退化形状
	SOLID187	3-D 连续体单元,10 节点二次单元,四面体
SOLIDSHELL	SOLSH190	3-D 实体壳单元,8 节点六面体,用于模拟变厚度壳体
COMBIN	COMBIN14	非线性连接单元,可用于模拟各种弹簧,阻尼器非线性弹簧单元,可定义位移-荷载关系
	COMBIN39	

除表 7.2 中的基本结构分析单元外,ANSYS 还提供了很多具有特殊功能的结构分析单元

类型,比如专门用于分析管道结构的 PIPE 单元类型。此外,还提供了一些辅助单元,如用于接触分析的接触单元(CONTA)以及目标单元(TARGE),用于施加复杂载荷的表面效应单元(SURF),以及用于划分辅助网格且不参与求解的 MESH200 单元等。

在应用各种单元时,需注意单元的 KEYOPT 选项的指定。一般地,每种单元类型都有多个 KEYOPT 选项用于控制各种单元特性或算法,而不同单元类型的同一 KEYOPT 选项则可能有着完全不同的意义。比如,COMBIN14 单元的 KEYOPT(3)控制着弹簧的类型,0 代表 3D 的长度方向弹簧阻尼器,1 代表 3D 的扭转弹簧阻尼器,2 代表 2D 的长度方向弹簧阻尼器(必须位于 XY 平面内);PLANE182 或 183 单元的 KEYOPT(3)则控制着单元特性:0 代表平面应力单元,1 代表轴对称单元、2 代表平面应变单元、3 代表输入厚度的平面应力单元;而 BEAM188 单元的 KEYOPT(3)则控制着梁单元轴线长度方向的形函数阶次,0 代表线性形函数,1 代表二次形函数,2 代表三次形函数。

在 Mechanical(Workbench)前后处理环境中,结构分析通常会根据模型的特性自动选择单元及其 KEYOPT 选项。下面对 Mechanical(Workbench)环境中经常用到的单元类型进行简单的介绍。

(1)连续单元

在 Mechanical(Workbench)环境下,结构分析的两维连续单元包括 PLANE182(2-D 线性单元)、PLANE183(2-D 8 节点单元);三维连续体单元包括 SOLID186(3-D 20 节点单元)、SOLID187(3-D 10 节点单元),SOLID186 有各种形状的退化形式,可以实现六面体到四面体的过渡,四面体部分采用 SOLID187 单元划分。

(2)结构单元

板壳以及梁单元统称为结构单元,Mechanical(Workbench)中使用的壳单元包括 SHELL181(3-D 有限应变全积分壳单元)以及 SHELL281(8 节点壳单元),另提供了 SOLSH190(3-D 8 节点实体壳单元)用于变厚度的厚壳网格划分。梁单元采用 BEAM188(3-D 线性梁单元)。

(3)连接单元

Mechanical(Workbench)中使用的连接单元包括 COMBIN14(弹簧-阻尼单元)、PRETS179(预紧单元)以及 MPC184(多点约束单元)。

(4)质量单元

Mechanical(Workbench)中使用 MASS21 单元作为集中质量单元。

(5)热分析单元

Mechanical(Workbench)中使用的热传导分析单元包括 PLANE55(2-D 线性热分析单元)、PLANE77(2-D 8 节点热分析单元)、SOLID70(3-D 8 节点热分析单元)、SOLID90(3-D 20 节点热分析单元)。

(6)接触分析单元

Mechanical(Workbench)中用于接触分析的目标单元包括 TARGE169(2-D 目标单元)、TARGE170(3-D 目标单元);接触单元包括 CONTA172(2-D 3 节点面-面接触单元)、CONTA174(3-D 8 节点面面接触单元)、CONTA175(2-D 或 3-D 节点-表面接触单元)。

(7)其他辅助单元

此外,Mechanical(Workbench)还采用了 ANSYS 的一系列辅助功能单元,如用于辅助网格划分的 MESH200 单元、用于施加复杂载荷的表面效应单元 SURF151(2-D 热表面效应单元)、SURF152(3-D 结构表面效应单元)、SURF153(2-D 结构表面效应单元)、SURF154(3-D 结构表面效应单元)、SURF156(3-D 线载荷表面效应单元)等。

关于上述单元的算法理论、详细的 KEYOPT 选项以及输入输出数据信息,请参考 ANSYS 的理论手册及单元手册,这里不再详细展开介绍。在下一节介绍相关建模方法时,会涉及到部分常用单元的使用要点。

7.2.3　各种结构类型的建模要点

工程结构按照不同的受力特征,可以分为桁架结构、框架-梁系结构、板壳结构、弹性力学平面结构、轴对称结构、弹性力学三维结构以及不同形式的组合结构等形式。基于 ANSYS 提供的各种单元类型,可以构建出不同类型的结构分析模型。本节介绍各种不同类型结构的建模方法和要点。

1. 桁架结构

桁架结构由一系列二力杆构成,所有杆件仅仅承受轴向力。在 ANSYS 中目前推荐采用 LINK180 单元模拟桁架结构,通过实常数定义结构中各杆件(组)的截面积,然后通过直接建模方法建立结构模型。

在直接法建模过程中,可以采用 FILL、EGEN 命令进行快速的节点填充和单元复制,采用 NUMMRG 命令对复制过程形成的位置重合节点进行合并,采用 NUMCMP 命令对不连续的节点编号进行压缩。

2. 梁结构(框架结构)

对于梁结构(框架结构),推荐采用 BEAM188 单元建立分析模型,图 7.4 所示为 BEAM188 单元示意图。

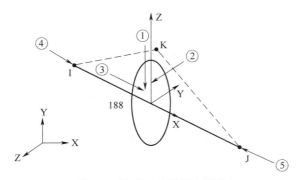

图 7.4　梁单元的局部坐标系

(1)Mechanical APDL 环境下的梁结构建模要点

在 Mechanical APDL 环境中通过 PREP7 建立梁结构模型,可采用直接建模或间接建模方法。需要为梁单元指定横截面,并通过横截面的定位节点(直接建模)或定位关键点(间接建模)来确定横截面的方向定位。

Mechanical APDL 提供了各种常见的梁截面形式,如图 7.5 所示。各种形状的梁截面类型都有一个截面坐标系,其截面坐标系平行于单元局部坐标系的 YOZ 平面,各种截面的截面坐标 Y 轴和 Z 轴指向均已标注在图 7.5 中。对于板梁组合结构,板节点在梁的截面坐标系中的位置坐标可用于指定梁的截面偏置。除标准的梁截面形式外,Mechanical APDL 还提供了用户自定义梁截面功能,用户可以自定义任意形状的不规则梁截面。自定义截面时,首先在前处理器 PREP7 中绘制需要的横截面几何图形并用 MESH200 单元来划分截面网格,通过菜单项 Main Menu>Preprocessor>Sections>Custom Sectns>Write From Areas 写截面文件,其后缀名为 SECT,然后通过菜单项 Main Menu>Preprocessor>Sections>Beam>Custom Sections>Read Sect Mesh,将预先写好的截面文件读入数据库,自定义的梁截面即可被调用。

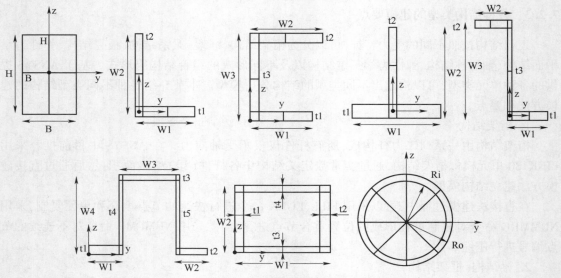

图 7.5　各种常见截面形式及其截面坐标系

如果是直接法建模,定义 BEAM188 单元,需要三个节点,最后一个是定位节点,该节点在单元的轴线以外,与两端节点形成一个平面,此平面即单元局部坐标系的 XOZ 平面,或者说此平面包含梁的截面主轴 Z。

如果是通过对线段划分形成 BEAM188 单元,则指定线段属性时,除了单元类型、材料号、截面号之外,还需要选择定位关键点来确定梁单元横截面的主轴方位。一般情况下仅指定线段起始端的定位关键点即可,此关键点位于梁起始端横截面的 Z 轴上。如果不选择定位关键点,则程序会按缺省设置,指定形成单元的横截面 Y 轴平行于总体直角坐标系的 X-Y 平面,对于梁的轴线正好或接近于总体直角坐标系的 Z 轴时,单元横截面的 y 轴缺省被定位到与总体直角坐标系的 Y 轴平行。

在实际建模过程中,可根据结构特点采用灵活的定位关键点指定方式。如工字钢框架结构,平行的横梁和立柱可以分别选用一个无穷远处的定位关键点;又比如,单层球面网壳结构,如果其杆件采用双轴对称截面,可以选择其定位关键点为球心。

（2）Mechanical（WB）环境下的梁结构建模要点

在 WB 环境中建立梁结构模型时,在 Workbench 中 Geometry 组件的属性中要注意勾选 Basic Geometry Options 中的 Line Bodies 选项,以允许线体导入 Mechanical（WB）。

具体建模方法为:首先在 DM 或 SCDM 中建立 Line Body（SCDM 还可直接抽取实体为 Line Body）,同时为其赋予截面信息并进行截面定位。需要指出的是,DM、SCDM 及 Mechanical（WB）中截面坐标系为 XY,不同于 Mechanical APDL 中的 Y 轴和 Z 轴,如图 7.6 所示。当然,这种名称上的改变并不会影响到计算结果。在实际操作中,DM 截面定位是指 Y 轴的定位,可通过直接输入向量与转角方式指定 Y 轴指向,也可选择平行于已有线段或面的法向等方式实现 Y 轴方向的定位;在 SCDM 中可通过选择表面法线或线段方向来指定截面 Y 轴的定位,也可通过选择旋转角度来指定截面的定位。

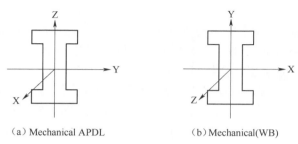

（a）Mechanical APDL　　　　　　（b）Mechanical(WB)

图 7.6　梁的横截面坐标系区别

3. 2-D 弹性结构

2-D 弹性结构包括平面应力、平面应变、轴对称三种形式,在 Mechanical APDL 中可以通过 PLANE182 或 PLANE183 单元进行网格划分,通过这些单元的 KEYOPT(3)来指定问题类型,KEYOPT(3)=0、1 及 2 分别表示平面应力问题、轴对称问题以及平面应变问题。KEYOPT(3)=3 表示有厚度的平面应力问题,厚度在 Mechanical APDL 中以实参数的形式输入,在 Mechanical(WB)中直接为 Surface Body 指定厚度;这种情况下的体力、面力作用计算结果与厚度无关,而在模型的边上作用的集中力(会分布到节点上)计算结果则很明显会导致不同的计算结果。此外,KEYOPT(3)=5 表示广义平面应变选项。

在 WB 环境中,可以通过 DM 创建 Surface Body 导入 Mechanical(WB)进行网格划分得到分析模型。这里有一点需要引起注意,由于在 WB 中缺省的结构分析类型为 3D,因此在进行 2D 弹性结构分析之前,必须对 WB 中 Geometry 组件的“Analysis Type”属性进行设置;具体方法为选择 Geometry 组件的单元格,在其 Properties 中 Advanced Geometry Options 的第一项 Analysis Type 中由 3D 改为 2D。此外,还需要勾选 Basic Geometry Options 中的 Surface Bodies 选项,以确保面体可导入 Mechanical(WB)。在 Mechanical(WB)的 model 树的 Geometry 分支选择 2D Behavior 的类型,即选择平面应力、平面应变还是轴对称类型。

4. 3-D 弹性结构

对于一般的 3-D 弹性结构,可采用线性的 SOLID185 单元、二次的 SOLID186 单元(六面体)以及 SOLID187 单元(四面体)进行网格划分。

在 Mechanical APDL 的 PREP7 中可采用 SOLID186 对形状规则部分划分映射网格(六面体),对形状不规则部分则采用 SOLID186 的四面体退化形式划分自由网格,映射网格和自由网格之间的过渡层则通过 SOLID186 单元的金字塔退化形式(底面为四边形、侧面为三角形的四棱锥)来填充,最后通过 TCHG 命令把退化的四面体单元转换为 10 节点的 SOLID187 单元(四面体)。

Mechanical(WB)程序中缺省选项是采用 SOLID186(映射网格)以及 SOLID187(自由网格)对三维的几何实体进行单元划分,对于规则及不规则部分可实现自动过渡。如果选择 Mesh 的“Element Midside Nodes”属性为“Dropped”,则会形成 SOLID185 单元,对形状不规则几何体要注意避免使用此选项,因为 SOLID185 单元的退化四面体形式模拟弯曲问题的精度较差,单元数较少时通常无法给出正确解答。

5. 板(壳)结构

板壳结构包括薄壳结构及中等厚度的板壳结构,推荐采用有限应变壳单元 SHELL181 单元进行网格划分,对于变厚度的中等厚度壳体结构则建议采用实体壳单元 SOLSH190 进行网格划分。

在 Mechanical APDL 环境中使用 SHELL 单元划分时,只需对 Area(面)赋予单元属性,即:TYPE(单元类型号)、Section(截面)和 MAT(材料号),再进行面网格划分即可得到壳单元。SHELL 单元的截面可以是多层复合材料截面,在定义截面时为每一层指定材料及厚度信息。要注意所形成的 SHELL 单元的法向是否一致,如果不一致,可以通过 ANORM 命令加以调整。

在 WB 中建立板壳结构模型时,首先通过 DM 或 SCDM 创建 Surface Body 或抽取薄壁几何得到中面,然后导入 Mechanical(WB)对 Geometry 分支下的各个面体进行厚度或 Layered Section 指定,进行网格划分即可得到壳模型。图 7.7 所示为 Mechanical(WB)中通过 worksheet 方式来指定多层壳截面(Layered Section),可根据需要添加层并指定各层的材料、厚度及材料角度。

Layer	Material	Thickness (m)	Angle (°)
(+Z)			
3	Structural Steel	0	0
2	Structural Steel	0	0
1	Structural Steel	0	0
(-Z)			

图 7.7　多层复合材料板的截面定义

对于抽取中面后形成缝隙的情况,可在几何处理中进行线对面延伸修补。如果几何未经修补,也可在 Mechanical(WB)通过 Mesh Connection 功能进行网格的连接。图 7.8 所示为 Mesh Connection 用于连接不连续的面几何。

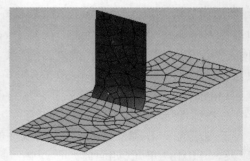

（a）不连续的几何　　　　　　　　　（b）应用Mesh Connection后的网络

图 7.8　Mesh Connection 的使用

为了诊断面的边缘与其他面的连接情况,DM 以及 Mechanical(WB)提供了"Edge Coloring"功能,用不同的颜色显示具有不同连接关系的边,如:未与任何面相连接的边用蓝色显示,仅与一个面连接用红色显示,与两个面相连接的边用黑色显示,与三个面连接的边用粉色显示,与多个面相连接的边用黄色显示,这些颜色区分显示能够帮助用户直观判断模型的连接关系,避免出现本应相连接的面体在交线处相互脱开造成无法计算的问题。

对于变厚度的板壳结构,可考虑采用实体壳单元 SOLSH190 单元进行模拟。在 Mechanical APDL 中指定正确的单元属性并进行网格划分即可。在 Mechanical(WB)中通过 thin sweep 网格划分并指定单元类型为 Solid Shell 即可得到 190 单元。

对于在板的一侧有加劲梁的板梁结构,需指定梁截面的偏置。在 Mechanical APDL 环境中建模时,节点在梁截面坐标系(通常为 YZ,其中 Z 为梁高度方向)中的偏置位置,可在截面定义时指定。在 WB 环境下,在 DM 或 Mechanical 中都可以指定梁截面偏置。在 DM 及 SCDM 中通过指定 line body 在梁截面坐标系(Y 为梁高度方向)中的偏置位置;在 Mechanical 中,可在 model 树的 geometry 分支下指定 line body 的 offset。此外,不偏置梁而采用偏置板的方式同样可实现一侧加劲梁的效果,在 Mechanical 环境中,Shell 的偏置量可通过 Mechanical Application 模型树的 Geometry 分支下各个面体(Surface body)的 OFFSET details 选项来指定。

6. 组合结构

对于各种实体-板壳、实体-梁、梁-壳组合形式的结构,以及不共享节点的实体-实体结构或壳-壳结构可通过绑定接触,并选择 MPC 算法来建立连接。对于壳-壳结构以及实体-板壳结构的连接,通常采用 CONTA175 和 TARGE170 建立点-面接触的方式。在 Mechanical APDL 中可通过接触向导来定义接触对及接触选项;在 Mechanical(WB)中则可以通过接触探测或手工定义方式来定义接触对,相关接触选项在接触对的 Details 选项中指定。

7.3　ANSYS 结构分析要点及例题

7.3.1　结构分析的载荷及边界条件

在结构分析中,必须施加符合实际情况的载荷和边界条件。ANSYS 结构分析及热分析中可施加的载荷类型(包括边界条件)列于表 7.3 中。

表 7.3　ANSYS 中的载荷及边界条件类型

载荷类型	描 述
自由度约束	指定自由度值,如:结构分析中的位移或热分析中的温度。实际分析中,根据结构受力状态,自由度约束可有很多具体表现形式(如:固定约束、平动约束、转动约束、对称边界等)
集中荷载	点荷载,如:集中力(力矩)或热流率(功率)
表面荷载	分布在表面的荷载,如压力(力/面积)或对流(功率/面积)
体荷载	体或场荷载,如温度(引起膨胀)或内部热生成率(功率/体积)
惯性荷载	由于结构质量或惯性引起的荷载,如重力或转动速度,也是体荷载的一种

关于上表中所列的各种载荷类型,下面简单说明一些需要注意的问题。

1. 加载时需要注意的问题

集中载荷多用于梁、板结构,在实体结构中要注意避免集中力的施加而引起的局部应力奇异的问题。在指定结构的自由度约束和集中载荷时,还要注意节点坐标系的概念。在 ANSYS 中,所有与节点相关的量,如节点的自由度 UX、UY、UZ、ROTX、ROTY、ROTZ,节点的集中力(力矩)FX、FY、FZ、MX、MY、MZ 等,都是在节点坐标系下描述的。节点坐标系是节点的固有属性,在缺省状态下节点坐标系与总体直角坐标系一致,用户可以根据需要把节点坐标系转动一个角度或切换到某个局部坐标系。如用户需要施加 135°方向(以水平向右为 X 轴逆时针旋转 135°)的集中荷载,则可将节点坐标系逆时针旋转 45°,然后在节点上施加 Y 方向的集中力

FY 即可。

关于表面载荷,在 Mechanical APDL 环境中,对于 SOLID 单元需要注意加载的面号,对于 SHELL 单元则需要注意法向,可通过表面效应单元实现与表面不正交的面载荷施加,可以通过梯度或函数来指定随位置变化的表面载荷。在 Workbench 环境中操作都是基于几何对象的,且可通过向量分量的方式方便地施加与表面不垂直的 pressure,对于梁而言,是通过 line pressure 的方式施加分布载荷。

惯性载荷是一种特殊的体载荷。在 Mechanical APDL 环境中,重力作为惯性力施加,而惯性力的特征就是与加速度方向相反,因此施加向下作用的重力需要通过向上的加速度指定来实现。在 Workbench 环境中,Mechanical 提供了 Standard Earth Gravity,重力加速度与重力方向相一致,这是与 Mechanical APDL 环境不一致的,需引起注意;而 Workbench 下其他惯性载荷仍与加速度方向相反。

2. 施加边界条件时需注意的问题

要根据结构的实际受力状态施加合理的边界条件。在 ANSYS 中施加的各种边界条件最后都会转化为对节点自由度的约束,而各节点自由度的方向均是指在节点坐标系的方向。例如,需要给某节点施加 135°方向(以水平向右为 X 轴逆时针旋转 135°)的位移约束,则可将节点坐标系逆时针旋转 45°,然后约束新节点坐标系的 UY 自由度即可。在实体(SOLID 或 PLANE 单元)结构分析中要注意避免集中节点约束引起的应力奇异问题(其集中支座反力与集中荷载引起的应力奇异类似)。

在结构分析中宜利用对称边界条件来简化分析模型。对称性包括平面对称、旋转对称以及轴对称等类型。对于最为常见的平面对称问题,要求结构几何、材料分布均对称,荷载可为对称或反对称两种情况。如果结构受力状态为对称,则需要约束垂直于对称平面的线位移以及在对称面内的转动;如果结构受力状态为反对称,则需要约束对称面内的线位移以及在对称面外的转动,如图 7.9 所示。

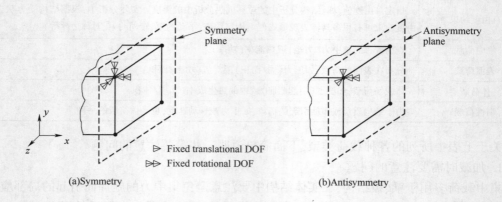

图 7.9　对称与反对称的约束形式

7.3.2　各种结构分析类型的实施要点

本节介绍 ANSYS 中常用的结构分析类型及其分析实施要点[20,21]。表 7.4 列出了 ANSYS Mechanical 中常见的分析类型及其计算功能。

表 7.4　**ANSYS 软件的结构计算功能**

ANSYS 分析类型	计算功能概述
STATIC	静力分析或稳态温度场分析,可考虑响应的非线性,在静力分析基础上可以进行疲劳分析
BUCKLING	特征值屈曲分析,计算结构的理想屈曲临界载荷及屈曲模式
MODEL	模态分析,用于计算结构的自振频率和振型,可以考虑应力刚度的影响
HARMONIC	谐响应分析,用于计算结构在简谐荷载作用下的响应
TRANSIENT	瞬态结构或温度场分析,用于计算结构在任意动态作用,可考虑响应的非线性
RESPONSE PECTRUM	响应谱分析,基于振型的响应谱组合计算

对于上述不同的结构分析类型,下面分别介绍其分析选项设置、结果后处理等方面的要点及注意事项。

1. 静力分析

ANSYS 静力分析的类型设置命令为 ANTYPE,STATIC。

ANSYS 程序通过载荷步的概念来组织静力分析的求解过程。对于线性静力分析而言,一个载荷步实际就是一组可以用于求解的载荷和边界条件设置,不同的载荷步可用于模拟不同的工况。多载荷步分析可以通过多次求解或载荷步文件顺序求解两种方式来完成。改变载荷步即改变工况,每个载荷步加载时需要删除之前的载荷并重新加载。对于非线性的静力分析,可以通过载荷步来描述结构的加载先后次序,且每一个载荷步可进一步细分为若干个子步。静力分析中的"时间"没有实际意义,要求单调增加,仅表示加载的次序而已。

对线性分析而言,多工况的分析结果可以进行组合叠加。在 Mechanical APDL 中可通过 LCDEF 命令建立 Load Case,通过 LCOPER 命令进行组合。在 Mechanical(WB)中对共享模型的两个分析通过 Worksheet 方式进行直观的工况组合,各工况的组合系数可在表格中很直观地加以指定,如图 7.10 所示。

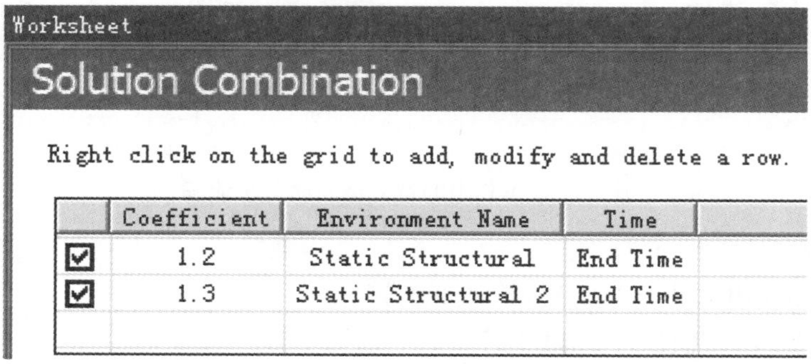

图 7.10　Mechanical(WB)的工况组合

2. 特征值屈曲分析

在 Mechanical APDL 中,特征值屈曲分析按照如下的步骤进行。

①首先进行静力求解,打开 PSTRES 选项以计算应力刚度。

②静力求解结束后,用 FINISH 命令退出求解器。

③重新进入求解器(/SOLU)

④指定分析类型为特征值屈曲分析(ANTYPE,BUCKLE),通过 BUCOPT 命令定义分析选项,其格式如下:

BUCOPT, Method, NMODE, SHIFT, LDMULTE, RangeKey

其中:Method 选项用于指定特征值提取的方法。可选用的方法有 Block Lanczos(LANB)以及 Subspace Iteration(SUBSP)。NMODE 选项用于指定要提取的屈曲模态数(特征值或载荷乘子个数)。这个参数缺省为 1。

通过 MXPAND 命令设置扩展选项,其调用格式如下:

MXPAND, NMODE,,,Elcalc

其中,NMODE 表示需扩展的屈曲模态数,缺省条件下等于提取的总模态数。Elcalc 指定是否需要计算应力结果。在特征值问题中的"应力"并不代表实际应力,但可以给出每一个屈曲模态的应力相对分布情况,缺省情况下不计算应力结果,如需计算应力结果设 Elcalc为 YES。

⑤通过 SOLVE 命令执行特征值屈曲计算

⑥计算结束后用 FINISH 命令退出求解器。

在 Mechanical(WB)环境中进行特征值屈曲分析,同样需首先通过静力分析计算几何刚度,图 7.11 为 WB 环境中特征值屈曲分析的典型流程。各种分析选项在 Mechanical(WB)界面下通过"Linear Buckling"分支的 Detail 属性加以指定。各选项的意义与 Mechanical APDL 中完全相同,这里不再详细介绍。

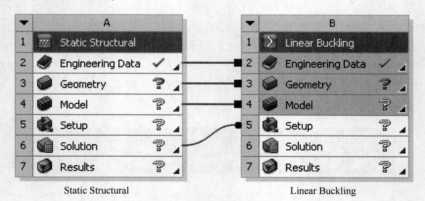

Static Structural　　　　　　　　　　　　Linear Buckling

图 7.11　WB 中的特征值屈曲分析流程

3. 模态分析

在 Mechanical APDL 中,模态分析按如下步骤进行:

①进入 ANSYS 求解模块(/SOLU)。

②通过命令 ANTYPE,MODAL 选择模态分析类型。

③设置分析类型和选项。

通过 MODOPT 命令设置模态分析选项,其调用格式为:

MODOPT, Method, NMODE, FREQB, FREQE, ,Nrmkey

其中,Method 选项用于指定特征值提取的方法,常用的方法包括 LANB(分块 Lanczos 方法)以及 LANPCG(PCG Lanczos 方法),其中 PCG Lanczos 法适合于非常大型的对称特征值问题(大于 500 000 自由度)的求解;NMODE 表示需提取的模态数;FREQB 和 FREQE 分别为提取频率的下限和上限；Nrmkey 用于振型归一化的设置，Nrmke = OFF 时（缺省设置）为按质量矩阵归一化，Nrmke = ON 时为振型最大分量归一化，如果在模态分析后进行谱分析或模态叠加法瞬态分析，则应该选择相对于质量阵的归一化。

通过 MXPAND 命令设置扩展选项，其格式如下：

MXPAND, NMODE, FREQB, FREQE, Elcalc, SIGNIF,MSUPkey

其中，NMODE 表示需扩展的屈曲模态数，缺省条件下等于提取的总模态数，如输入 −1，则不进行模态扩展，也不把模态结果写入结果文件；FREQB 及 FREQE 表示扩展模态频率的下限和上限，如果不指定则扩展全部频率范围的模态；Elcalc 指定是否需要计算应力结果，在特征值问题中的"应力"并不代表实际应力，但可以给出每一个屈曲模态的应力相对分布情况，缺省情况下不计算应力结果，如需计算应力结果设 Elcalc 为 YES；SIGNIF 指定了一个阀值，仅当某一阶模态的显著性水平超过此阀值才被扩展，模态的显著水平被定义为此模态的模态系数除以各阶模态中最大的模态系数，SIGNIF 缺省为 0.001；MSUPkey 为单元结果附加选项，设为 No 则不会像模态文件 Jobname. MODE 中写入单元结果，设为 Yes 则向模态文件中写入单元结果，当 Elcalc 为 Yes 时 MSUPkey 缺省为 Yes。

此外，可通过 LUMPM 命令来指定是采用一致质量矩阵还是集中质量矩阵，一般建议采用缺省的一致质量矩阵，对于梁壳结构采用集中质量矩阵近似效果较好。PSTRES 命令用于指定模态分析中是否考虑应力刚度的影响。

④发出 SOLVE 命令进行模态分析。

⑤求解结束后通过 FINISH 命令退出求解器。

⑥通过/POST1 进入后处理器查看模态结果。

在 Mechanical（WB）环境下进行模态分析时，要注意在 Engineering Data 中指定材料的密度。模态分析的各种选项可通过 Mechanical（WB）界面下"Modal"的 Detail 属性加以指定，选项的意义与 Mechanical APDL 中完全相同，这里不再详细介绍。如要进行预应力模态分析，可先建立"Static Structural"分析系统，然后将"Modal"分析系统拖放至"Static Structural"分析系统的"Solution"组件单元格上，如图 7.12 所示。

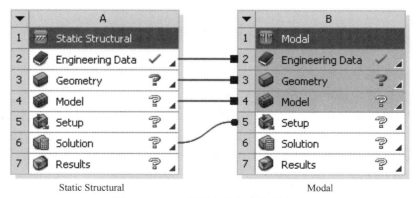

图 7.12　WB 中预应力模态分析流程

4. 谐响应分析

谐响应分析可采用完全法或模态叠加法，这里介绍 Mechanical APDL 中完全法谐响应分析的实现步骤。

①通过命令/SOLU 进入 ANSYS 求解器模块。

②通过命令 ANTYPE,HARMIC 选择谐响应分析类型。

③设置分析选项。

设置 HROPT 命令的 Method 域为 FULL。

通过 HROUT 命令的 Reimky 域指定谐响应分析的输出结果形式,缺省(ON)按实部+虚部输出复位移,选择 OFF 选项时,按幅值和相位(角度)的形式输出复位移。

通过 HARFRQ 命令来指定所施加载荷的频率范围上下限。通过 NSUBST 命令来指定计算的频率点个数。

通过 LUMPM 命令来制定采用一致质量矩阵(缺省)还是集中质量矩阵。

采用如下方式之一指定结构的阻尼:

通过 ALPHAD、BETAD 命令定义总体瑞利阻尼(质量阻尼与刚度阻尼);通过 MP,BETD 以及 MP,ALPD 定义材料相关的瑞利阻尼;通过 DMPRAT 命令定义各振型恒定阻尼比;通过 MP,DMPR 命令定义常数材料阻尼系数。此外,程序还接受 COMBIN 单元的阻尼。

④施加约束及荷载。

可通过荷载的实部和虚部来区别不同相位同频率的载荷。

⑤发出 SOLVE 命令求解。

⑥求解结束后发出 FINISH 命令以退出求解器。

⑦并通过 POST26 及 POST1 后处理器查看结果,可查看的结果包括响应-频率曲线以及各种变形应力结果等。

在 Mechanical APDL 中的模态叠加法谐响应分析按如下的步骤进行:

①通过命令/SOLU 进入 ANSYS 求解器模块。

②通过命令 ANTYPE,HARMIC 选择谐响应分析类型。

③设置分析选项。

设置 HROPT 命令的 Method 域为 MSUP;通过 HROUT 命令的 Reimky 域指定谐响应分析的输出结果形式,缺省(ON)按实部+虚部输出复位移,选择 OFF 选项时,按幅值和相位(角度)的形式输出复位移。

通过 HARFRQ 命令来指定所施加载荷的频率范围上下限。通过 NSUBST 命令来指定计算的频率点个数。

通过 LUMPM 命令来制定采用一致质量矩阵(缺省)还是集中质量矩阵。

采用如下方式之一指定结构的阻尼:

通过 ALPHAD,BETAD 命令定义总体瑞利阻尼(质量阻尼与刚度阻尼);通过 DMPRAT 命令定义各振型恒定阻尼比;通过 MP,DMPR 命令定义常数材料阻尼系数;通过 MDAMP 命令定义模态相关阻尼。此处,MP,DMPR 与 MDAMP 不能累计,只能使用一种定义。

④施加约束及荷载。

⑤发出 SOLVE 命令求解模态叠加谐响应分析,求解结束后通过 FINISH 命令退出求解器。

⑥扩展模态解。

典型命令流如下:

```
/SOLU              ! 重新进入求解器
EXPASS,ON          ! 打开 Expansion pass
```

```
EXPSOL,...                    ！扩展单个解
HREXP,...                     ！扩展相位角
SOLVE
FINISH
```

⑦查看结果。

在 Workbench 环境中的谐响应分析选项与 Mechanical APDL 中一致,不再详细展开。其中,模态叠加法谐响应分析需要基于模态解的结果,流程如图 7.13 所示。

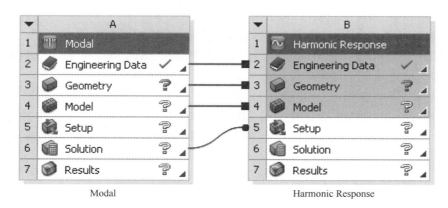

Modal　　　　　　　　　　　　　　　Harmonic Response

图 7.13　WB 中的模态叠加法谐响应流程

5. 瞬态结构分析

瞬态结构分析用于计算结构在任意动载荷作用下的时域历程,分析中的时间为真实的时间,目前常用的瞬态分析方法有完全法和模态叠加法。

在 Mechanical APDL 中完全法瞬态分析按如下步骤实现:

①通过命令/SOLU 进入 ANSYS 求解器模块,通过命令 ANTYPE,TRANS 设置分析类型为瞬态分析;通过 TRNOPT 命令的 Method 域指定计算方法为 FULL,通过 TRNOPT 命令的 TINTOPT 指定积分算法,缺省为 NMK(Newmark algorithm),也可选择 HHT(HHT algorithm);还可通过 TINTP 命令进一步指定积分算法的参数。

②建立瞬态分析的初始条件(如有非零初始条件)。具体方法请参照软件操作指南,此处不再展开。

③加载并进行载荷步设置。

可通过多个载荷步序列或将 TABLE 方式施加载荷。

通过 TIME 命令、KBC 命令指定载荷步选项,采用 AUTOTS,ON 选择积分时步自动控制,程序会在 NSUBST 命令或 DELTIM 命令所指定的最小、最大值之间变化时间步长。阻尼设置有多种方式,可通过 ALPHAD,BETAD 命令定义总体瑞利阻尼(质量阻尼与刚度阻尼);通过 MP,BETD 以及 MP,ALPD 定义材料相关的瑞利阻尼;通过 DMPRAT 命令定义各振型恒定阻尼比;通过 MP,DMPR 命令定义常数材料阻尼系数。此外,程序还接受 COMBIN 单元的阻尼。通过 OUTRES 命令指定输出结果选项;还可通过 LUMPM 命令来指定质量矩阵的形式。

④求解瞬态过程。可通过 SOLVE 求解多个载荷步,也可通过 LSWRITE 写各载荷步文件再通过 LSSOLVE 命令求解指定范围的载荷步。

⑤计算结束后通过 FINISH 退出求解器。

在 Mechanical APDL 中模态叠加法瞬态分析按如下步骤实现：

①首先进行模态分析,计算结束后通过 FINISH 命令退出求解器。

②通过/SOLU 命令再次进入求解器,通过命令 ANTYPE,TRANS 设置分析类型为瞬态分析;通过 TRNOPT 命令的 Method 域指定计算方法为 MSUP。

③建立瞬态分析的初始条件(如有非零初始条件)。

④加载并指定求解选项。

可通过多个载荷步序列或将 TABLE 方式施加载荷。

通过 TIME 命令、KBC 命令指定载荷步结束时间和载荷变化规律。

采用 AUTOTS,ON 选择积分时步自动控制,程序会在 NSUBST 命令或 DELTIM 命令所指定的最小、最大值之间变化时间步长。

阻尼可通过多种方式定义,如:通过 ALPHAD 及 BETAD 指定瑞利阻尼,通过 DMPRAT 指定常量阻尼比,通过 MDAMP 指定模态相关阻尼比,通过 MP,DMPR 来指定常数材料阻尼系数;其中 MP,DMPR 指定有效材料阻尼比,在模态分析中指定此阻尼并扩展模态,以备后续模态叠加分析之用。

另通过 OUTRES 命令指定输出结果选项。

⑤求解瞬态分析。

通过重复执行 SOLVE 命令进行多载荷步求解,也可通过 LSWRITE 写各载荷步文件再通过 LSSOLVE 命令求解指定范围的载荷步。计算结束后通过 FINISH 退出求解器。

⑥扩展模态叠加结果。典型命令流如下:

```
/SOLU              ! 重进入求解器
EXPASS,ON          ! 打开 expansion pass
NUMEXP,...         ! 指定扩展的结果数;时间范围
OUTRES,...         ! 结果文件控制
SOLVE              ! 扩展求解
FINISH             ! 退出求解器
```

⑦查看计算结果

在 Workbench 环境中的瞬态分析选项与 Mechanical APDL 一致,不再展开介绍。其中,模态叠加法瞬态分析基于模态分析的结果,其流程如图 7.14 所示。

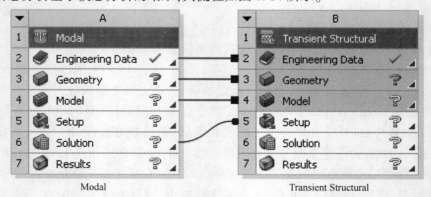

图 7.14　模态叠加瞬态分析流程

6. 响应谱分析

响应谱是一系列不同频率结构对某一动力荷载的最大响应关于自振频率的曲线,响应谱分析是一种将模态和已知的谱联系起来计算结构最大响应的分析方法。ANSYS 响应谱分析包括单点和多点两种,这里只介绍单点响应谱分析(SPRS)。

在 Mechanical APDL 中,单点响应谱分析按如下的步骤进行。

(1)获得模态解

具体分析过程与单独的模态分析相同,这里不再赘述。模态求解完成后,用 FINISH 命令退出求解器。

(2)获得谱解

按照下列步骤进行:

①通过/SOL 命令重新进入求解器,设置分析类型为 Spectrum。

②通过 SPOPT 命令来选择谱类型并指定谱分析选项,其调用格式如下:

SPOPT, Sptype, NMODE

其中,Sptype 域为谱类型,设为 SPRS 表示单点激励响应谱;NMODE 域表示谱分析采用的模态阶数,缺省为所有扩展的模态数(模态选项 MODOPT 命令中的指定),NMODE 不能超过10 000。

SPOPT 命令所对应的菜单项目为 Main Menu>Solution>Analysis Type>Analysis Options,也可通过选择此菜单项,在弹出 Spectrum Analysis 对话框中进行设置。

③设置载荷步选项。

载荷步选项包括响应谱的类型、激励方向、谱值-频率曲线定义、阻尼等。

单点响应谱分析的谱类型通过 SVTYP 命令来指定,其调用格式为:

SVTYP, KSV

其中,KSV 域为谱类型选项,0、1、2、3、4 分别表示 Seismic velocity、Force Spectrum、Seismic accel、Seismic displac 以及 PSD,Seismic velocity、Seismic accel 和 Seismic displac 施加在结构的支座节点上,Force Spectrum 和 PSD 施加在非基础节点上。

激励方向通过 SED 命令来指定,其调用格式为:

SED, SEDX, SEDY, SEDZ

其中,SEDX、SEDY、SEDZ 域是用于指定激励方向的向量。

谱值-频率曲线通过 FREQ 命令及 SV 命令来指定,其调用格式为:

FREQ, FREQ1, FREQ2, FREQ3, FREQ4, FREQ5, FREQ6, FREQ7, FREQ8, FREQ9

SV, DAMP, SV1, SV2, SV3, SV4, SV5, SV6, SV7, SV8, SV9

其中,FREQ1-9 单位为 Hz,必须按递增次序输入,FREQ1 必须大于零;DAMP 域表示响应谱曲线的阻尼比,最多可以定义 4 条不同阻尼比的频率-谱值曲线,不同曲线的阻尼值必须按递增次序输入;SV1-SV9 为谱值,不能为 0,频率范围以外的谱值使用末端的谱值。

阻尼可以通过多种方式指定,如 BETAD, ALPHAD 命令可指定瑞利阻尼,DMPRAT 命令可指定常量阻尼比,MDAMP 命令可指定模态阻尼,MP, DAMP 可指定材料相关阻尼。阻尼定义方法请参照模态叠加瞬态分析中的介绍,此处不再赘述。如定义了多种阻尼,程序会计算一个等效阻尼比,等效阻尼比对应的谱值通过响应谱曲线的对数插值得到。如果没有指定阻尼,则谱分析采用阻尼比最低的谱值曲线。

④发出 SOLVE 命令进行谱分析计算。

⑤计算结束后,通过 FINISH 命令退出求解器。

(3)扩展模态

如果在模态分析中已经进行了模态扩展,则跳过此步。如果模态分析中没有扩展模态则按如下步骤进行。

①通过/SOLU 命令再次进入求解器。

②通过 ANTYPE,MODAL 命令设置分析类型为 Modal。

③通过 EXPASS,ON 命令打开扩展过程。

④通过 MXPAND 命令来指定扩展选项。

⑤发出 SOLVE 命令执行扩展求解。

⑥通过 FINISH 命令退出求解器。

(4)合并模态

①通过/SOLU 命令再次进入求解器。

②通过 ANTYPE,SPECTR 命令选择分析类型为响应谱。

③选择模态合并方法,ANSYS 提供 SRSS、CQC、DSUM、GRP、NRLSUM、ROSE 等六种模态合并方法,这里以 SRSS(平方和开平方合并方法)为例,说明命令参数的含义,其命令调用格式为:

SRSS, SIGNIF, Label, AbsSumKey, ForceType

其中,SIGNIF 域为显著性水平阀值,仅当某阶模态的显著性水平大于此值时才参与模态合并,缺省为 0.001;Label 域用于识别合并的模态解输出类型,提供 3 种响应类型:位移(包括位移、应力、荷载等)、速度(速度、应力速度、荷载速度等)和加速度(加速度、应力加速度、荷载加速度等),DISP、VELO、ACEL 分别表示位移、速度和加速度类型。

其他模态合并方法的命令参数请参考 ANSYS Command Reference。

④发出 SOLVE 命令进行模态合并求解,形成 POST1 命令文件 Jobname. mcom。

⑤通过 FINISH 命令退出求解器。

(5)查看结果

①通过/POST1 命令进入通用后处理器 POST1。

②通过菜单项 Utility>File>Read Input From,读入 Jobname. MCOM 文件,或输入操作命令:/INPUT,FILE,MCOM,然后即可在后处理器中观察模态合并之后的各种相关的结果,如:变形、节点及单元结果等。

在 Workbench 环境中的响应谱分析选项与 Mechanical APDL 一致,不再展开介绍,其流程如图 7.15 所示。

7.3.3　ANSYS 结构分析例题

本节中给出几个结构分析的例题,每一个例题均给出建模计算过程的要点,并对计算结果进行了简单的分析和讨论。

例 7.1　桁架结构的多工况静力分析

问题描述:

对于第 3 章中图 3.1 所示的桁架结构,横杆及竖杆的长度均为 1 m,各杆件截面均为

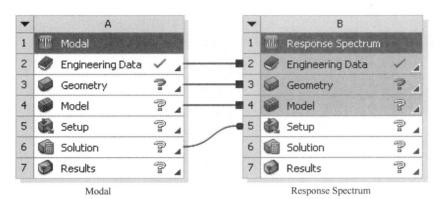

Modal　　　　　　　　　　　Response Spectrum

图 7.15　响应谱分析流程

1 cm², 节点荷载 P 为 10 kN,通过 ANSYS 计算其在图示三种工况下各杆件的应力。

分析过程:

本例采用直接建模的方式构建有限元模型。ANSYS 中多工况的处理按照多载荷步方式,在本例中采用多次求解的方式,注意在每一工况求解后,删除已计算工况的荷载,正确建立后续工况的荷载并求解,求解结束后对每一工况均通过单元表技术提取并绘制了轴力图。

本例题采用的 APDL 脚本如下:

```
fini                          ! 退出所有处理器
/clear                        ! 清除数据
/prep7                        ! 进入前处理器
! Unit m NKg Pa               ! 注释行,单位系统提示。
ET,1,LINK180                  ! 定义单元类型 1 为 LINK180
R,1,1e-4,$R,2,1e-4,           ! 定义实常数, $用于分隔写在一行的相邻命令
R,3,1e-4, $R,4,1e-4,
R,5,1e-4,
MP,EX,1,2e11                  ! 定义弹性模量
n,1,                          ! 定义节点 1,坐标为(0,0,0)
n,2,,1.0,                     ! 定义节点 2,坐标为(0,1,0)
n,3,1.0,1.0,                  ! 定义节点 3,坐标为(1,1,0)
n,4,1.0,,                     ! 定义节点 4,坐标为(1,0,0)
REAL,1                        ! 设置当前实常数为第 1 组
e,1,2                         ! 通过节点 1 和节点 2 创建单元
REAL,2                        ! 设置当前实常数为第 2 组
e,2,3                         ! 通过节点 2 和节点 3 创建单元
REAL,3                        ! 设置当前实常数为第 3 组
```

```
e,3,4                               ! 通过节点 3 和节点 4 创建单元
REAL,4                              ! 设置当前实常数为第 4 组
e,1,4                               ! 通过节点 1 和节点 4 创建单元
REAL,5                              ! 设置当前实常数为第 5 组
e,1,3                               ! 通过节点 1 和节点 3 创建单元
d,1,,,,,,,ux,                       ! 约束节点 1 的 UX 自由度
d,2,,,,,,,ux,uy,                    ! 约束节点 2 的 UX 及 UY 自由度
fini                                ! 退出前处理器
/sol                                ! 进入求解器
! load step 1                       ! 注释:第 1 载荷步加载及求解
f,3,fx, 10e3  $  f,3,fy,- 10e3      ! LS1 加载
solve                               ! 求解载荷步 1
! load step 2                       ! 注释:第 2 载荷步加载及求解
fdele,all,all                       ! 删除之前载荷步的荷载
f,4,fy,-10e3,                       ! 第 2 载荷步加载
solve                               ! 求解载荷步 2
! load step 3                       ! 注释:第 3 载荷步加载及求解
fdele,all,all                       ! 删除之前载荷步的荷载
f,4,fx,10e3,  $  f,4,fy,10e3,       ! LS3 加载
solve                               ! 求解载荷步 3
fini                                ! 退出求解器
/post1                              ! 进入通用后处理器
SET,1                               ! 读入工况 1 的结果
ETABLE, ,SMISC, 1                   ! 定义各杆轴力为单元表
PLLS,SMIS1,SMIS1,1,0                ! 绘制工况 1 的轴力图
SET,2                               ! 读入工况 2 的结果
ETABLE, ,SMISC, 1                   ! 定义各杆轴力为单元表
PLLS,SMIS1,SMIS1,1,0                ! 绘制工况 2 的轴力图
SET,3                               ! 读入工况 3 的结果
ETABLE, ,SMISC, 1                   ! 定义各杆轴力为单元表
PLLS,SMIS1,SMIS1,1,0                ! 绘制工况 3 的轴力图
```

通过执行上述命令,可以完成建模及各工况的计算。图 7.16 为 ANSYS 中显示的分析模型节点单元编号信息以及各工况下的轴力图,其中各杆件编号按 ANSYS 建模实际输入顺序

为准。

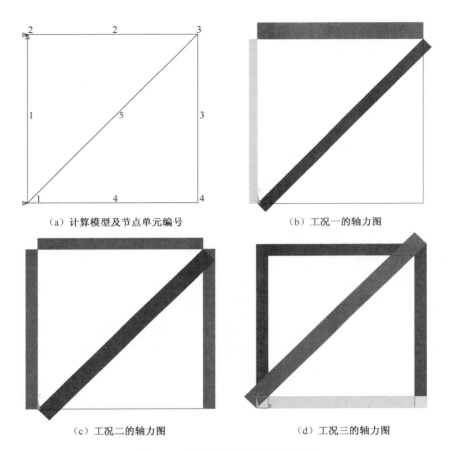

（a）计算模型及节点单元编号　　　　　　（b）工况一的轴力图

（c）工况二的轴力图　　　　　　（d）工况三的轴力图

图 7.16　桁架模型及各工况轴力图

图中各工况下各杆件的轴力值汇总列于表 7.5 中。

表 7.5　杆件轴力计算结果汇总表（表中值×P）

杆件号	工况 1	工况 2	工况 3
1	1.000	1.000	-1.000
2	2.000	1.000	-1.000
3	0.000	1.000	-1.000
4	0.000	0.000	1.000
5	-1.414	-1.414	1.414

例 7.2　两自由度体系动力分析

问题描述：

如图 7.17 所示，两自由度体系，$m_1 = 1\,000$ kg，$k_1 = 10$ kN/m，$m_2 = 10$ kg，$k_2 = 2$ kN/m，p 为作用于质量点 m_1 的简谐荷载，其频率为 5.0 Hz。分析在简谐荷载作用下各质量点的位移反应（不计入阻尼）。

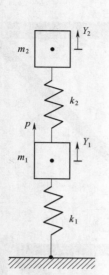

图 7.17 弹簧-质量体系

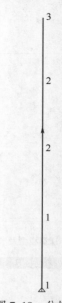

图 7.18 分析模型

分析过程：

在 ANSYS 中通过模态叠加谐响应方法计算各质量点的动力响应。模型采用直接创建方法,单元采用 COMBIN40,该单元包含质量和弹簧,质量集中于上端节点,节点 1 约束,节点 2 加载,如图 7.18 所示。本例采用的 APDL 命令流如下：

```
/PREP7
ET,1,COMBIN40,,,2                  ! UY 方向布置的弹簧
R,1, 986960,, 1000                 ! Combin40 单元实参数,k1 及 m1
R,2, 98696,,100                    ! Combin40 单元实参数, k2 及 m2
N,1 $ N,2,0,1 $ N,3,0,2            ! 创建节点
REAL,1  $  E,2,1                   ! 定义单元
REAL,2  $  E,3,2                   ! 定义单元
D,1,ALL
FINISH
/SOLU                              ! 进入求解器,模态分析
ANTYPE,MODAL
MODOPT,LANB,2,,,
SOLVE
FINISH
/SOLU                              ! 第二次进入求解器,谐响应分析
ANTYPE,HARMIC
HROPT,MSUP,2
HARFRQ,4.5,5.5                     ! 指定谐响应分析频带范围
```

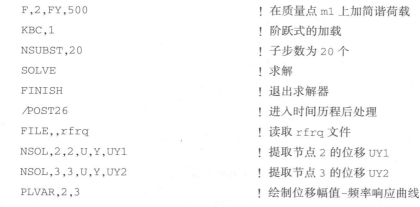

F,2,FY,500	! 在质量点 m1 上加简谐荷载
KBC,1	! 阶跃式的加载
NSUBST,20	! 子步数为 20 个
SOLVE	! 求解
FINISH	! 退出求解器
/POST26	! 进入时间历程后处理
FILE,,rfrq	! 读取 rfrq 文件
NSOL,2,2,U,Y,UY1	! 提取节点 2 的位移 UY1
NSOL,3,3,U,Y,UY2	! 提取节点 3 的位移 UY2
PLVAR,2,3	! 绘制位移幅值-频率响应曲线

计算完成后,各质量点的频率位移响应幅值如图 7.19 所示,可见在加载频率两侧一定频带范围内,各质点的振动位移响应均处于较低水平。

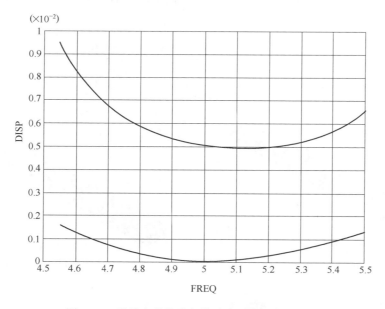

图 7.19　质量点的位移幅值响应-频率关系曲线

通过上述计算结果可知,如没有质量 m_2 和弹簧 k_2,则由 m_1 和 k_1 组成的单自由度体系自振频率与加载频率一致,质点 m_1 的位移响应将是无穷大,现在增加了 m_2 和 k_2 之后,质点 m_1 的位移响应显著下降,m_2 和 k_2 实际上起到了质量调频阻尼的作用。

例 7.3　悬臂梁的自振频率分析

问题描述:

一悬臂钢梁长 5.000 m,截面为 0.500 0 m×0.250 0 m 的矩形。密度为 7 800 kg/m³,弹性模量为 200 GPa,泊松比为 0.3。在 Workbench Mechanical 中分别采用 SOLID185、SOLID186 以及 SOLID187 单元分别计算梁的一阶及二阶弯曲自振频率,并对结果进行比较。

根据结构动力学,均匀质量悬臂梁的前两阶弯曲自振频率的理论解为:

$$f_1 = 1.875^2 \times \frac{1}{2\pi}\sqrt{\frac{EI}{\rho AL^4}}$$

$$f_2 = 4.694^2 \times \frac{1}{2\pi}\sqrt{\frac{EI}{\rho AL^4}}$$

通过以上理论公式计算得到的一阶、二阶弯曲自振频率分别为 8.179 Hz 和 51.26 Hz。

分析要点:

在 ANSYS Workbench 中建立分析模型,采用不同的 Mesh 选项,得到由不同类型单元形成的分析模型,各种情况汇总于表 7.6 中。

表 7.6　不同 Mesh 选项及模型的单元类型

Case	Element Midside Nodes	Mesh Method	形成的单元类型
(a)	Dropped	Automatic	SOLID185(Hex)
(b)	Dropped	Patch Conforming Tet	SOLID185(Tet)
(c)	Kept	Automatic	SOLID186(Hex)
(d)	Kept	Patch Conforming Tet	SOLID187(Tet)

各种情况相对应的分析模型分别如图 7.20(a)、(b)、(c)、(d)所示。

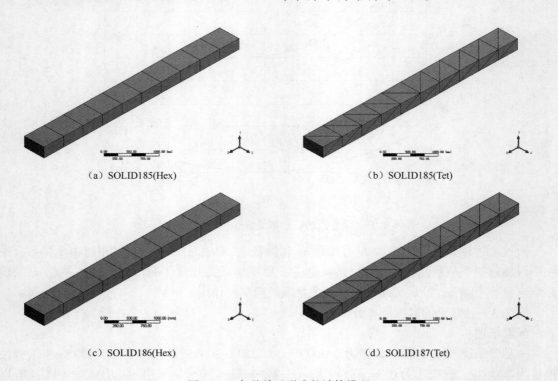

(a) SOLID185(Hex)　　　　　　　　　　　　(b) SOLID185(Tet)

(c) SOLID186(Hex)　　　　　　　　　　　　(d) SOLID187(Tet)

图 7.20　各种单元形成的计算模型

与各种情况相应的一阶、二阶弯曲自振频率计算结果列于表 7.7 中。

表 7.7 各种单元计算的一阶、二阶频率比较表

单元类型	一阶弯曲频率(Hz)	相对误差(%)	二阶弯曲频率(Hz)	相对误差(%)
SOLID185(Hex)	8.220	0.50	52.185	1.80
SOLID185(Tet)	20.81	154.43	126.05	145.90
SOLID186(Hex)	8.262	1.02	51.368	0.21
SOLID187(Tet)	8.289	1.35	51.652	0.76

注：SOLID185(Hex)单元,系采用 KEYOPT(2)=3,算法为 Simplified enhanced strain formulation；

　　SOLID186(Hex)单元,系采用 KEYOPT(2)=1,算法为 Full integration。

　由上述计算结果可知,8 节点的 SOLID185 单元(Hex)、20 节点的 SOLID186 单元(Hex)以及 10 节点的 SOLID187(Tet)均给出了正确的解答,而 SOLID185 的退化单元(Tet)则给出无法接受的结果。在实际结构分析中,对复杂形状几何对象建议采用精度较高的 10 节点的四面体单元 SOLID187(Tet)进行网格划分。

　　对于给出了正确计算结果的三个分析模型,其第一、第二阶弯曲振型图如图 7.21 所示,图中的振型均按照质量矩阵进行归一化处理,并显示单元的轮廓。

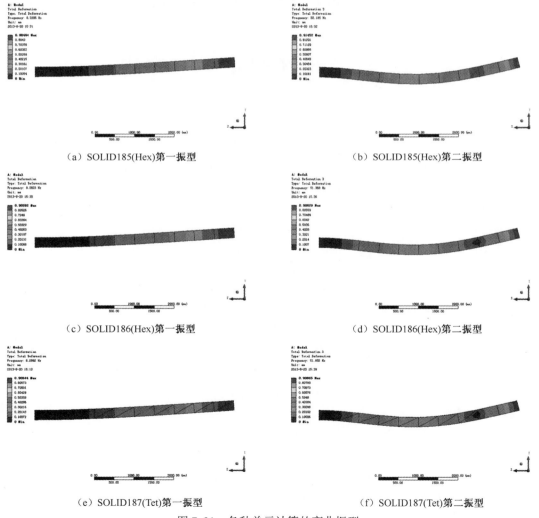

（a）SOLID185(Hex)第一振型　　　　　　　　　（b）SOLID185(Hex)第二振型

（c）SOLID186(Hex)第一振型　　　　　　　　　（d）SOLID186(Hex)第二振型

（e）SOLID187(Tet)第一振型　　　　　　　　　（f）SOLID187(Tet)第二振型

图 7.21 各种单元计算的弯曲振型

第8章 基于 Mechanical APDL 的结构优化方法

APDL 全称为 ANSYS Parametric Design Language，即 ANSYS 参数化设计语言，是 ANSYS Mechanical APDL 环境的脚本语言，其特点是可以通过改变参数输入驱动 ANSYS 命令流实现建模、有限元分析及后处理过程的自动重新执行。此外，APDL 脚本语言还提供了结构优化设计的功能，提供一系列优化搜索工具和使用优化算法。本章介绍 APDL 语言以及基于 Mechanical APDL 的参数化结构分析及优化方法[22]。

8.1 基于 APDL 语言的参数化有限元分析

8.1.1 APDL 语言简介

APDL 语言是一个强大且实用的结构分析脚本语言，其核心功能包括：

(1)定义和使用标量参数；

(2)定义和使用数组参数；

(3)提取数据库信息；

(4)变量表达式和函数(包含了丰富的内部函数库)；

(5)向量以及矩阵的运算；

(6)程序流程控制，循环、分支；

(7)宏以及用户程序。

下面对以上功能进行简单介绍。

1. 定义和使用标量参数

标量参数(常数或变量)可以通过 *SET 命令或赋值语句来定义。

通过 *SET 命令定义参数变量，其一般格式为 *SET,Par,Value,其意义为定义一个取值为 Value 的变量参数 Par,例如：

　*SET,pi,3.14159

即定义一个取值为 3.14159 的参数 pi。

也可以采用赋值号"="来定义标量参数，其一般格式为 Par=Value,其意义完全等同于 *SET,Par,Value 命令，也可用下面的形式定义上面的参数 pi：

pi=3.14159

注意：ANSYS 不区分变量名称的大小写。

2. 定义和使用数组参数

除了标量参数之外，ANSYS 系统还允许定义数组参数，定义参数化数组命令的基本格式如下：

　*DIM,*Par*,*Type*,*IMAX*,*JMAX*,*KMAX*,*Var1*,*Var2*,*Var3*

其中各参数的意义为：

Par：要定义的数组参数名；

Type：要定义的数组类型，可以是"ARRAY"（数值数组，一般意义的数组），"TABLE"（数值表，需要定义 0 行 0 列 0 页的数表，数据范围在表外可插值），"CHAR"（字符型数组，每个元素包含至多 8 个字符），"STRING"（字符串数组，每个元素仅能包含 1 个字符）；

IMAX，*JMAX*，*KMAX*：三维数组各维的维数，即行、列、页数；

*Var*1，*Var*2，*Var*3：对"TABLE"类型，与行、列、页对应的变量名的缺省值；

定义了参数化数组之后，可以通过 ∗SET 命令为数组的各元素进行赋值，也可采用直接赋值语句。

例如，通过 ∗DIM 命令定义一个 4×3 的 ARRAY 数组 C 并赋值：

∗DIM，C，ARRAY，4，3

C(1,1) = 1,2,3,4

C(1,2) = 5,6,7,8

C(1,3) = 9,10,11,12

于是得到数组 C 为：

$$C = \begin{bmatrix} 1.0 & 5.0 & 9.0 \\ 2.0 & 6.0 & 10.0 \\ 3.0 & 7.0 & 11.0 \\ 4.0 & 8.0 & 12.0 \end{bmatrix}$$

例如，∗DIM 定义一个 6×1 的 TABLE 数组 F 并赋值：

∗DIM，F，TABLE，6，1，1

F(1,0) = 0.0,1.0,2.2,3.0,4.0,5.5

F(1,1) = 0.0,1.6,1.8,3.6,3.9,5.6

定义的数表 F，可以通过菜单项 Utility Menu>Parameters>Array Parameters>Define/ Edit 来查看。对于 TABLE 型数组，定义数据点以外的数值可以通过插值得到，比如我们定义当 F 第 0 列取 0.5 以及 3.6 时的 F 值分别作为参数 F1 以及 F2：

∗SET，F1，F(0.5)

∗SET，F2，F(3.6)

则有 F1 = 0.8，F2 = 3.78。

字符型以及字符串型的数组元素则可以直接通过赋值语句来定义。各种方式定义的参数可以被各种 ANSYS 操作命令所引用，即命令的选项可以引用变化的参数，以实现参数化的建模与分析。

3. 提取数据库信息

ANSYS 程序提供了用于从数据库中提取参数值的 ∗GET 命令，其一般格式为：

∗**GET**，*Par*，*Entity*，*ENTNUM*，*Item*1，*IT*1*NUM*，*Item*2，*IT*2*NUM*

其中各参数的意义为：

Par：提取的参数被赋给的变量名称；

Entity：提取参数信息的实体项目类型，可为 NODE、ELEM、KP、LINE、VOLU 等；

ENTNUM：实体的编号；

*Item*1，*IT*1*NUM*：要提取的信息类型及其编号；

*Item*2,*IT2NUM*:要提取的信息类型及其编号(第 2 组);

为了向读者介绍 * GET 的使用,下面提供一些例子。

提取 100 号单元的材料类型号并赋给变量 MAT100:

　* GET,MAT100,ELEM,100,ATTR,MAT

提取节点 10 的 Y 坐标赋给变量 Y10:

　* GET,Y10,NODE,10,LOC,Y

提取当前被选择节点的最大 ID 号并赋给变量 NMAX:

　* GET,NMAX,NODE,NUM,,NMAX

提取 101 号单元的体积并赋给变量 V101:

　* GET,V101,ELEM,101,VOLU

在通用后处理器中,提取节点 25 的 x 方向应力分量赋予变量 sx25:

/POST1

　* GET,sx25,node,25,s,x

4. 变量表达式和函数(包含了丰富的内部函数库)

参数表达式由参数、数字以及加、减、乘、除、乘方等运算符组成,下面列举了一些常见的参数表达式:

c=a+b

r0=(r1+r2)/2

m=SQRT((x2-x1)**2+(y2-y1)**2)

第 3 个表达式中的 SQRT 为引用的参数函数,SQRT(X)表示变量 X 的开平方值。ANSYS 程序提供了大量的参数函数形式,下面列举一些参数函数的具体应用:

```
Pi=ACOS(-1)              ! 计算圆周率的值
Y=RAND(-1,1)             ! Y 是-1 到 1 之间的随机变量
Z=LOG10(A)               ! 计算 A 的常用对数(10 为底)
```

通过菜单项 Utility Menu>Parameters>Angular Units 或者 * AFUN 命令可以设置角度的单位,缺省情况下为弧度,可以根据需要设置为角度。

5. 向量以及矩阵的运算

APDL 提供了强大的向量和矩阵运算功能。比如,可以利用 APDL 的 * MOPER 命令求解联立线性方程组,对 n 阶线性方程组,其方法如下:

```
*DIM,C,,n
*MOPER,C(1),A(1,1),SOLV,b(1)
```

例如:

```
*DIM,A,,2,2    $  *DIM,B,,2,    $  *DIM,C,,2
A(1,1)=1,2     $  A(1,2)=2,3    $  B(1)=7,12
*Moper,c(1),A(1,1),SOLV,B(1)
```

运行上述命令得到:

C={3,2}^{T}

6. 程序流程控制,循环、分支

APDL 提供了强大的编程功能,主要体现在循环和分支控制功能上。

➢ 循环

对于大量重复性的操作,在程序执行过程中可以通过循环的方式。APDL 语言允许在参数化建模以及分析的批处理文件中采用如下形式的循环体:

　　*DO,Par,IVAL,FVAL,INC

　　……(循环操作指令,要引用循环变量)

　　*ENDDO

Par 为循环指针的变量,IVAL、FVAL、INC 为决定循环次数的参量,分别表示循环指针变量的初值、终值以及增量,增量 INC 可正可负也可为小数(分数)。如果 IVAL 比 FVAL 的值大,且 INC 为正,则程序会终止循环语句的执行。

循环体中可以嵌入循环形成多重循环,这在一些空间桁架体系的建模中是很有用处的。

> 分支控制

APDL 允许在参数化建模文件中采用如下形式的分支控制块:

　　*IF,VAL1,Oper,VAL2,THEN

　　……(需要执行的命令)

　　*ELSEIF,VAL1,Oper,VAL2,

　　……(需要执行的命令)

　　*ELSEIF,VAL1,Oper,VAL2,

　　……(需要执行的命令)

　　*ELSE

　　……(需要执行的命令)

　　*ENDIF

其中,Oper 为操作符,常见的操作符及其含义列于表 8.1 中。

表 8.1　*IF 条件语句的操作符

EQ	等于	LE	小于等于
NE	不等于	GE	大于等于
LT	小于	ABLT	绝对值小于
GT	大于	ABGT	绝对值大于

一般形式的 *IF 语句可以由两组操作符判断连接在一起的形式,即:

　　*IF,*VAL*1,*Oper*1,*VAL*2,*Base*1,*VAL*3,*Oper*2,*VAL*4,*Base*2

*Base*1 可以用来连接操作符 *Oper*1 和 *Oper*2,可以用下面的选项:

AND:表示两个操作符 *Oper*1 和 *Oper*2 同时为真;

OR:表示两个操作符 *Oper*1 和 *Oper*2 中间任何一个为真;

XOR:表示两个操作符 *Oper*1 和 *Oper*2 中间有一个为真。

7. 宏以及用户程序

宏是一组可以实现特定功能的 ANSYS 命令组合。把一系列经常使用的命令记录到一个宏中,就成为一个宏(命令),通过执行宏就等于执行了这些 ANSYS 命令。宏还可以调用 GUI 函数或把值传递给参数。

另外,宏可以相互嵌套。也就是说,一个宏能调用第二个宏,第二个宏能调用第三个宏,等等。最多可嵌套 20 层,其中包括由 ANSYS 命令/INPUT 执行任何文件切换操作。每次嵌套的宏执行完毕后,ANSYS 程序控制权仍回到置于前一个宏之下。可以在 ANSYS 中产生宏,也可以通过文本编辑器产生宏。实际应用时可以利用文本编辑器打开一个已经存在的类似的宏或 ANSYS 日志文件,加以改造创建自己的宏。

8.1.2　基于 APDL 的结构参数化分析

APDL 语言定义的参数可以被 ANSYS 的操作命令引用,用户可以利用 APDL 语言编写出参数化的批处理命令流文件,以实现建模及分析全过程的参数化,即:指定分析有关的各种参数、建立参数化的几何模型、进行参数化的网格设置及剖分、参数化的边界及载荷定义、参数化的分析控制和求解以及后处理过程中参数提取。由此可见,编写参数化的命令流文件,最大好处在于,对于任意的参数变化的情况,只需简单修改输入文件的参数即可快速自动地完成新的模型创建及分析过程。

参数化的有限元分析,也是结构优化设计所必须的,输入参数可作为优化问题的优化设计变量,结果参数可作为优化问题的约束条件变量或目标函数。

下面以上一章桁架结构及 2-DOF 谐响应分析例题为例,说明参数化分析的实现方法。

对于桁架结构分析例题,在前处理阶段,可定义各杆件截面面积为参数 A1 至 A5,进行参数的初始化并指定给相应的实常数。

```
*set,A1,1e-4  $  *set,A2,1e-4  $  *set,A3,1e-4$
*set,A4,1e-4  $  *set,A5,1e-4
/prep7
ET,1,LINK180
R,1,a1,  $  R,2,a2,  $  R,3,a3,  $  R,4,a4,  $  R,5,a5,
```

后续的其他操作命令均不改变,当改变参数 A1 至 A5 时,即可实现自动重新计算,并绘制各工况轴力图。此外,在原命令流后增加参数结果提取的命令如下:

```
ETABLE,evolume,VOLU,
SSUM
*GET,volume,SSUM,,ITEM,EVOLUME
```

上面三行命令的作用是定义单元体积为单元表,对此单元表项目求和得到结构总体积,并存入参数 VOLUME 中。此参数后续可作为参数优化过程的目标函数。

我们再来看两自由度体系动力分析的参数化方法,首先定义相关的刚度和质量参数并赋给实常数,命令流如下:

```
*set,k1,986960              ! 指定弹簧参数 k1
*set,m1,1000                ! 指定质量参数 m1
*set,k2,98696               ! 指定弹簧参数 k2
*set,m2,100                 ! 指定质量参数 m2
/PREP7
ET,1,COMBIN40,,,2           ! UY 方向布置的弹簧
R,1,k1,,m1                  ! Combin40 实参数,刚度及质量 k1 及 m1
R,2,k2,,m2                  ! Combin40 实参数,刚度及质量 k2 及 m2
```

后面建模及分析的命令流不变,在原来的命令流最后添加如下的结果参数提取命令:

```
＊GET,Y1,VARI,2,RTIME,5.0
＊GET,Y2,VARI,3,RTIME,5.0
```

新添加的这几条命令,作用是提取荷载作用频率为 5 Hz 所对应的质点 m1 和 m2 的位移响应幅值 Y1 和 Y2。通过上述修改得到的命令流,即可计算当 m1、k1 及 m2、k2 变化情况下的质点谐响应结果,并自动提取关注频率下的响应幅值参数。

8.2　基于 Mechanical APDL 的参数优化方法

本节介绍基于 APDL 脚本语言的结构参数优化方法。首先介绍有关的基本概念和术语,并给出 Mechanical APDL 优化分析的一般过程,随后详细讲解了相关优化方法及优化辅助搜索工具的使用要点。

8.2.1　基本概念与术语

本节介绍 APDL 优化设计的相关概念和术语。

1. APDL 优化问题的基本表述

Mechanical APDL 结构优化设计问题的基本表述如下:

对于一组选定的设计变量:$\alpha_1, \alpha_2, \cdots, \alpha_N$,确定其具体的取值,使得以这些设计变量为自变量的多元目标函数 $f_{obj} = f_{obj}(\alpha_1, \alpha_2, \cdots, \alpha_N)$ 在满足一定的约束条件下,取得其最小值。例如,在要求结构的反应(应力、位移)不超出允许范围等设计要求的前提下,使得结构用材料最少或造价最低,就是一个典型的 APDL 优化问题。

在 ANSYS 中,上述优化问题中的约束条件包括两个方面,即:设计变量取值范围的限制条件及其他约束条件。

首先,设计变量的取值要具有实际的意义,即需要满足一定的合理性范围的限制,(比如:杆件的截面积必须大于零),这些设计变量取值范围的限制条件可表达为如下的不等式组:

$$\alpha_{iL} < \alpha_i < \alpha_{iU} \quad (i = 1, 2, \cdots, N)$$

式中　N——设计变量的总数;

α_{iL}, α_{iU}——第 i 个设计变量 α_i 合理取值范围的下限以及上限。

另一方面,设计变量的取值还需要满足以其为自变量的相关状态变量的约束条件,比如:杆件截面的应力不超过材料的许用应力等条件,这些约束条件可以表达为如下的不等式组:

$$g_{jL} < g_j(\alpha_1, \alpha_2, \cdots, \alpha_N) < g_{jU} \quad (j = 1, 2, \cdots, M)$$

式中　$g_j(\alpha_1, \alpha_2, \cdots, \alpha_N)$——状态变量,是以设计变量为自变量的函数;

g_{jL}, g_{jU}——第 j 个状态变量取值范围的下限以及上限;

M——约束状态变量的总数。

由上面的问题表述可知,Mechanical APDL 优化问题中涉及到三种变量,即:优化目标变量、设计变量和状态变量。

目标函数(Objective Function)是一个以设计变量为自变量的标量函数,在 Mechanical APDL 优化分析中,只能定义一个目标函数。在 Mechanical APDL 中,目标函数是通过优化要被最小化的参数,例如体积、总重量等。APDL 优化程序总是最小化目标函数。如要得到目标函数的最大值,可将该函数的倒数或者在该函数的相反数上加上一个较大的数作为优化的目标函数。在优化分析中,目标函数的取值应保持为正,负值将引起程序报错。为了避免负值的出现,可将一个足够大的数加到目标函数上。

设计变量(Design Variables)是优化目标函数和状态函数的自变量。优化的过程就是通过不断改变设计变量的数值来实现的。设计变量的取值范围上下限均可以定义。ANSYS 优化分析中,至多可以定义 60 个设计变量。设计变量通常选择各种结构几何参数,且选择尽可能少的设计变量。因为选择过多的设计变量使得收敛于局部最值的可能增加,这与我们要搜索全局最优的目标发生矛盾。而且随着设计变量的增加,机时的增加也很显著。

状态变量(Status Variables)是设计变量的函数,状态变量的值必须满足一定的约束条件,因此又被称作约束变量。约束条件可能需要同时满足上下限,也可以是单边的不等式。在 ANSYS 的优化分析中,至多可以定义 100 个状态(约束)变量。选择足够约束设计的状态变量个数。避免使状态变量的上下限取值过于接近,这可能造成无解的现象。

优化目标函数、设计变量、状态变量等三种变量统称为 Mechanical APDL 的优化变量,在优化分析中,必须向程序声明哪些量是设计变量,哪些量是状态变量,哪个量是优化的目标函数。

2. APDL 优化分析的名词术语

下面介绍与 Mechanical APDL 优化分析相关的几个基本术语:

(1)优化分析文件

优化分析文件是一个标准的 ANSYS 命令流批处理输入文件,其中包含了一个完整的优化分析过程(前处理、分析以及后处理)。在优化分析文件中,必须要有一个参数化的分析模型,还要在文件中指出模型中的各参数是何种类型的优化变量。

形成优化分析文件是 Mechanical APDL 优化设计过程中最为关键的环节。Mechanical APDL 通过优化分析文件自动形成优化循环文件 Jobname. LOOP,并在优化分析中作循环操作。

(2)设计集(设计)

一个优化设计集(或设计)是指确定一个特定模型的参数集合,这个集合由所有结构优化设计参数及输出参数所组成,一个设计集可理解为一个设计方案(或一个设计)。

(3)循环和迭代

一次循环是指一个分析的周期,可以理解为执行一次优化分析文件,最后一次的循环结果输出到文件 Jobname. OPO 中。优化迭代是指得到一个新的设计集的一次或者多次循环的计算过程。

(4)可行、不可行设计

一个可行的设计是指满足了所有的约束条件(包括状态约束条件以及自变量取值范围的限制条件)的设计。如果约束条件没有完全被满足,则设计就是不可行的。最优化设计(定义见下面)在一般情况下都是可行的设计。

(5)最优化设计

最优化设计是指满足所有的约束条件又使得目标函数取得最小值的设计。对 APDL 而言,即便初始设计不可行,程序也可以搜索到最优化解。但是,如果程序经过搜索后发现,对于所有的设计变量的可能取值,所有的设计序列都是不可行的,那么程序将给出最接近于可行(最满足所有约束条件)的设计,而不考虑目标函数的值是不是取得最小值。

8.2.2　APDL 优化分析的基本过程

Mechanical APDL 优化分析在较新的 ANSYS 版本中只能通过批处理方法进行,在 13.0 及其之前的版本中则可通过 GUI 或命令流文件批处理两种方式进行。对于复杂分析任务来说,批处理方式的效率更高。无论采用何种方式,其基本过程都包括以下的主要步骤。

1. 形成优化分析文件

通过下列步骤形成优化分析文件:

(1)定义优化设计变量,并对设计变量指定初始值。

(2)建立参数化的分析模型。

在前处理器中建立参数化的分析模型,模型中的参数采用上面一步所定义的值作为初始值。建模的过程与一般的结构分析建模没有什么差别,只是在建模的命令中输入前面定义的参数名称即可,而不是输入参数值。

(3)执行一次有限元分析求解。

(4)参数化提取结果。

(5)形成优化分析文件。

通过 LGWRITE 命令将 ANSYS 数据库中的命令日志写成优化分析文件,其格式如下:

LGWRITE,Fname,Ext,--,Kedit

其中,Fname 域为优化分析文件的文件路径及文件名,如果不指定路径只输入文件名称则默认此文件写入当前工作路径。缺省的文件名为工作名称,比如 Jobname。Ext 域为优化分析文件扩展名,如果不指定则缺省为 LGW。Kedit 域指定对无关紧要的日志的处理方式,如果不指定则这部分日志将被写入优化分析文件;如果设为 COMMENT,则这部分日志会写入优化分析文件,但在行的开头会出现一个"!",即在运行优化分析文件时这部分日志作为注释行不被运行;如果设为 REMOVE,则这部分日志不会被写入优化分析文件。

2. 进入优化处理器 OPT,确认分析文件

通过/OPT 命令可进入 OPT 处理器,通过 OPANL 命令确认优化分析文件名,其调用格式如下:

OPANL,Fname,Ext

其中,Fname 域及 Ext 域分别为优化循环过程中所采用分析文件的文件名和扩展名。

GUI 操作中,选择菜单项目 Design Opt >—Analysis File—Assign…,打开 Assign Analysis File 对话框,浏览选择优化分析文件名。

3. 指定优化变量并进行相应的设置

三种优化变量均可以通过 OPVAR 命令来指定并设置。

(1)指定设计变量

指定设计变量时,OPVAR 命令的调用格式为:

OPVAR,name,DV,min,max,toler

其中,name 域为要指定为设计变量的 APDL 变量名,DV 表示此变量为设计变量,min 域和 max 域分别为设计变量取值范围的下限和上限,toler 域为设计变量的容差,此参数与后续优化运行有关。

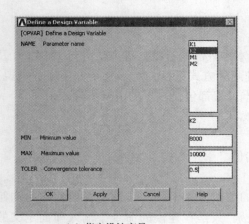 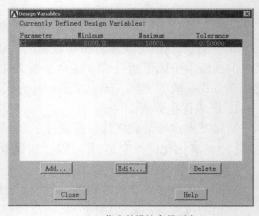

（a）指定设计变量　　　　　　　　　　　（b）指定的设计变量列表

图 8.1　指定设计变量

GUI 操作时,选择菜单项 Design Opt>Design Variables…>Add…,在弹出的对话框中选择变量为设计变量,并指定此设计变量的取值范围及容差,点 OK 或 Apply 确定,如图 8.1(a)所示,指定的设计变量随后出现在设计变量列表中,如图 8.1(b)所示。

对于已经指定的设计变量,可以在设计变量列表中选定后按下 Edit 按钮,在弹出的"Modify Design Variable limits and tolerance"对话框中对该设计变量的取值范围以及容差进行修改,如图 8.2 所示。

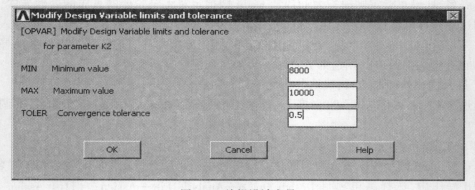

图 8.2　编辑设计变量

指定设计参数时要注意以下问题:

①推荐定义设计参数不超过 20 个。

②DV 限定为正值。

③最大值（MAX）没有缺省值,必须要指定为大于 0 的数值。

④最小值（MIN）的缺省值为 0.001 * MAX,如指定的话, 必须为大于 0 的数。

⑤设计变量容差（TOLER）是在收敛过程中两次循环间可接受的 DV 最小改变量。容差与 DV 有相同的单位,缺省值为 0.01 倍的当前值。

（2）指定状态变量

指定状态变量时,OPVAR 命令的调用格式为:

OPVAR,name,SV,min,max,toler

其中,name 域为要指定为状态变量的 APDL 变量名,SV 表示此变量为设计变量,min 域和 max 域分别为状态变量取值范围的下限和上限(优化约束条件的限定范围),toler 域为状态变量的容差。

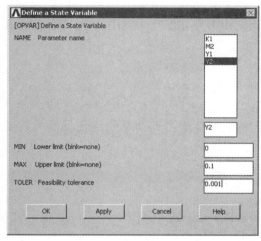

（a）指定状态变量

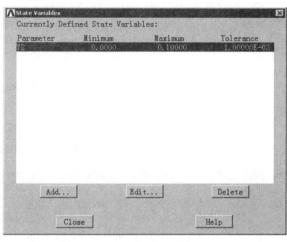

（b）指定的状态变量列表

图 8.3　指定设计变量

GUI 操作时,选择菜单项 Design Opt >State Variables…>Add…,在弹出的对话框中选择变量为状态变量,并指定此状态变量的取值范围及容差,点 OK 或 Apply 确定,如图 8.3(a)所示,指定的状态变量随后出现在设计变量列表中,如图 8.3(b)所示。

对于已经指定的状态变量,可以在状态变量列表中选定后按下 Edit 按钮,在弹出的"Modify State Variable limits and tolerance"对话框中对该设计变量的取值范围以及容差进行修改,如图 8.4 所示。

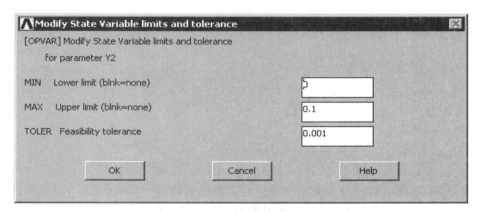

图 8.4　编辑状态变量

指定状态变量时要注意以下问题:

①状态变量不是优化所必须的(比如:无约束优化问题),但通常还是要指定,因为大多数设计需要某种形式的约束。

②在 APDL 中最多可定义 100 个 SV，SV 可以是单边的(只指定 MIN 或只指定 MAX 值，另一项空缺)或双边的(同时指定 MIN 和 MAX 值)。

③状态变量的 TOLER 实际上是可行域的容差，即：判定一个设计超出 DV 的 MAX 和 MIN 限定以外多大容许范围内为可行。单边 SV 的缺省值为 0.01 倍的 MAX 或 0.01 倍的 MIN，而双边 SV 的缺省值为 0.01 倍的(MAX−MIN)。例如，如果某结构的最大变形 D_MAX 为 SV，要求不能超过 1 mm，当 D_MAX 为 1.005 mm 时，此设计仍为可行的，因实际的允许变形限值为 1+(0.01×1)=1.01 mm。

（3）指定目标函数

指定目标函数时，OPVAR 命令的调用格式为：

OPVAR，name，OBJ，，，toler

其中，name 域为要指定为目标函数的 APDL 变量名，OBJ 表示此变量为优化目标函数变量，toler 域为目标函数的容差，此参数与后续优化运行有关。

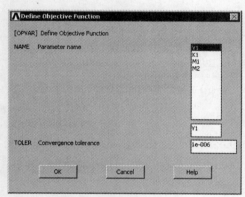
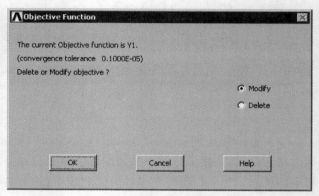

（a）指定目标函数变量　　　　　　　　　　（b）编辑或删除目标函数

图 8.5　指定及编辑目标函数

GUI 操作时，选择菜单项 Design Opt >Objective，在弹出的对话框中选择一个输出变量为目标函数，并指定此目标函数收敛容差 TOLER(Convergence tolerance)，点 OK 确定，如图 8.5(a)所示。

对于已经指定的目标函数变量，可以再次选择主菜单项 Design Opt >Objective，在弹出的"Objective Function"对话框中选择编辑或删除此目标函数，如图 8.5(b)所示。编辑目标函数的对话框与图 8.5(a)相同。

指定目标函数时要注意以下问题：

①Mechanical APDL 中只能指定一个目标函数。

②优化过程要确保 OBJ 为正，且总是使目标 OBJ 最小，如果要使得 Z 最大化，可指定 1/Z 或 C−Z 作为目标函数（C 是一个大于预计最大 Z 值的正数）。

③目标函数容差（TOLER）是为优化搜索收敛而指定的容差，例如收敛准则可以为连续两次迭代循环目标函数之差小于 TOLER。容差的缺省值为 0.01 倍的当前目标函数值。

4. 指定优化分析选项

指定了优化变量之后，需要设置优化运行的控制选项以及优化算法或工具选项。主要选项包括：

①指定优化数据存储文件

命令流操作中直接采用 OPDATA 命令来指定，其调用格式为：

OPDATA, Fname, Ext

其中，Fname 和 Ext 分别为文件名和扩展名。

②指定优化循环控制选项

分析文件循环控制通过 OPLOOP 命令来指定，其调用格式为：

OPLOOP, Read, Dvar, Parms

其中，Read 域用于指定从分析文件的什么位置开始读取，"TOP"表示从第一行开始读取，"PREP"表示从第一个"/PREP7"命令行开始读取。Dvar 域用于指定在优化循环中是否处理设计文件中的设计变量赋值语句，"IGNORE"表示在优化循环中忽略设计文件中的设计变量赋值，"PROCESS"表示在优化循环中处理设计文件中的设计变量赋值语句。Parms 域用于指定优化循环过程中保存的参数类型，"SCALAR"表示只保存标量参数，"ALL"则表示保存所有参数，即：标量参数及数组参数。

③指定是否激活优化详细输出信息

此选项通过 OPPRNT 命令来指定，其调用格式如下：

OPPRNT, Key

其中，Key 域提供了三个选项，"OFF"表示不打印输出细节（缺省）、"ON"表示打印输出细节，"FULL"打印输出细节的同时还输出设计集列表。

④指定数据库及结果保存选项

此选项用于指定是否保存数据库文件及结果，通过 OPKEEP 命令来指定，其调用格式为：

OPKEEP, Key

其中 Key 域有两个选项，"OFF"以及"ON"，与对话框的选项相对应。"ON"为最优结果集保存优化数据库文件和优化结果文件（File. BRST 以及 File. BDB），选择"OFF"则不保存。

GUI 操作中，以上选项可通过选择菜单项 Design Opt >Controls，在弹出"Specify run-time controls"对话框中进行设置。

⑤下面设置优化方法或工具

通过 OPTYPE 命令来指定优化算法或工具，其调用格式如下：

OPTYPE, Mname

其中，Mname 域表示选择的优化算法或工具，共提供了 8 个选项，其中 SUBP、FIRST 两个选项对应两种优化方法，即 Sub-Problem（子问题方法，或零阶方法）以及 First Order（一阶方法）；RAND、RUN、FACT、GRAD、SWEEP 等五个选项对应于五种搜索工具，即：RandomDesigns（随机设计工具）、Single Run（单步工具）、Factorial（因子工具）、Gradient（梯度工具）、DV Sweeps（设计变量扫描工具）；USER 选项则对应于用户优化算法选项 User Optimizer，允许用户调用 USEROP 子程序来执行自己的优化方法。选择一种方法或工具后，还需要设置此算法或工具相关的选项，相关命令在下一节中介绍。

GUI 操作时，选择通过菜单项 Design Opt >Method/Tool，在弹出的"Specify Optimization Method"对话框中可选择优化方法和工具，如图 8.6 所示。

选择一种方法或工具后，除了图 8.6 所选择的单步工具（Single Run）之外，选择其他方法或工具都将继续弹出进行附加选项的第二个对话框,在其中设置与所选择算法或工具相关的选项并设定参数。

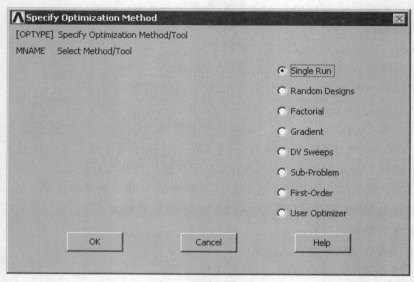

图 8.6　选择优化算法或工具

5. 执行优化求解或搜索

通过 OPEXE 命令执行优化求解或设计点搜索。优化程序或搜索工具将以新的 DV 值对分析文件进行循环分析,直到设计收敛或达到指定的搜索次数而结束求解。求解结束后,在输出窗口则显示收敛条件和优化设计集等参数。在此需要指出的是,收敛仅仅表示达到了预设的算法收敛准则,而不能够认为收敛就一定是得到了最优化解。还需要根据经验分析此设计是否需要继续进行优化。

GUI 操作时,选择菜单项 Design Opt >Run,弹出"Begin Execution of Run"信息确认框点 OK 即开始优化算法或搜索工具的运行。求解结束后弹出"Execution summary"优化执行摘要信息框,在输出窗口则显示收敛条件和优化设计集的参数。

6. 输出及查看优化设计的结果

Mechanical APDL 提供了各种查看和分析优化结果的方法,包括列表和图形显示。

(1)设计序列结果列表

要列出设计序列参数集(SET),采用 OPLIST 命令,其格式如下:

OPLIST, SET1, SET2, LKEY

其中,SET1 和 SET2 域为要列出设计集范围,如果 SET1 为 ALL,则列出所有的设计集。LKEY 域为列出变量的选项,设为 0 表示仅列出与优化相关变量,设为 1 表示列出全部的标量参数。

GUI 操作时,可选择菜单项 Design Opt >-Design Sets- List,弹出"List Design Sets"对话框,如图 8.7 所示,可选择列出最优设计(BEST Set)、最后设计(LAST Set)、全部设计(ALL Sets)或指定序号范围的设计(By Range),"Show parameters"选项用于选择列出参数类型。

图 8.8 为某个优化作业运行结束后列出的全部设计序列参数集。在这个列表中,每个设计集(SET)下方列出全部的设计变量(DV)、状态变量(SV)以及目标函数变量(OBJ)的名称

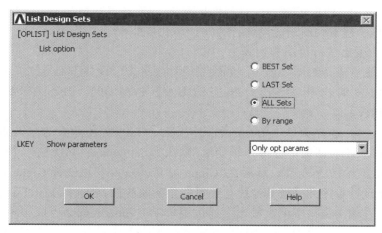

图 8.7　列出全部设计序列参数集

以及数值,此外在每个 SET 标题下方分别用<FEASIBLE>或<INFEASIBLE>表示此设计集是处在可行域还是不可行域,如果在不可行域则会在相应变量值之前标出">"以表明是由于此变量值不满足要求(大于或者小于规定限制),图中的初始设计为不可行设计,理由是状态变量 M12L 的数值超出了指定的限值。列表中的最优化设计(集)则在 SET 标题中用两个星号以 * SET X * 的形式标出。由图中看到,最后的 SET 10 为最优设计,但并不是所有情况下最优解都出现在最后一个 SET。

```
LIST OPTIMIZATION SETS FROM SET   1 TO SET  10 AND SHOW
ONLY OPTIMIZATION PARAMETERS. <A "*" SYMBOL IS USED TO
INDICATE THE BEST LISTED SET>


               SET   1        SET   2        SET   3        SET   4
             <INFEASIBLE>   <INFEASIBLE>   <INFEASIBLE>   <INFEASIBLE>
M12L  <SV>  > -579.05      >  12509.      >  38121.      >  27802.
D2    <DV>    0.10000         0.25573        0.36157        0.32806
TVOL  <OBJ>   0.50000E-01     0.62839        0.45293        0.48208


               SET   5        SET   6        SET   7        SET   8
             <INFEASIBLE>   <INFEASIBLE>   <INFEASIBLE>    <FEASIBLE>
M12L  <SV>  > -21.752      > -439.98      > -233.77         330.70
D2    <DV>    0.10906         0.10674        0.11354        0.12806
TVOL  <OBJ>   0.44941E-01     0.69597E-01    0.74450E-01    0.81667E-01


               SET   9       *SET 10*
             <FEASIBLE>     <FEASIBLE>
M12L  <SV>    385.01         401.70
D2    <DV>    0.12867        0.12882
TVOL  <OBJ>   0.78227E-01    0.77207E-01
```

图 8.8　设计序列参数集列表

此外,Mechanical APDL 的搜索工具与优化方法一样,在其执行结束后,也可列表显示设计集序列,由此工具所搜索到的最优设计,也会用 ∗ set ∗ 标出。

（2）选择优化变量进行绘图和列表

可选择优化变量进行绘图和列表。如绘制设计变量关于设计序列号或关于其他优化变量的曲线图,或列表输出相关信息,相应命令为 XVAROPY、PLVAROPT、PLVAR 以及 PRVAROPT 和 PRVAR。

GUI 操作方法为,选择菜单项 Design Opt >Graphs/Tables,在弹出的"Graph/List Tables of Design Set Parameters"对话框中选择 X 轴变量（默认为 Set number,只能选一个变量）和 Y 轴变量（可多选,但最多为 10 个变量）,然后在"Graph or List Table?"域选择 Graph PLVAR,则可绘制优化变量关于设计集序列号或其他优化变量变化的曲线图;若选择 List Table PRVAR,则相关的参数信息会在输出窗口中列表输出。通过菜单项 Utility Menu >PlotCtrls >Style >Graphs,可以对图形显示风格进行设置,如:坐标轴线控制（轴线标注、数值范围、分割数）、曲线显示控制（曲线宽度、曲线下的面积是否填充）以及栅格控制（栅格显示开关,只显示 X 方向或 Y 方向栅格或两者都显示）等。

8.2.3 优化方法和工具的应用要点

前已述及,ANSYS Mechanical APDL 提供两种优化方法和五种设计搜索工具。无论是优化方法还是工具,其使用过程大致相同,均包括如下的操作环节:

①建立初始设计并形成设计文件。
②进入优化求解器并确认分析文件。
③确认优化变量。
④选择搜索工具并指定选项。
⑤运行优化工具。
⑥查看结果。

下面具体介绍各种优化方法和工具的特点及和选项设置要点。

1. 单步循环工具

单步循环工具相当于一次优化分析文件的执行,可产生一组设计,此工具类似于后面介绍的 WB 的设计点（Design Point）。这个工具可用于不同设计方案的比较,也可用于回答"What if"型的问题。

要选择单步循环工具,选择菜单项 Design Opt >Method/Tool,弹出如图 8.9 所示的"Specify Optimization Method"对话框,在此对话框中选择"single run"。单步工具的选择可以通过 optype 命令,其调用格式为:

optype, RUN

2. 随机工具

随机工具相当于通过随机数产生器生成一系列随机的设计点并逐个进行分析（每次分析相当于执行一次分析文件）。随机搜索工具可用于研究整个设计空间,为后续的零阶方法或一阶方法提供优化的初始设计点。一般情况下,零阶优化缺少设计点时,会自动形成 N+2 组随机设计。如果采用随机搜索工具得到的最佳设计集作为后续零阶和一阶优化算法的初始设计点,则可有效提高优化的精度,避免一阶方法陷入局部的最优点。

当使用随机工具时,采用 Design Opt >Method/Tool 菜单,在弹出的指定优化方法对话框中选择 Random Designs,如图 8.9(a)所示,点 OK 按钮,继续弹出图 8.9(b)所示的"Controls for Random Designs"对话框,在其中设置随机工具的选项:最大迭代次数和期待的可行设计个数。

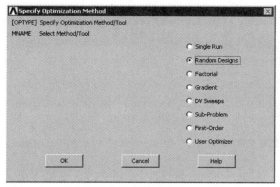

（a）随机设计工具的选择

（b）随机设计选项

图 8.9　随机工具及其选项

在命令流方式操作中,上述设置可通过 OPTYPE 以及 OPRAND 命令来实现。

OPTYPE 命令用于指定随机工具,其调用的格式为:

Optype, RAND

OPRAND 命令用于指定随机搜索选项,其调用格式为:

OPRAND, NITR, NFEAS

其中,NITR 为最大迭代次数,缺省值为 1;NFEAS 为希望得到的可行设计个数。在达到了所指定的最大迭代次数或可行设计个数后搜索停止。

3. 扫描工具

扫描工具对每个 DV 在指定取值范围内扫描,可给出各设计变量在取值范围内变化对设计的影响,因此这个工具可用于设计变量的敏感性研究。

扫描工具运行时,会基于一个指定的现有参考设计点(如:当前最优设计点、最后设计点、或其他指定的设计点),每次计算时,只改变一个设计变量,而其余的设计变量保持参考设计点的值。扫描工具运行时,总的扫描设计点个数为设计变量数 n 乘以指定的设计变量水平数 NSPS,比如:对于包含有 3 个 DV 的优化问题运行扫描工具,每个 DV 的水平数设为 5,则需要设计点个数是 3×5＝15。

当使用扫描工具时,采用 Design Opt >Method/Tool 菜单,在弹出的指定优化方法对话框中选择 DV Sweeps,如图 8.10(a)所示,点 OK 按钮,继续弹出图 8.10 (b)所示的"Controls for design sweep analysis"对话框,在其中设置扫描工具的下列选项:"Evaluation Point"为扫描参考点,可选择最佳设计、最后设计或选择设计 set 号;"No. of sweeps per DV"是每个 DV 扫描的水平数,缺省值为 2。

在命令流方式操作中,上述设置可通过 OPTYPE 以及 OPSWEEP 命令来实现。

OPTYPE 命令用于指定随机工具,其调用的格式为:

Optype,SWEEP

OPRAND 命令用于指定随机搜索选项,其调用格式为:

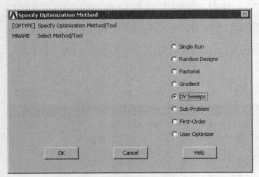
（a）扫描工具的选择

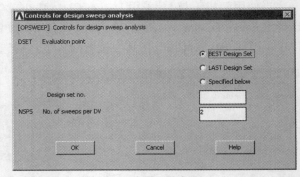
（b）扫描工具选项

图 8.10　扫描工具及其选项

OPSWEEP，Dset，NSPS

其中 Dset 域用于指定参考设计,输入 BEST 表示选择最优设计,输入 LAST 表示选择最后一次设计,也可以直接输入参考设计的 SET 号;NSPS 域表示每个 DV 扫描的水平数,缺省值为2(即最小和最大值)。

4. 梯度工具

梯度工具可用于分析 DV 的微小扰动对设计的影响,对局部敏感性研究很有帮助。此工具在实际运行时,对每个 DV 改变一个微小的量,在相邻的区域内基于参考设计产生一系列设计方案并求解(执行优化分析文件)。

目标函数 f 关于 DV 的梯度为:

$$\nabla f = \left\{ \frac{\partial f}{\partial x_1}, \frac{\partial f}{\partial x_2}, \cdots, \frac{\partial f}{\partial x_n} \right\}$$

实际计算时用向前差分代替微分来计算梯度:

$$\frac{\partial f}{\partial x_i} = \frac{f(\vec{x} + \Delta x_i \vec{e}) - f(x)}{\Delta x_i}$$

每个设计变量的微小变化量 Δx_i 由下式给出:

$$\Delta x_i = \frac{\text{DELTA}}{100}(\overline{x_i} - \underline{x_i})$$

$\overline{x_i}$ 以及 $\underline{x_i}$ 分别为设计变量 x_i 取值范围的上下限。

在零阶优化进行到最后时,梯度工具会自动应用,以判断目标函数是否达到最小值(梯度是否接近 0)。

当使用梯度工具时,采用 Design Opt >Method/Tool 菜单,在弹出的指定优化方法对话框中选择 Gradient,如图 8.11(a)所示,点 OK 按钮,继续弹出图 8.11(b)所示的"Controls for gradient computation"对话框,在其中设置梯度工具的下列选项:"Evaluation Point"为梯度计算的参考点,可选择最佳设计、最后设计或直接输入设计点的 set 号;"Percent forward diff"是每个 DV 向前差分计算时的微小扰动增量百分数,缺省值为(即最小和最大值)。

在命令流方式操作中,上述设置可通过 OPTYPE 以及 OPSWEEP 命令来实现。

OPTYPE 命令用于指定梯度工具,其调用的格式为:

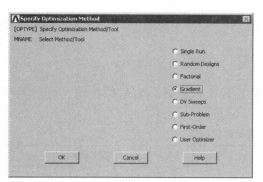
（a）选择梯度工具

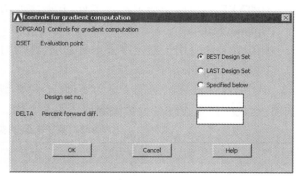
（b）扫描工具选项

图 8.11　扫描工具及其选项

Optype,GRAD

OPGRAD 命令用于指定梯度工具选项,其调用格式为:

OPGRAD, Dset, DELTA

其中 Dset 域用于指定参考设计,输入 BEST 表示选择最优设计,输入 LAST 表示选择最后一次设计,也可以直接输入参考设计的 SET 号 n;DELTA 域表示计算梯度时每个 DV 向前差分计算时的微小扰动增量百分数,缺省值为 0.5。

5. 乘子工具

乘子工具实际上是一种两水平试验设计工具,其采样点为设计域所有极点(即每个 DV 取最小或最大值时的设计)。该工具可用于评估每个 DV 对设计的影响以及变量间的交互影响。

对设计域进行两水平的完全乘子分析的设计点个数为 2^n 个(n 为设计变量数),对部分乘子设计法,设计变量个数为完全乘子 1/2、1/4、1/8、……。例如,对于 3 个设计变量的问题进行完全乘子分析会产生 2^3 个(8 个)设计点。

当使用乘子工具时,采用 Design Opt >Method/Tool 菜单,在弹出的指定优化方法对话框中选择 Factorial,如图 8.12(a)所示,点 OK 按钮,继续弹出图 8.12(b)所示的"Type of factorial evaluation"对话框,在其中选择乘子工具的类型,其选项的意义见表 8.2。

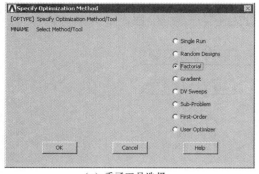
（a）乘子工具选择

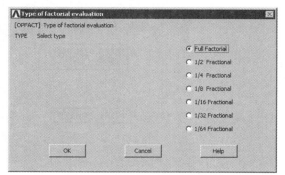
（b）乘子工具选项

图 8.12　乘子工具及其选项

在命令流方式操作中,上述设置可通过 OPTYPE 以及 OPFACT 命令来实现。

OPTYPE 命令用于指定随机工具,其调用的格式为:

Optype,FACT

OPFACT 命令用于指定乘子工具选项,其调用格式为:

OPFACT, Type

其中,Type 域表示乘子工具的类型,不同类型的迭代次数由设计变量数决定。可选类型选项、迭代次数及设计变量数限制列于表 8.2 中。

表 8.2 乘子工具的类型及迭代次数

TYPE 域	迭代次数	设计变量数 n 的限制
FULL	2^n	$n \leqslant 7$
1/2	2^{n-1}	$n \leqslant 8$
1/4	2^{n-2}	$n \leqslant 9$
1/8	2^{n-3}	$n \leqslant 10$
1/16	2^{n-4}	$n \leqslant 10$
1/32	2^{n-5}	$n \leqslant 10$
1/64	2^{n-6}	$n \leqslant 10$

6. 子问题方法

子问题方法(Sub-Problem)实际上是一种零阶方法,该方法采用因变量(SV 和 OBJ)的近似值进行搜索,OBJ 的近似值用于最优设计的定位,状态变量的近似值用于检查约束条件。零阶近似方法是一种对大多数应用推荐采用的通用方法,可以快速获得优化设计点。

零阶方法的分析过程,可通过图 8.13 所示的流程框图来表示。

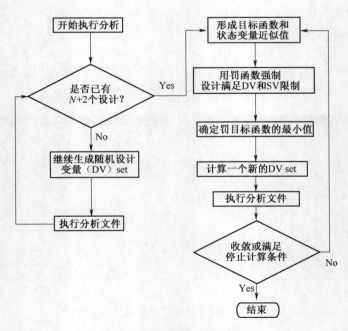

图 8.13 零阶方法流程框图

零阶方法开始计算时,需要首先基于已有的设计集以形成近似式:

$$\hat{f} = a_0 + \sum_{n=1}^{N} a_n X_n + \sum_{n=1}^{N} b_n X_n^2 + \sum_{m=1}^{N-1} \sum_{n=m+1}^{N} c_{mn} X_m X_n$$

式中,$\hat{f}$ 为目标函数或状态变量的近似值;X_n 为第 n 个设计变量;N 为设计变量总数;a、b、c 为拟合系数。

开始时至少 $N+2$ 个设计集以进行最小二乘拟合(N=DV 数),如果设计集不足会自动继续生成随机的设计集。

在拟合形成因变量的近似值之后,通过罚函数方法强制设计变量以及状态变量满足指定的限制要求,搜索带有罚函数项的目标函数的最小值。

零阶方法迭代至满足如下条件之一且当前设计可行时即停止计算:

(1)当前设计与最佳可行设计目标函数的差小于容差

|OBJcurrent − OBJbest| < TOLERobj

(2)当前设计与前一设计目标函数的差小于容差

|OBJcurrent − OBJcurrent−1| < TOLERobj

(3)对每一个 DV, 当前设计与最佳可行设计之差小于容差

|DVcurrent − DVbest| < TOLERdv(对所有的 DV)

(4)对每一个 DV, 当前设计与前一设计之差小于容差

|DVcurrent − DVcurrent−1| < TOLERdv(对所有的 DV)

以上各条件中,OBJbest、OBJcurrent 及 OBJcurrent−1 分别表示当前最佳设计、当前设计以及前一次设计的目标函数值;DVbest、DVcurrent 及 DVcurrent−1 分别表示当前最佳设计、当前设计以及前一次设计的设计变量值;TOLERobj 以及 TOLERdv 分别为目标函数以及设计变量的容差。

使用零阶方法时,通过 Design Opt >Method/Tool 菜单,在弹出的指定优化方法对话框中选择 Sub−Problem,如图 8.14(a)所示,点 OK 按钮,继续弹出图 8.14(b)所示的"Controls for Sub −Problem Optimization" 对话框,在其中设置零阶方法的选项,各选项意义可参照下面对 OPSUBP 命令及 OPEQN 命令的解释。

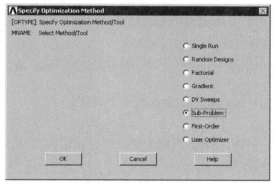

（a）选择零阶优化方法

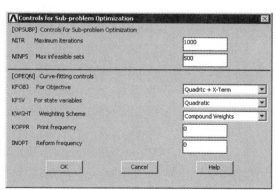

（b）设置零阶方法的选项

图 8.14　选择零阶方法并进行参数设置

在命令流方式操作中,上述设置可通过 OPTYPE 命令、OPSUBP 命令以及 OPEQN 命令来实现。

OPTYPE 命令用于指定优化算法,对零阶方法,其调用格式为:

OPTYPE,SUBP

OPSUBP 命令用于指定零阶方法的最大迭代次数和最多不可行设计集个数,其调用格式如下:

OPSUBP, NITR, NINFS

其中,NITR 域为下次优化分析中零阶方法的最大迭代次数,缺省为之前指定的数或 30 次。NINFS 域为零阶方法优化过程允许的最大连续不可行设计集的个数,缺省值为 7 个。

OPEQN 命令用于指定零阶方法近似拟合的选项,其调用格式如下:

OPEQN, KFOBJ, KFSV, KWGHT, KOPPR, INOPT

其中,KFOBJ 域为目标函数拟合选项,0 表示包含二次项及交叉项的拟合(缺省),1 表示线性拟合,2 表示二次项拟合,3 的意义与 0 相同;KFSV 域为状态变量的拟合选项,0 表示二次项拟合(缺省),1 表示线性拟合,2 的意义与 0 相同,3 表示二次项及交叉项拟合。KWGHT 域表示拟合的权重因数选项,1 表示采用统一的权重,2 表示权数基于设计空间中设计变量取值,设计变量取值与当前最佳设计集越接近获得权重越高,3 表示权数基于目标函数值,目标函数值越小获得的权重越高,4 表示权数基于设计是否可行,可行设计集获得比不可行设计集更高的权重,0 表示综合考虑 2、3、4 的影响来确定权重的取值。KOPPR 域用于指定优化输出选项,0 表示不打印输出近似数据(缺省),N 表示每 N 个优化循环输出一次。INOPT 域用于指定近似拟合更新选项,0 表示近似拟合会在每一次优化循环中更新,输入 N 则表示每隔 N 次循环后再更新一次。

实际应用零阶方法时,可应用下面一节介绍的随机工具或单步循环工具产生一些设计方案,然后只保留在可行域内的设计或一定数量的较好的设计。基于这些设计能有效改善零阶方法近似拟合因变量的精度。

7. 一阶方法

一阶方法采用因变量的一阶偏导数来决定搜索方向并获得优化结果,此方法没有近似拟合,被认为是更精确的方法。但另一方面,一阶方法的每次迭代都涉及多次分析(对分析文件的多次循环执行),以确定适当的搜索方向,因此一阶方法需要较多的计算时间。

一阶方法在迭代过程中如同时满足了如下的两个条件时即达到收敛:

(1)改变目标函数,使当前设计和最优可行设计的目标函数之间的差值小于容差。

$|OBJcurrent - OBJbest| < TOLERobj$

(2)改变目标函数,使当前设计和前一设计的目标函数之间的差值小于容差。

$|OBJcurrent - OBJcurrent-1| < TOLERobj$

以上条件中,OBJbest、OBJcurrent、OBJcurrent-1 依次表示当前最佳设计、当前设计及前一次设计的目标函数值,TOLERobj 为指定的目标函数容差。

在一阶方法中,约束条件和设计变量范围中同样是采用罚函数的处理方法。

一阶方法的计算流程图如图 8.15 所示。

使用一阶方法时,采用 Design Opt >Method/Tool 菜单,在弹出的指定优化方法对话框中选择 First-Order,如图 8.16(a)所示,点 OK 按钮,继续弹出图 8.16(b)所示的"Controls for First-

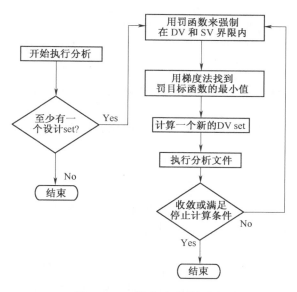

图 8.15 一阶方法流程框图

Order Optimization"对话框,在其中设置一阶方法的选项,各选项意义可参照下面对 OPSUBP 命令及 OPFRST 命令的解释。

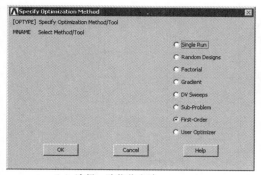

(a) 选择一阶优化方法

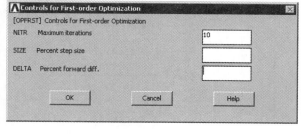

(b) 设置一阶方法的选项

图 8.16 选择一阶方法并进行参数设置

在命令流方式操作中,上述设置可通过 OPTYPE 命令及 OPFRST 命令来实现。

OPTYPE 命令用于指定优化算法,对零阶方法,其调用格式为:

OPTYPE,FIRST

OPFRST 命令用于指定一阶方法,其调用格式为:

OPFRST, NITR, SIZE, DELTA

其中,NITR 为下次执行一阶方法时的最大优化迭代次数,缺省为 10,SIZE 为设计变量在 OPVAR 指定范围内改变的最大限制百分比,缺省值为 100,DELTA 向前差分计算梯度时设计变量的变化范围百分比,设计变量的实际变化量为 DELTA * (MAX - MIN)/100,缺省为 0.2。一般情况下,SIZE 和 DELTA 采用缺省值通常已足够。

一阶方法比零阶方法通常会花费更多的时间,所以推荐在对零阶方法的结果不满意或对优化精度较高的情况下采用。也可先采用零阶方法进行一轮次的优化,搜索到最优解的近似值,然后再采用一阶方法在此近似最优解附近搜索精确解。此外,一阶方法优化分析可能收敛于一个局部最小值,这与初始设计的选择有关,实际使用中要注意避免这种情况。

8.3 Mechanical APDL 参数优化例题

本节给出几个基于 Mechanical APDL 的结构优化分析例题,本节中的例题均采用批处理方式进行操作。

例 8.1 函数极值问题

问题描述:

函数 $f(X) = 7.5 - (5 + X/5) \cdot \sin X$,其中 X 的取值范围是 $[0.2, 10]$(单位:弧度),采用一阶方法计算此函数在给定区间的全局最优解(极小值)。

问题分析:

此函数的图像如图 8.17 所示,由函数的图像可知,此函数在搜索区间内有两个极小值点,其中在 $\pi/2$ 附近为一局部的极小值,而在 $5\pi/2$ 附近则为全局的最小值。本例题旨在说明采用一阶方法如何避免搜索到局部而非全局的最优解。

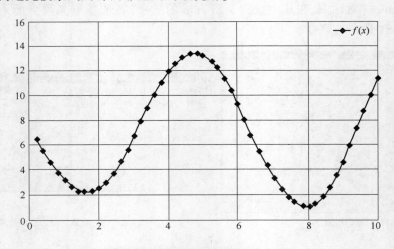

图 8.17 函数 $f(x)$ 的图像

分析过程:

采用一阶方法求解此极值问题,命令流如下:

```
x=0.25                              ! 自变量的初始值
f=7.5-(5+x/5)*sin(x)                ! 函数
LGWRITE,'optimize','txt',,COMMENT   ! 写优化文件
FINISH                              !
/OPT                                ! 进入优化处理器
OPANL,'optimize','txt',''           ! 指定分析文件
OPVAR,x,dv,0.1,10,                  ! 指定设计变量
```

```
OPVAR,f,obj,,                    ! 指定目标函数
OPTYPE,first                     ! 一阶方法优化
OPEXE                            ! 优化计算
OPLIST                          ! 列出优化结果
```

执行上述命令流后显示出优化结果如图 8.18 所示,函数 f(X) 的最小值约为 2.1821,与前面的函数图像对比可知,此优化结果得到的局部的相对最小值,而不是全局的最小值。

```
LIST OPTIMIZATION SETS FROM SET    1 TO SET    3 AND SHOW
ONLY OPTIMIZATION PARAMETERS. (A "*" SYMBOL IS USED TO
INDICATE THE BEST LISTED SET)|
```

		SET 1 (FEASIBLE)	*SET 2* (FEASIBLE)	SET 3 (FEASIBLE)
X	(DV)	0.25000	1.6082	1.5761
F	(OBJ)	6.2506	2.1821	2.1848

图 8.18　一阶方法优化得到局部最优解

上述计算结果表明,基于梯度的一阶方法对起始点的位置是很敏感的,一阶方法只有当迭代的起始值在全局最优解附近时才能得到精确解答。本例中,由于起始点选择靠近局部极值点,一阶方法最终收敛于局部的最优点而非全局的最优点。为此,需要改变一阶方法搜索的起始点位置。但由于优化计算之前,通常不一定知道可能的最优解在设计空间中的位置,一种有效做法是首先通过随机搜索工具在设计域全局内形成一些设计,以这些随机设计中的最优解作为初值,再通过一阶方法搜索最优解。

为此,修改优化命令流如下:

```
x=0.25                           ! 自变量的初始值
f=7.5-(5+x/5)*sin(x)             ! 函数
LGWRITE,´optimize´,´txt´,,COMMENT ! 写优化文件
FINISH                           !
/OPT                            ! 进入优化处理器
OPANL,´optimize´,´txt´,´´        ! 指定分析文件
OPVAR,x,dv,0.1,10,               ! 指定设计变量及范围
OPVAR,f,obj,,                    ! 指定目标函数
OPTYPE,rand                      ! 随机工具指定
OPRAND,10,10,                    ! 随机工具选项
OPEXE                            ! 随机工具搜索
OPTYPE,first                     ! 一阶方法指定
OPEXE                            ! 一阶方法分析
OPLIST,all                       ! 列出优化结果
```

执行上述修改后的命令流,得到一阶方法搜索后的设计输出,如图 8.19 所示。

```
LIST OPTIMIZATION SETS FROM SET   1 TO SET  13 AND SHOW
ONLY OPTIMIZATION PARAMETERS. <A "*" SYMBOL IS USED TO
INDICATE THE BEST LISTED SET>

                    SET  1         SET  2         SET  3         SET  4
                  (FEASIBLE)     (FEASIBLE)     (FEASIBLE)     (FEASIBLE)
    X     (DV)     0.25000         8.4870         4.6261         3.9411
    F     (OBJ)    6.2506          2.1004         13.403         11.650

                    SET  5         SET  6         SET  7         SET  8
                  (FEASIBLE)     (FEASIBLE)     (FEASIBLE)     (FEASIBLE)
    X     (DV)     6.9544          5.4218         6.2174         8.4937
    F     (OBJ)    3.5251          12.116         7.9103         2.1258

                    SET  9         SET 10         SET 11         SET 12
                  (FEASIBLE)     (FEASIBLE)     (FEASIBLE)     (FEASIBLE)
    X     (DV)     0.13296         4.7441         7.8842         7.8600
    F     (OBJ)    6.8337          13.446         0.92616        0.92812

                    *SET 13*
                  (FEASIBLE)
    X     (DV)     7.8844
    F     (OBJ)    0.92616
```

图 8.19　修改起始点后一阶方法得到全局最优解

这次优化得到的最小值约为 0.926,明显低于之前的局部最小值,对照之前的函数图像可知此最小值是全局的最小值。

例 8.2　桁架结构截面优化

问题描述:

例题 7.1 中的桁架结构,如果各杆件的容许拉应力为 $[\sigma]_+ = 70$ MPa,容许压应力为 $[\sigma]_- = -35$ MPa,各杆件截面不小于 0.8 cm^2,且不超过 5 cm^2,其他条件不变。试设计各杆件的截面,使其满足三种工况的强度要求,且用钢量最低。

问题分析:

此问题实际上为满足抗拉、抗压强度条件下的桁架结构最轻的优化设计问题。此优化问题可以表述如下:

①设计变量:

A_i(各杆件的截面积,$i = 1,2,3,4,5$),满足 0.8 cm$^2 \leqslant A_i \leqslant 5$ cm^2。

②约束条件:

受拉杆件应力 $0 \leqslant \sigma \leqslant 70$ MPa;

受压杆件应力 -35 MPa$\leqslant \sigma < 0$。

③目标函数:

结构的总体积→min。

对于任意一根杆件来说,由于在各工况下其内力可能受拉,也可能受压,为了简化约束条件,在实际进行优化分析时,首先对各杆件的应力进行规格化处理。具体方法为:对于杆件受拉的情况,其应力除以抗拉强度 70 MPa 后的值保存为一个应力比变量,对于杆件受压的情况,其应力除以抗压强度 −35 MPa 后的值保存为应力比变量,受拉及受压强度条件转化为在三种工况下各杆件的应力强度比最大值不超过 1 的约束限制条件。

此优化问题的理论解答实质上为满应力设计解,我们在第三章知道其理论解为:$[2.86, 2.86, 1.43, 2.86, 4.04]^T cm^2$,此理论解可用来验证优化的结果是否正确。

分析过程:

下面通过零阶优化方法对此问题进行分析,设计变量和目标函数的容差在初次分析时可采用缺省值。首先通过执行下列 APDL 命令流写优化分析命令文件 optimize. txt。

```
/prep7                                        ! Unit m N kg Pa          设置其他参数
*set,a,1  $  *set,P,10e3                       ! 设置其他参数
*set,A1,1e-4  $  *set,A2,1e-4                   ! 定义设计参数
*set,A3,1e-4  $  *set,A4,1e-4
*set,A5,1e-4
ET,1,LINK180                                  ! 单元类型
R,1,a1,  $  R,2,a2,  $  R,3,a3,                  ! 实参数赋值
R,4,a4,  $  R,5,a5,                            ! 实参数赋值
MP,EX,1,2e11                                   ! 弹性模量
n,1,  $  n,2,,a,  $  n,3,a,a,  $  n,4,a,,        ! 定义节点
REAL,1  $ e,1,2                               ! 创建单元 1
REAL,2  $ e,2,3                               ! 创建单元 2
REAL,3  $ e,3,4                               ! 创建单元 3
REAL,4  $ e,1,4                               ! 创建单元 4
REAL,5  $ e,1,3                               ! 创建单元 5
d,1,,,,,,,ux,  $  d,2,,,,,,,ux,uy,              ! 施加位移约束
fini                                          ! 退出前处理器
/sol                                          ! 进入求解器
! load step 1
f,3,fx,P $  f,3,fy,-P $  solve                  ! 第 1 载荷步加载求解
! load step 2
fdele,all,all  $  f,4,fy,-P,  $  solve           ! 第 2 载荷步加载求解
! load step 3
fdele,all,all  $  f,4,fx,P,  $  f,4,fy,P,         ! 第 3 载荷步加载
solve  $  FINI                                 ! 求解并退出求解器
/post1                                        ! 进入后处理器
```

```
SET,1                                    ! 读取工况 1 的结果
ETABLE, ,LS, 1                           ! 定义单元表:应力
*DIM,sts,ARRAY,5,1,1, , ,                ! 定义数组
*VGET,sts,ELEM, ,ETAB,LS1                ! 单元表赋值给数组
sa1=sts(1)                               ! 工况 1 杆件 1 的应力
*if,sa1,ge,0.0,then                      ! 工况 1 杆件 1 的应力标准化
sa1=sa1/(70e6)
*else
sa1=sa1/(-35e6)
*endif
sa2=sts(2)                               ! 工况 1 杆件 2 的应力
*if,sa2,ge,0.0,then                      ! 工况 1 杆件 2 的应力标准化
sa2=sa2/(70e6)
*else
sa2=sa2/(-35e6)
*endif
sa3=sts(3)                               ! 工况 1 杆件 3 的应力
*if,sa3,ge,0.0,then                      ! 工况 1 杆件 3 的应力标准化
sa3=sa3/(70e6)
*else
sa3=sa3/(-35e6)
*endif
sa4=sts(4)                               ! 工况 1 杆件 4 的应力
*if,sa4,ge,0.0,then                      ! 工况 1 杆件 4 的应力标准化
sa4=sa4/(70e6)                           !
*else                                    !
sa4=sa4/(-35e6)                          !
*endif                                   !
sa5=sts(5)                               ! 工况 1 杆件 5 的应力
*if,sa5,ge,0.0,then                      ! 工况 1 杆件 5 的应力标准化
sa5=sa5/(70e6)
*else
sa5=sa5/(-35e6)
*endif
SET,2                                    ! 读取工况 2 的结果
ETABLE, ,LS, 1                           ! 定义单元表:应力
```

```
*DIM,sts,ARRAY,5,1,1, , ,                    ! 定义数组
*VGET,sts,ELEM, ,ETAB,LS1                    ! 单元表赋值给数组
sb1=sts(1)                                   ! 工况 2 杆件 1 的应力
*if,sb1,ge,0.0,then                          ! 工况 2 杆件 1 的应力标准化
sb1=sb1/(70e6)
*else
sb1=sb1/(-35e6)
*endif
sb2=sts(2)                                   ! 工况 2 杆件 2 的应力
*if,sb2,ge,0.0,then                          ! 工况 2 杆件 2 的应力标准化
sb2=sb2/(70e6)
*else
sb2=sb2/(-35e6)
*endif
sb3=sts(3)                                   ! 工况 2 杆件 3 的应力
*if,sb3,ge,0.0,then                          ! 工况 3 杆件 3 的应力标准化
sb3=sb3/(70e6)
*else
sb3=sb3/(-35e6)
*endif
sb4=sts(4)                                   ! 工况 2 杆件 4 的应力
*if,sb4,ge,0.0,then                          ! 工况 2 杆件 4 的应力标准化
sb4=sb4/(70e6)
*else
sb4=sb4/(-35e6)
*endif
sb5=sts(5)                                   ! 工况 2 杆件 5 的应力
*if,sb5,ge,0.0,then                          ! 工况 2 杆件 5 的应力标准化
sb5=sb5/(70e6)
*else
sb5=sb5/(-35e6)
*endif
SET,3                                        ! 读取工况 3 的结果
ETABLE, ,LS, 1                               ! 定义单元表:应力
*DIM,sts,ARRAY,5,1,1, , ,                    ! 定义数组
*VGET,sts,ELEM, ,ETAB,LS1                    ! 单元表赋值给数组
```

```
sc1 = sts(1)                           ! 工况 3 杆件 1 的应力
*if,sc1,ge,0.0,then                    ! 工况 3 杆件 1 的应力标准化
sc1 = sc1∕(70e6)
*else
sc1 = sc1∕(-35e6)
*endif
sc2 = sts(2)                           ! 工况 3 杆件 2 的应力
*if,sc2,ge,0.0,then                    ! 工况 3 杆件 2 的应力标准化
sc2 = sc2∕(70e6)
*else
sc2 = sc2∕(-35e6)
*endif
sc3 = sts(3)                           ! 工况 3 杆件 3 的应力
*if,sc3,ge,0.0,then                    ! 工况 3 杆件 3 的应力标准化
sc3 = sc3∕(70e6)
*else
sc3 = sc3∕(-35e6)
*endif
sc4 = sts(4)                           ! 工况 3 杆件 4 的应力
*if,sc4,ge,0.0,then                    ! 工况 3 杆件 4 的应力标准化
sc4 = sc4∕(70e6)
*else
sc4 = sc4∕(-35e6)
*endif
sc5 = sts(5)                           ! 工况 3 杆件 5 的应力
*if,sc5,ge,0.0,then                    ! 工况 3 杆件 5 的应力标准化
sc5 = sc5∕(70e6)
*else
sc5 = sc5∕(-35e6)
*endif
S1 = max(sa1,sb1,sc1)                  ! 提取杆件 1 各工况的最大应力强度比
S2 = max(sa2,sb2,sc2)                  ! 提取杆件 2 各工况的最大应力强度比
S3 = max(sa3,sb3,sc3)                  ! 提取杆件 3 各工况的最大应力强度比
S4 = max(sa4,sb4,sc4)                  ! 提取杆件 4 各工况的最大应力强度比
S5 = max(sa5,sb5,sc5)                  ! 提取杆件 5 各工况的最大应力强度比
ETABLE,evolume,VOLU,                   ! 建立单元体积单元表
SSUM                                   ! 求和
*GET,volume,SSUM, ,ITEM,EVOLUME        ! 提取结构总体积
```

以上命令流保存为文件 truss. inp,用于下一章 Workbench 优化分析例题的输入文件。用下面的 LGWRITE 命令写后续优化分析的命令文件:

```
LGWRITE,'optimize','txt',',COMMENT                    ! 写命令文件 optimize. txt
```

得到优化分析文件后,执行下列命令指定分析文件、确认优化变量并通过零阶方法进行第一次优化分析。

```
FINISH                              ! 退出通用后处理模块
/OPT                                ! 进入优化程序
OPANL,'optimize','txt','',         ! 指定优化命令文件
OPVAR,A1,DV,0.8e-4,5e-4,           ! 指定设计变量 A1 范围
OPVAR,A2,DV,0.8e-4,5e-4,           ! 指定设计变量 A2 范围
OPVAR,A3,DV,0.8e-4,5e-4,           ! 指定设计变量 A3 范围
OPVAR,A4,DV,0.8e-4,5e-4,           ! 指定设计变量 A4 范围
OPVAR,A5,DV,0.8e-4,5e-4,           ! 指定设计变量 A5 范围
OPVAR,S1,SV,,1,,                   ! 指定状态变量 S1 及取值限制条件
OPVAR,S2,SV,,1,,                   ! 指定状态变量 S2 及取值限制条件
OPVAR,S3,SV,,1,,                   ! 指定状态变量 S3 及取值限制条件
OPVAR,S4,SV,,1,,                   ! 指定状态变量 S4 及取值限制条件
OPVAR,S5,SV,,1,,                   ! 指定状态变量 S5 及取值限制条件
OPVAR,volume,OBJ,,,,               ! 定义目标变量 VOLUME
OPTYPE,SUBP                        ! 指定优化方法
OPsubp,100,100                     ! 优化方法设定
OPEXE                              ! 执行优化分析
```

上述命令流中,sai、sbi、sci($i=1,2,3,4,5$)分别为第 1 工况、第 2 工况、第 3 工况在规格化后的应力强度比,而 Si($i=1,2,3,4,5$)分别为各杆件在各工况下的最大应力强度比,优化中直接采用 Si 作为状态变量(约束条件),满足 Si≤1 即可。

优化运行结束后,查看优化程序频率输出的结果,发现如下的输出信息:

>>>>>>SOLUTION HAS CONVERGED TO POSSIBLE OPTIMUM   <<<<<<

<BASED ON DV TORLERANCE BETWEEN BEST AND FINAL DESIGNS>

优化得到结构总体积为 $0.15868×10^{-2} m^3$,各杆件的应力比及最优截面积列于表 8.3 中。

表 8.3　桁架结构第一次优化的结果

杆件号	1	2	3	4	5
截面积(cm^2)	2.83	2.86	2.87	1.50	4.10
应力强度比	1.007 9	0.999 1	0.995 3	0.949 5	0.985 3

注:杆件编号按图 7.16 中 ANSYS 建模过程中实际输入的编号。

表 8.3 的结果表明,相对于满应力设计(第三章),杆件 1、杆件 2 以及杆件 3 的应力强度比基本都达到了上限 1.0,而杆件 4 和杆件 5 的强度还有富裕,即其截面积还有进一步优化的空间。

按照上述提示可知,程序收敛是基于目标函数的容差,于是对设计变量的容差收紧,由当

前最优设计 DV 的 1%(缺省值),改变为 0.01%,即定义 DV 的命令作如下修改:

```
OPVAR,A1,DV,0.8e-4,5e-4,2.83e-8        ! 指定优化变量范围
OPVAR,A2,DV,0.8e-4,5e-4,2.86e-8        ! 指定优化变量范围
OPVAR,A3,DV,0.8e-4,5e-4,2.87e-8        ! 指定优化变量范围
OPVAR,A4,DV,0.8e-4,5e-4,1.50e-8        ! 指定优化变量范围
OPVAR,A5,DV,0.8e-4,5e-4,4.10e-8        ! 指定优化变量范围
```

其余设置不变,重新运行零阶优化程序,优化结束后,查看优化程序频率输出的结果,发现如下的输出信息:

\>\>\>\>\>\>SOLUTION HAS CONVERGED TO POSSIBLE OPTIMUM   <<<<<<

<BASED ON OBJ TORLERANCE BETWEEN BEST AND FINAL DESIGNS>

优化得到的结构总体积为 $0.15864 \times 10^{-2} \text{ m}^3$,各杆件的应力比及最优截面积列于表 8.4 中。

表 8.4   改变 DV 容差后的优化结果

杆件号	1	2	3	4	5
截面积(cm^2)	2.84	2.86	2.87	1.49	4.10
应力强度比	1.005 8	0.999 2	0.995 7	0.955 9	0.985 3

与前次分析相比,杆件 4 的应力强度比稍有提高,杆件 5 则没有改变,未达到满应力设计,仍有优化空间。按照程序提示可知,程序收敛是基于目标函数的容差,于是对目标函数的容差收紧,由当前最优设计 OBJ 的 1%(缺省值),改变为 0.01%,即定义 OBJ 的命令作如下修改:

```
                    OPVAR,volume,OBJ, , ,0.1586 4e-6,
```

设计变量容差采用第二次计算的设置,其余设置按最开始的设置不变,重新运行零阶优化程序。优化程序运行结束后,查看优化程序频率输出的结果,发现如下的输出信息:

\>\>\>\>\>\>SOLUTION HAS CONVERGED TO POSSIBLE OPTIMUM   <<<<<<

<BASED ON DV TORLERANCE BETWEEN BEST AND FINAL DESIGNS>

优化得到结构总体积为 $0.157 40 \times 10^{-2} \text{ m}^3$,各杆件的应力比及最优截面积列于表 8.5 中。

表 8.5   再改变 OBJ 容差之后的优化结果

杆件号	1	2	3	4	5
截面积(cm^2)	2.86	2.86	2.87	1.42	4.06
应力强度比	1.000	1.000	0.997	1.003	0.996

由表中结果可见,各杆件的应力强度比均达到了上限 1.0,各截面积 DV 值也收敛于满应力解。

在上述优化结果中,注意到个别应力强度比略超过 1 也被认为是可行设计,这是由于约束变量的容差采用缺省的 0.01,即应力强度比不超过 1.01 即被认为是满足强度条件。

例 8.3   调频质量阻尼器的设计

问题描述:

例 7.2 中的 2DOF 弹簧质量体系中(图 7.18 所示),其他条件不变,如 $m_2 = 10 \text{ kg}$,m_1 上仍作用频率为 5 Hz 的简谐荷载,为了使质点 m_1 的动位移 Y_1 最小化,且满足质点 m_2 动位移 Y_2 不

超过 10 cm,通过 ANSYS APDL 优化搜索,确定最合理的弹簧刚度值 k_2(不计入阻尼)。

问题分析:

此问题实质上可描述为如下的优化问题。

①设计变量: k_2

②目标函数: $Y_1 \to \min$

③约束条件: $Y_2 \leqslant 0.10$ m

明确了基本问题之后,编制如下的优化命令流来解决此问题,首先用零阶方法通过如下命令流进行搜索。

```
/PREP7                              ! 进入前处理,单位制 Unit m N kg Pa
*set,k1,986960  $  *set,m1,1000     ! 指定参数
*set,k2,8000    $  *set,m2,10
ET,1,COMBIN40,,,2                   ! UY DOF
R,1,k1,,m1    $ R,2,k2,,m2          ! 指定实参数
N,1 $ N,2,0,1 $ N,3,0,2             ! 定义节点
REAL,1 $ E,2,1                      ! 定义单元
REAL,2 $ E,3,2                      ! 定义单元
D,1,ALL                             !
FINISH                              !
/SOLU                               !
ANTYPE,MODAL                        ! 模态分析
MODOPT,LANB,2,,,                     ! 提取两阶模态
SOLVE                               ! 求解
FINISH                              ! 退出求解器
/SOLU                               ! 再重新进入求解器
ANTYPE,HARMIC                       ! 谐响应分析类型
HROPT,MSUP,2                        ! 模态叠加法谐响应分析,利用两阶模态
HARFRQ,4.5,5.5                      ! 频率范围 4.5 到 5.5 Hz
F,2,FY,500                          ! 加载
KBC,1                               ! 阶跃式的加载
NSUBST,20                           ! 子步数为 20 个
OUTPR,,all                          ! 求解
OUTRES,,1                           !
SOLVE                               !
FINISH                              !
/POST26                             ! 进入时间历程后处理
FILE,,rfrq                          ! 读取 rfrq 文件
NSOL,2,2,U,Y,UY1                    ! 提取节点 2 的位移 UY1
NSOL,3,3,U,Y,UY2                    ! 提取节点 3 的位移 UY2
```

```
store                                    ! 存储变量
*GET,Y1,VARI,2,RTIME,5.0                 ! 获取时间历程变量的实部,加载频率 5Hz 时
*GET,Y2,VARI,3,RTIME,5.0                 ! 获取时间历程变量的实部,加载频率 5Hz 时
Y1=abs(Y1)  $  Y2=abs(Y2)                ! 取变量的绝对值
LGWRITE,'optimize','txt',COMMENT         ! 命令文件
FINISH                                   ! 退出通用后处理模块
/OPT                                     ! 进入优化程序
OPANL,'optimize','txt'                   ! 指定优化命令文件
OPVAR,k2,DV,8e3,10e3,0.5                 ! 指定设计变量及范围
OPVAR,Y2,SV,0,0.1                        ! 指定状态变量及范围
OPVAR,Y1,OBJ, , ,1E-6                    ! 定义目标函数变量 Y1
OPTYPE,SUBP                              ! 指定优化方法为零阶方法
OPsubp,1000,500                          ! 优化方法设定
OPEXE                                    ! 执行优化分析
OPLIST,ALL                               ! 列出优化结果
```

通过运行零阶方法,得到的最佳解答为 $k_2 = 9\,923.9$ N/m, $Y_1 = 2.771\,7 \times 10^{-4}$ m, $Y_2 = 5.066\,1 \times 10^{-2}$ m。下面基于此初始值,再应用一阶方法进一步搜索更精确的最优解,这可以通过执行下列命令实现。

```
OPTYPE,FIRS                              ! 一阶方法优化
OPFRST,10                                ! 一阶方法选项
OPEXE                                    ! 求解
OPLIST,ALL                               ! 列出优化序列集
```

一阶方法运行结束后,给出的最佳刚度值为 $k_2 = 9\,869.6$ N/m,质点 m_1 的位移 Y_1 几乎降为零。

此时,实际上由 k_2 和 m_2 组成的单自由度体系与由 k_1 和 m_1 组成的单自由度体系自振频率相等, $k_2 - m_2$ 起到了调频质量阻尼器的作用,消除了 m_1 的运动,且 m_2 本身的位移也被限制在合理范围。

第9章 基于 Workbench 的结构优化技术

本章介绍基于 ANSYS Workbench 的结构优化技术及应用。首先介绍了基于 ANSYS Workbench 的参数管理、设计探索及优化功能,然后详细介绍了优化设计模块 ANSYS DesignX-plorer[23] 的参数相关性分析技术、DOE 技术、响应面技术及目标驱动优化技术的概念及操作要点,最后对 Workbench 环境下的形状优化技术及应用方法进行了简单介绍。本章相关技术均结合分析实例进行介绍。

9.1 ANSYS Workbench 参数管理及设计优化技术概述

ANSYS Workbench(以下简称 WB)是 ANSYS 公司开发的新一代设计仿真集成工作环境,ANSYS WB 环境提供了针对参数(Parameter)和设计点(Design Point)的管理功能。集成于 WB 中的 ANSYS DesignXplorer 模块(以下简称 DX)则提供了强大的设计探索及优化分析功能。基于 WB 以及 ANSYS DX 的分析结果,设计人员将能够识别影响结构性能的关键变量、确定结构的性能响应同设计变量之间的内在关系、找到满足相关约束条件下的优化设计方案。

WB 提供的 Parameter Set 功能可以实现对分析项目中所有参数的管理。WB 分析项目中的参数包括输入参数、输出参数以及用户定义参数等类型。在 Parameter Set 管理页面下的 "Table of Design Points" 列表中列出一系列输入变量的不同取值和对应的输出变量的数值表,即:设计点列表。WB 中的设计点(Design Point),就是一组给定的输入参数取值以及与之相对应的输出参数取值,一个设计点实际上代表着一个设计方案。输入参数在其取值范围内变化和组合,可以形成一系列设计点,所有可能的设计点就构成了一个设计空间。利用设计点列表可以对所要考察的设计点进行管理,可选择更新其中的某个或多个设计点,或者选择鼠标右键菜单 "Copy inputs to Current" 将某个设计点复制到当前设计方案,这样就可以在计算之后在后处理程序里用图形查看此设计点(当前设计)的各种响应。实际上,WB 的设计点功能通常是与 DX 功能结合使用,请参考本章后面的例题。

集成于 WB 中的 DX 提供了更为全面的设计空间探索工具和功能,也是本章将重点介绍的内容。DX 提供的各种分析工具都是基于参数而展开,参数相关性分析用于研究哪些输入变量对输出变量的影响最大,基于试验设计的设计点采样和响应面技术可以全方位地揭示输出变量关于输入变量的变化规律,目标驱动优化技术则基于各种优化方法来提供最佳备选设计方案。此外,DX 还提供了用于分析输入参数的不确定性(随机性)对输出参数影响的 6-sigma 分析工具(本书中不作详细介绍)。作为一个结构优化设计程序,一个典型的 DX 参数优化过程(响应面优化)包括如下的几个环节,即:

①建立初始的分析模型;
②确定设计变量和响应变量;

③设计空间采样(DOE);

④形成响应面;

⑤目标驱动优化确定备选设计。

首先,在 ANSYS DX 中,所有的设计探索和优化都是从建立参数化的分析模型开始。关于结构有限元分析建模的注意事项,在第 7 章中已经进行了有关的介绍。DX 中的分析模型可以是涉及到单一物理场,也可以是多个场的耦合。模型中的各种参数(如:CAD 参数、材料参数、载荷参数等)需提取为设计变量(输入变量)。在进行有关分析后,需要用户提取相关结果(如:应力、变形、频率、温度、总质量等)作为响应变量(输出变量)。用户也可以自定义参数作为输出变量(如:结构造价)。这样就实现了参数化的建模、结构计算及响应量提取。此时,可以通过 WB 的参数管理来查看参数或比较不同的设计点(设计方案),也可通过有关的 DX 系统或组件进行更深入的设计探索。

对于结构中的输入参数较多的情况,DX 提供了参数相关性分析系统(Parameters Correlation),该系统能提供变量之间的相关性矩阵以及输出变量关于输入变量的敏感性矩阵,这些方法能帮助设计人员确定哪些输入参数对设计的影响最重要(或最不重要),以便在后续设计探索和优化过程中识别出关键输入变量,以减少设计变量个数,提高后续响应面和优化计算的效率和精度。

在确定了对响应最为重要的设计参数后,即可基于 DX 的响应面系统(Response Surface)对结构响应进行分析。首先需要在响应面系统的 Design of Experiment 组件(以下简称 DOE)中指定输入变量(设计变量)的取值范围(最小、最大值)以定义设计空间。基于所指定的设计变量取值范围,DOE 会创建设计空间的采样填充。DOE 包含了一系列设计点采样方法,如:Central Composite Design(简称 CCD)、Optimal Space-Filling Design(简称 OSF)、Box-Behnken Design、Custom、Custom + Sampling、Sparse Grid Initialization、Latin Hypercube Sampling Design(简称 LHS)等,其中缺省为 CCD 方法。随后,WB 会逐个计算 DOE 中形成的所有设计点。

基于 DOE 中计算得到的设计点,每一个输出参数关于输入参数的响应面可通过参数回归分析方法得到。DX 提供的响应面拟合方法有 Standard Response Surface(完全二次多项式)、Kriging、Non-Parametric Regression、Neural Network 及 Sparse Grid,其中 Standard Response Surface 为缺省方法。一般来说,对于设计参数变化较为温和的情况,Standard Response Surface 能给出较为满意的拟合结果;对设计参数强烈变化的问题,可尝试使用 Kriging 响应面。响应面是输出参数关于输入参数的近似函数,其精度依赖于输出量变化的复杂程度、DOE 中设计点样本的数量以及所选择的响应面算法类型等因素。

尽管 DX 的响应面仅仅是实际结构响应的近似函数,我们还是可以借助其对设计空间进行全方位的研究。DX 提供了很多的图形和数值分析工具,可用于对响应面结果进行分析和展现。通常会首先研究敏感性图,即设计变量对响应参数在给定响应点附近影响的敏感性。很显然,这种敏感性是局部的,又称为局部敏感性。这个敏感性给出了参数局部影响大小的一种指示。响应面分析更直接的结果是给出了响应图,即:每一个输出变量关于任意一个或两个输入变量的变化曲线或曲面,而这些响应图(曲线或曲面)也同样依赖于响应点位置。响应面结果(包括局部敏感性、响应图等)是设计探索的强有力工具,可帮助设计人员回答"what-if"型问题,即:"如果要达到某项性能要求(如:降低成本),需要如何改变设计参数"的问题。

尽管通过响应面结果已经能够对设计空间进行全方位的探索,但 DX 还是提供了目标驱动优化系统(Goal Driven Optimization,以下简称 GDO)工具帮助设计人员自动地获取感兴趣的备选设计方案。目前,在 ANSYS DX(14.5 以后版本)中提供了两种 GDO 系统,即:基于响应面的优化(Response Surface Optimization)以及直接优化(Direct Optimization),前者基于响应面结果寻求最优备选设计,后者则通过设计点直接迭代寻求最优备选设计。

在项目中引入 GDO 系统(鼠标拖拽至 Project Schematic)后,需要建立一个基于响应面评估或基于直接有限元分析的优化问题并求解。GDO 的步骤包括指定优化域、选择优化算法和选项、设置优化目标和约束条件。优化算法方面,响应面优化中可选用的算法包括 Screening、MOGA、NLPQL、MISQP,而直接优化中可选用的算法有 Screening、MOGA、NLPQL、MISQP、ASO 以及 AMO。这些算法的特性将在第 9.3 节中加以介绍。根据优化算法的特点,优化问题可以是单目标的,也可以是多目标的。在优化问题求解结束后,DX 会列出几个最佳的备选设计供设计人员参考。在一个分析项目中可以包含多个 GDO 系统,这将有助于分析和比较多种不同的设计假定所带来的影响。

需要指出的是,在 DX 的上述各个分析环节中参数都扮演了很重要的角色,可以说所有的分析环节都是围绕参数而展开的。为此,这里对 DX 中常见的各种参数类型作简单的介绍。

(1)输入参数

输入参数可以是几何模型的长度、半径等尺寸参数,也可以是压力、温度等荷载或边界条件参数。DX 的输入参数还有连续型、离散型之分。连续型参数取值范围是一个连续的介于上限和下限之间的实数区间,而离散型参数的取值范围被限定为若干个整数,开孔的个数、点焊的个数等都是典型的离散型参数。对于连续型输入参数,还可以指定 Manufacturable Values 过滤器。ManufacturableValues 代表着实际制造或生产的限制条件,如钻头的尺寸、钢板厚度或可用的螺栓直径等。应用了 Manufacturable Values 过滤器的连续型参数,只有实际存在的参数取值才会被用于计算结果的后处理。

(2)输出参数

狭义的输出参数是结构分析得出的响应参数,常见的响应参数包括但不限于频率、变形、应力、温度、热通量等。在 DX 中,一些从几何模型或有限元模型中计算统计出来的参数(如:总体积、总表面积、总质量、计算模型的总单元数等)也被归入输出参数中。

(3)导出参数

导出参数是一类特殊的输出参数,由包含一系列输入参数和(或)输出参数的表达式定义和计算出。导出参数一般是由用户自定义并作为输出参数传递给 DX 的。导出参数表达式可在 project schematic 的 Parameter Set 中直接来定义。结构总造价就是一个典型的导出参数。

在 ANSYS DX 分析中,用户必须要注意区别设计点(Design Point)和响应点(Response Point)两个性质截然不同的概念。设计点的输出参数是经过实际的计算(Real Solve)得到的。响应点是近似点,其输出参数取值是 DX 根据输入参数值和响应面近似函数计算出来的,是输出参数实际值的近似。响应点不能作为设计依据,必须进一步求解验证。

除了设计点和响应点之外,DX 中还有很多其他的点,按性质来分实际都可归入实际计算点或响应近似点两大类。各种点与设计点之间的关系在这里作如下的归纳:

在 WB 的 Project 层次插入设计点并执行验证更新,可以直接输入参数形式设计点,也可插入响应点(Response Point)、优化的备选点(Candidate Point)、响应面的验证点(Verification Point)用于改善响应面的细化点(Refinement Point)等作为设计点。其中后两种是经过实际计算的点。在 Parameters Correlation 组件或 DOE 组件计算时,也会形成并计算一系列样本点,这些点是经过实际计算的,也可作为设计点插入。设计点计算后可以拷贝到当前(选定设计点右键菜单选择"Copy Inputs to Current"),这样就可以在几何以及 Mechanical 组件中查看当前设计的各种信息了。响应面优化结束后,必须把给出的备选设计作为设计点进行响应值有效性的验证。

9.2　参数相关性、DOE 与响应面技术

本节介绍 ANSYS DX 的参数相关性分析、DOE 及响应面技术,这些技术可用于设计空间的全面探索和研究,也是基于响应面的目标驱动优化技术的基础。

9.2.1　参数相关性分析

对基于有限元分析框架的优化分析过程而言,求解时间经常是一个巨大的挑战,尤其是在有限元模型很大的时候。实际上,成百上千次有限单元计算在优化中运行也是很常见的。但是,当单次的有限元分析需要较长时间(几个小时甚至十几个小时)的时候,包含成百上千次分析的优化迭代显然是不可行的。在这种情况下,ANSYS DX 提供采用基于 DOE 方法的响应面技术,化有限元分析为近似响应函数值的计算。

然而,即便是在 DOE 分析中,当输入参数增加时,采样数据点也会急剧增加。比如:在 Central Composite Design(中心复合设计)中使用分因子设计来分析 10 个输入变量,共需要 149 个采样点(有限元模拟)。当输入变量增加时,分析就会变得越来越困难。这时,就需要从 DOE 的采样中剔除不重要的输入参数来减少不必要的采样点。对于一个输出参数,输入参数的重要性是由它们与该输出参数之间的相关性来决定,而这类相关性通过 DX 的参数相关性研究得到。参数相关性研究的作用,一方面可帮助分析人员决定哪些输入参数对设计的影响最重要(或最不重要),相关性矩阵(Correlation Matrix)可帮助用户识别出被认为是不重要的输入参数;另一方面,还可以识别参数之间的相关关系,如:是线性相关或是二次相关。

在 DX 的参数相关性分析中,用 LHS(拉丁超立方抽样)生成做相关性计算的样本点。LHS 方法所产生的样本点是随机的,各输入参数的相关性小于等于 5%,且任两个样本点的输入参数值各不相同。参数相关性分析中,会基于所产生的样本点执行一系列仿真计算,仿真模拟的次数取决于参数的个数以及所指定的参数平均值和标准偏差的收敛准则。

参数相关性分析提供了两种相关性计算方法供用户选择:

(1)Spearman's Rank Correlation

使用样本变量值的排序(秩)计算相关系数,适用于具有非线性单调变化函数关系的变量之间的相关性,被认为是更精确的方法。二次相关分析可给出任意一对变量之间的判定系数,此系数越接近 1,则二次相关的效果越好。这些系数构成了判定矩阵(Determination Matrix),此矩阵是非对称的,这与相关性矩阵(Correlation Matrix)不同。

(2)Pearson's Linear Correlation

采用变量值来计算相关性系数,用于关联具有线性关系的变量。可计算给出相关性系数矩阵(Correlation Matrix)及判定系数矩阵(Determination Matrix)。

参数相关性分析完成后,提供了以下图形显示方式来表示分析结果。

（1）相关性矩阵图

相关性矩阵图可以直观显示参数之间的相关性,相关系数越接近±1,表明相关程度越高。

（2）相关性散点图

可以显示给定参数对的相关性样本散点图,在相关性样本散点图中可选择显示线性和（或）二次的趋势线(Trendlines),图中的样本点越接近这些趋势线,则相应的判定系数就越接近最佳值 1。

（3）判定矩阵图

判定系数矩阵的图示类似于相关性矩阵,判定系数越接近 1 则表示相关程度越高。

（4）判定系数柱状图

对线性或二次相关,可给出判定系数柱状图,直观显示输入变量对输出变量的影响程度。可以设置一个阈值,使判定系数高于此阈值的输入参数被过滤掉。

（5）敏感性图

给出各个输入变量对每一个选择的响应变量的总体敏感性柱状图。这种敏感性的统计是基于 Spearman 秩相关系数分析,同时考虑了输入参数变化范围和输出参数关于输入参数变化程度两方面的因素。

9.2.2 DOE 与响应面技术

响应面技术的基本思想是:选定用于近似隐式的实际响应函数的多项式形式,然后再通过一系列样本点来确定近似函数中的待定参数。通过合理地选取样本点和迭代策略,来保证近似响应函数能够收敛于真实的隐式响应函数。响应面技术具有很强的操作性,它可以与有限元分析结合起来对复杂结构的响应进行研究。

最早出现的响应面方法采用线性多项式或二次多项式来近似真实的隐式响应函数。研究发现,确定多项式响应面的样本点对结果有较大影响,样本点选择得不合适会使结果完全错误,也有人提出增加多项式的次数来提高响应面精度,当然高阶多项式要求付出更高的计算代价,并且不合理的高次项的引入有可能使结果更远地偏离正确解。目前应用较多的响应面形式是线性多项式和完全、不完全的二次多项式。二次响应面由于包含了二次项,可以在一定程度上反映隐式响应函数的非线性。如果真实响应函数的阶数不很高,二次响应面确实可以得到比较满意的结果,但如果隐式响应函数的阶数远高于二次,仅仅使用二次项来反映真实响应函数的高度非线性,其精度是很低的,甚至可能导致错误的结果。在 ANSYS DX 中,缺省的响应面形式为标准二次响应面。

用来拟合响应面的试验样本点的选取(DOE 技术),是响应面技术中的一个很关键的问题。样本点选取的位置好,则能够降低 DOE 计算成本,并提高响应面的精度。现阶段,常用取点方法的共同点是都尽量用最有效的和最少量的样本点对设计空间进行填充,且试验样本点的位置满足一定的对称性和均匀性要求。DX 提供了如下 7 种试验设计(DOE)方法从设计空间中抽取设计样本点,其中 CCD(中心复合设计)是 DX 中缺省的 DOE 方法。

（1）Central Composite Design（CCD）

即中心复合设计方法,其样本点包括一个中心点,输入变量轴的端点以及水平因子点。CCD 方法主要的选项是 Design Type 参数,其缺省选项为 Auto-Defined,如果输入变量为 5 个采用 G-Optimal 填充,否则采用 VIF-optimal 填充;此参数还提供了另外两个选项,Rotatable 选项是一个 5 水平试验取样方法,Face-Centered 选项则退化为一个 3 水平试验取样方法。如果缺省选项造成后续响应面的拟合效果不佳时,可以考虑采用 Rotatable 选项。对于选择了 Rotatable 或 Face-Centered 选项的情形,另一个可用的参数是 Template Type,该参数包括 Standard 和 Enhanced 两个选项,其中 Enhanced 可得到精度更高的响应面。

CCD 方法随着设计变量增加所形成的部分因子样本点数按下式给出:

$$N=1+2n+2^{n-f}(10-X)$$

式中 f ——部分因子数;

n ——输入参数个数;

N ——形成的样本点个数。

DX 的 CCD 方法所形成的样本点数与输入变量个数几部分因子数之间的关系列于表 9.1 中。

表 9.1 中心组合设计样本点数与设计变量数

n	f	N
1	0	5
2	0	9
3	0	15
4	0	25
5	1	27
6	1	45
7	1	79
8	2	81
9	2	147
10	3	149
11	4	151
12	4	281
13	5	283
14	6	285
15	7	287

(2)Optimal Space-Filling Design (OSF)

此方法采用最少的设计点填充设计空间。OSF 更适合于更为复杂的响应面算法,如 Kriging,Non-Parametric Regression 以及 Neural Networks 等。OSF 的一个弱点是不一定能取到端点(角点)附近的样本,因此会影响到这些区域的响应面质量,尤其当样本点数量较少时。

(3)Box-Behnken Design

此方法是一种 3 水平的抽样方法,与其他方法相比样本数量少,效率较高,且各因素不会同时处于高水平上。

(4)Custom

此方法允许用户创建自己的 DOE 算法,可直接创建设计点或通过导入 CSV(Comma Separated Values)数据文件的设计点。也可通过增加用户定义的设计点对已有的 DOE 进行改进。

（5）Custom + Sampling

此方法包含 Custom 方法的功能，并且允许自动添加 DOE 样本点以有效地填充设计空间。比如，DOE 列表最初可以是从前一次分析中导入的设计点组成，或是用其他方法（如 CCD、OSF 等）形成，可以自动添加新的样本点来完成采样，新添加的样本点时会考虑已有设计点的位置。用户需要输入 Total Number of Samples（即总的样本点数），如总的样本点数小于已有的样本点数，则不会添加新的样本点。

（6）Sparse Grid Initialization

此方法为 Sparse Grid 类型的响应面的专用 DOE 方法，是一种基于设定的精度要求的自适应方法，可在输出变量梯度较大位置处自动细化设计点数量以提高响应面的精度。

（7）Latin Hypercube Sampling Design（LHS）

LHS 是一种修正的 Monte Carlo 抽样方法，该方法的目的是避免样本点的聚集。LHS 方法的样本点是随机生成的，且任两个点的同一个输入变量都不取相同值。此方法的一个可能的缺点是角点附近不一定有样本点，这就会影响到这些位置附近的响应面预测。前面提到的 OSF 方法属于 LHS 方法基础上的改进，OSF 使得设计点的距离尽量大，以获得更为均匀分布的设计点来填充设计空间。对 LHS 方法，DX 提供了如下的几个选项：

①Samples Type

这是一个控制设计点采样的选项，有如下的几个选择：

缺省选项是 CCD Samples，会形成与 CCD DOE 方法同样数量的设计点。

Linear Model Samples 选项形成线性响应面所需数量的样本点。

Pure Quadratic Model Samples 选项用于形成纯二次（没有交叉项）响应面所需数量的样本点。

Full Quadratic Samples 选项用于形成完全二次响应面所需数量的样本点。User-Defined Samples 选项由用户指定所需的样本点数量。如选择了此选项则后续需要指定 Number of Samples 选项，缺省的 Number of Samples 为 10。

②Seed Value

此参数用于初始化 LHS 方法内部调用的随机数生成器，尽管起始点的生成是随机的，但此参数可以导致特定的 LHS 抽样结果，这个属性可以用于产生相同或不同的 LHS 抽样，只需要保持或改变此参数的值即可，此参数的缺省值为 0。

DOE 组件允许用户指定设计变量的取值范围，预览（Preview）以上抽样方法所生成的样本点，也可直接求解这些样本点并查看结果。对基于响应面的目标驱动优化，DOE 形成样本点的位置最好能位于最优设计点附近，即样本点在设计空间中的位置范围里应包括可能的最优点。由于最优点位置在计算之前是未知的，一种常见情况是最优点出现在某个或多个输入变量取值范围的上下限位置，这时 DOE 样本点的位置范围应当与输入变量取值范围一致。在预览 DOE 样本点的时候需要留意。

DOE 形成的样本点全部计算完成后，可以通过参数平行图（Parameters Parallel Chart）以及设计点参数图（Design Points vs Parameter Chart）查看 DOE 计算结果。

在得到 DOE 的分析结果后，下面的工作就是拟合形成响应面了。ANSYS DX 提供的响应面类型有下面五种：

（1）Standard Response Surface（完全二次多项式）

此类型为缺省类型,采用回归分析确定近似的二次响应函数。回归分析结果可通过Goodness of fit 系列指标来评价。

（2）Kriging

当标准响应面类型给出的结果不满意,或响应关于输入变量的变化较剧烈和非线性震荡的情况,应用 Kriging 类型可获得更好的结果。此类型的响应面通过所有的 DOE 样本点。如果 DOE 样本点有扰动,则不推荐用此方法。

（3）Non-Parametric Regression

此类型即非参数回归方法,适合于响应为非线性的情况。该类型的计算速度较慢,仅当标准响应面的"Goodness of fit"不理想的情况下才考虑使用。此外,该类型还适合于处理 DOE 样本点计算结果有扰动的情况。

（4）Neural Network

此响应面类型采用神经网络方法,适合于高度非线性问题,计算速度较慢,一般场合较少用到。

（5）Sparse Grid

此响应面类型采用自适应的算法,会自动对生成的响应面局部细化以改善这些位置附近的响应面质量。必须采用"Sparse Grid Initialization"DOE 类型,一般需要计算更多设计点,因此对计算速度的要求较高。此方法还适合于处理响应中包含不连续的情况。

ANSYS DX 提供了 Goodness of fit 工具来估计响应面的质量,此工具位于 Response Surface 的 Outline 下的 Metrics 中,任何一个输出变量的 Goodness of fit 均可在此查看。Goodness of fit 工具包含一系列评价指标,表 9.2 中给出了各种指标的名称及其理想值。

表 9.2　Goodness of fit 指标及其理想值

Goodness of fit 指标名称	理想值
判定系数（Coefficient of Determination）	1
调整的判定系数（Adjusted Coefficient of Determination）	1
最大相对残差（Maximum Relative Residual）	0%
均方根误差（Root Mean Square Error）	0
相对均方根误差（Relative Root Mean Square Error）	0%
相对最大绝对误差（Relative Maximum Absolute Error）	0%
相对平均绝对误差（Relative Average Absolute Error）	0%

Goodness of fit 的指标与所选择的响应面算法密切相关,如果 Goodness of fit 指标较差,则说明选择的响应面类型不适合于所求解的问题,可考虑改变一种响应面类型。

除 Goodness of fit 之外,还可以通过 Predicted versus Observed Chart 散点图来直观地显示响应面和设计点输出变量取值的差异。在 Predicted versus Observed Chart 中,纵轴为响应面预测的值,横轴为设计点计算值,如果预测结果较好,则散点基本位于 45°线的附近。如果有较多的点偏离 45°线,则响应面的质量较差。

用户还可以插入 Verification Points（验证点）来检查响应面质量。尤其对于 Kriging 类型的响应面,由于采用插值的方法,响应面通过全部的 DOE 样本点,因此 Goodness of fit 不能客观反映其质量,此时可通过验证点来评价响应面。验证点是在响应面计算完成后单独计算的,可用于任一种类型的响应面类型的验证和评价,尤其适合于验证 Kriging 以及 Sparse Grid 类型响应面的精度。

用户可在响应面的属性中选择 Generate Verification Points（生成验证点）复选框，并指定 Number of Verification Points（验证点数量），这样在计算响应面时会自动生成验证点，这些验证点的位置选择会尽量远离已有的 DOE 样本点或细化点。用户也可以在 Table of Verification Points（验证点列表）中直接插入或导入 CSV 数据文件中的验证点，然后在列表中选择新插入的验证点，右键菜单选择 Update 即可计算此验证点。验证点计算完成后，即可与响应面在此点处的值进行比较了。DX 提供验证点的 Goodness of fit 列表以及验证点和响应预测点的 Predicted vs Observed 图，通过这些工具可以反映出响应图的质量。

关于 DX 响应面的精度问题，这里作简单的讨论。

首先，ANSYS DX 的响应面算法适合于 10~15 个输入参数的问题，设计参数过多会严重降低计算效率以及响应面的精度。如果参数的个数超出了合理范围，可先进行参数相关性分析以识别关键参数。参数相关性系统应在响应面系统之前使用。

一般来说，响应面的精度取决于输出变量变化的复杂程度、所选择的响应面类型以及 DOE 中样本点的数量。

关于选择响应面的类型，通常建议首先选用标准二次响应面，该响应面已经被验证适用于输出变量变化较为缓和的情况，基于此模型形成响应面之后用 Goodness of fit 工具来评价，如果标准二次响应面 Goodness of fit 指标不佳，则考虑使用 Kriging 响应面类型，Kriging 响应面在总体响应的基础上添加了局部的变异性，能处理变化较剧烈的情况。

在 DOE 中增加设计点个数可提高响应面精度，因此必须保证有足够多的设计点，设计点数需要超过输入参数的个数，理想情况下需要至少两倍于输入参数个数，大部分的 DOE 通常能产生足够的设计点数量，但 Custom DOE 类型可能不够。所选取设计点的位置分布也需引起注意，比如常用的 CCD 抽样方式，一般先选取实验中心点，然后再围绕此中心点均匀选取其他实验点，这种抽样方式实际上是为了保证响应面能够在设计点附近较好地近似真实的响应函数。

对于计算开始阶段无法准确判断 DOE 是否形成了足够多的设计样本点的情况，Kriging 响应面以及 Sparse Grid 响应面的自动细化是非常有用的。Kriging 响应面类型允许通过 refinement 的自动细化类型（Auto）来指定响应面的精度以及为提高此精度所需的最大细化点数量。Sparse Grid 是一种由指定精度驱动的自适应方法，该方法能够在输出参数梯度高的位置自动细化设计点矩阵以提高响应面精度。此外，对除 Sparse Grid 外所有的响应面类型还提供了人工细化选项，允许用户在计算响应面的既有设计点中手动增加或导入 CSV 文件中的细化点（Refinement Point），DX 会强迫程序生成响应面时考虑用户选择的细化点。细化点是实际求解的设计点，对响应面进行 update 时，DX 会基于 DOE 中的设计点以及细化点生成新的响应面，这是有效改善响应面精度的一条途径。设计人员可以从已经完成的 GDO 优化分析结果中选取最佳备选设计作为一个细化点以改进该点附近的响应面质量。

最后，不论何种形式的响应面，建议总是选择创建验证点，这可以有效验证响应面的质量。如果通过验证点发现响应面质量较差，则可在验证点列表中选择相应的验证点，右键菜单中选择 Insert as Refinement Point，把此验证点作为细化点来重新形成局部改进的响应面。

在得到了满意的响应面之后，可结合各种图表工具进行全方位的设计探索。比如，可查看局部敏感性、响应面或响应曲线、进行 Min-Max 搜索等，全面分析输入变量对输出变量的影响规律。

响应图中可以查看的敏感性是指局部的敏感性,因为在不同响应点位置的敏感性显然不同。可以想象,如果这个点位于响应面上较为平坦的谷底位置,则此处的输入参数对结构响应的影响就比较小;相反,如果这个点位于响应面的陡坡上,则此处的输入参数对结构响应的影响就会比较大。

在缺省条件下,在响应面形成和更新时将自动计算最小-最大搜索(Min-Max Search),给出各个输出变量近似响应取值的最大值和最小值范围。在 Min-Max Search 的属性中,需指定 Number of Initial Samples(初始样本点数)以及 Number of Start Points(搜索初始点数),这些数越大则搜索时间越长。如果设计参数很多,搜索时间很长时,可以在响应面的 Outline 中不勾选 Min-Max Search 选项。Min-Max Search 采用 NLPQL 搜索算法,分别对响应面的最大和最小值进行搜索,如果 Number of Starting Points 值大于 1,则对于每一个搜索起始点都会分别进行最大值和最小值的两个 NLPQL 搜索,Min-Max Search 计算完成后,会给出每一个输出变量的最大值和最小值。

响应图(Response chart)是近似响应函数的图形或曲线显示。在响应图中,可以选择查看任意输出参数关于一个或两个输入参数的变化曲线或曲面。显然,响应图跟局部敏感性一样,也随着所选择的响应点而不同。可在 Response chart 的属性中勾选 Show Design Points 选项,这样在响应图中会显示出所有当前使用的设计点(包括 DOE 的样本点及响应面改善中形成的细化点),这有助于评价响应面对设计点拟合的接近程度。

DX 提供了如下三种响应图显示模式:

①2D 模式

2D 模式显示为二维的曲线或图表,用于表示一个输出参数关于一个输入参数变化的响应情况。

②3D 模式

3D 模式显示为三维的等值线图,用于表示一个输出参数关于两个输入参数改变的响应情况。

③2D Slices 模式

2D Slices 模式结合了 2D 及 3D 模式的特点,把输出变量设为 Y 轴,一个输入变量设为 X 轴,在一个平面上画出另一个变量取一系列不同值时切三维响应面得到的一系列曲线,每条曲线用不同的颜色绘制,以区别另一个变量的不同取值。

9.2.3　响应面例题

为说明 DOE 及响应面的具体应用,这里举一个例子。

有一长度 L 为 2.5 m 的悬臂板,自由端受到集中力的作用,板厚 TCK、宽度 B 为输入变量,梁自由端的挠度 Y 为输出变量,现在来研究 Y 关于两个输入变量的响应面。分三种情况:

情况 1:输入参数均为连续变量;

情况 2:B 为连续变量,TCK 为离散变量;

情况 3:B 为连续变量,TCK 为带有 Manufacturable Values 过滤器的连续变量。

首先在 ANSYS Workbench 结构分析环境中创建悬臂板的参数化有限元模型,如图 9.1(a)所示,其约束及载荷情况如图 9.1(b)所示。

由于模型是参数化的,因此在 Workbench 的 Project Schematic 页面中,出现 Parameter set

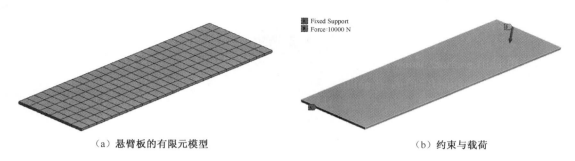

（a）悬臂板的有限元模型　　　　　　　　（b）约束与载荷

图 9.1　悬臂板模型及其载荷约束情况

条,双击即可进入参数管理器界面,在此界面下可以看到已经指定的输入参数以及响应参数,如图 9.2 所示。确认了参数定义之后,单击"Return to Project"按钮以返回项目图解界面。

	A	B	C	D
	ID	Parameter Name	Value	Unit
1				
2	⊟ Input Parameters			
3	⊟ 🔲 Static Structural (A1)			
4	🔂 P1	B	600	
5	🔂 P2	TCK	20	
*	🔂 New input parameter	New name	New expression	
7	⊟ Output Parameters			
8	⊟ 🔲 Static Structural (A1)			
9	🔁 P3	Directional Deformation Maximum	⚡	m
*	🔁 New output parameter		New expression	
11	Charts			

图 9.2　Parameter Set 中的变量列表

在左侧 Design Exploration 工具栏中选择 Response Surface 并双击,这时 Response Surface 组件出现在 Project Schematic 页面中 Parameter set 条的下方,此组件中又包括 Design of Experiments以及 Response Surface 两个组件,如图 9.3 所示。

下面对三种情况下的响应面进行讨论。

（1）情况一

输入参数 B 及 TCK 均为连续型变量,假设其取值范围分别为:

$0.01\ \mathrm{m} \leqslant \mathrm{TCK} \leqslant 0.05\ \mathrm{m}$;$0.55\ \mathrm{m} \leqslant \mathrm{B} \leqslant 0.65\ \mathrm{m}$。

首先设置其取值范围。双击 Design of Experiments 组件单元格,进入其工作空间。在 DOE 的 outline 中分别选择两个输入变量,在下方的属性(Properties)栏中对各个变量进行设置,选择变量 Classification 为"Continuous",然后对其范围进行设置,如图 9.4(a)、(b)所示。

其他 DOE 选项采用缺省值,单击"Update"按钮,程序自动形成 9 个中心复合设计点并逐个计算其最大变形值。计算结束后的 DOE 设计表如图 9.5 所示。

单击"Return to Project"按钮以返回项目图解界面,双击 Response Surface 组件单元格,进入 Response Surface 工作空间,在 Response Surface 的 Outline 中选择"Response Surface",然后在下方属性窗口中进行设置,选择缺省的响应面类型(标准二次响应面),勾选生成验证点的

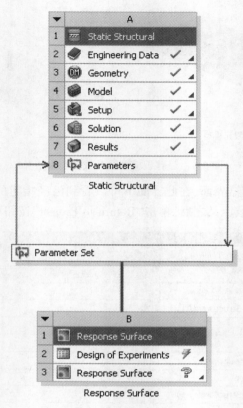

图 9.3　响应面系统

	A	B
1	Property	Value
2	⊟ General	
3	Units	
4	Type	Design Variable
5	Classification	Continuous
6	⊟ Values	
7	Value	600
8	Lower Bound	550
9	Upper Bound	650
10	Use Manufacturable Values	☐

（a）B范围的设定

	A	B
1	Property	Value
2	⊟ General	
3	Units	
4	Type	Design Variable
5	Classification	Continuous
6	⊟ Values	
7	Value	30
8	Lower Bound	18
9	Upper Bound	22
10	Use Manufacturable Values	☐

（b）TCK范围的设定

图 9.4　连续变量范围的设定

复选框，在"Number of Verification Points"中填 5，如图 9.6 所示。

　　设置完成后，单击"Update"按钮开始计算响应面。

　　计算完成后查看响应面结果。首先检查响应面的质量，选择"Response Surface"工作空间 outline 下的 Metrics 节点下的"Goodness of fit"，在 Table 视图中出现"Goodness of fit"指标列表，如图 9.7（a）所示，图中显示各项指标都比较接近理想值，表明所形成的响应面质量较好；在 Chart 视图中出现"Predicted vs Observed"图，如图 9.7（b）所示，图中显示样本点及验证点几乎均在 45°线上，表明由响应面预测的值与实际计算值符合良好。

	A	B	C	D
Table of Schematic B2: Design of Experiments (Central Composite Design : Auto Defined)				
1	Name	P1 - B	P2 - TCK	P3 - Directional Deformation Maximum (m)
2	1	600	20	1.833E-05
3	2	550	20	1.8837E-05
4	3	650	20	1.7818E-05
5	4	600	18	2.2611E-05
6	5	600	22	1.5161E-05
7	6	550	18	2.3238E-05
8	7	650	18	2.1977E-05
9	8	550	22	1.558E-05
10	9	650	22	1.4739E-05

图 9.5　DOE 设计表计算结果

	A	B
Properties of Schematic B3: Response Surface		
1	Property	Value
2	⊟ Design Points	
3	Preserve Design Points After DX Run	☐
4	⊟ Failed Design Points Management	
5	Number of Retries	0
6	⊟ Meta Model	
7	Response Surface Type	Standard Response Surface - Full 2nd Order Polynomials
8	⊟ Refinement	
9	Refinement Type	Manual
10	⊟ Verification Points	
11	Generate Verification Points	☑
12	Number of Verification Points	5

图 9.6　响应面设置

	A	B
Table of Outline A12: Goodness Of Fit		
1	Name	P3 - Directional Deformation Maximum
2	⊟ Goodness Of Fit	
3	Coefficient of Determination (Best Value = 1)	★★ 1
4	Adjusted Coeff of Determination (Best Value = 1)	★★ 1
5	Maximum Relative Residual (Best Value = 0%)	★★ 0
6	Root Mean Square Error (Best Value = 0)	2.2959E-11
7	Relative Root Mean Square Error (Best Value = 0%)	★★ 0
8	Relative Maximum Absolute Error (Best Value = 0%)	★★ 0
9	Relative Average Absolute Error (Best Value = 0%)	★★ 0
10	⊟ Goodness Of Fit for Verification Points	
11	Maximum Relative Residual (Best Value = 0%)	★★ 0.23193
12	Root Mean Square Error (Best Value = 0)	3.1692E-08
13	Relative Root Mean Square Error (Best Value = 0%)	★★ 0.15805
14	Relative Maximum Absolute Error (Best Value = 0%)	★★ 1.6682
15	Relative Average Absolute Error (Best Value = 0%)	★★ 0.93355

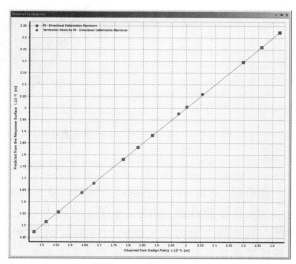

（a）Goodness of fit　　　　　　　　（b）Predicted vs Observed

图 9.7　响应面质量检查

当响应点参数取值为 TCK = 20 mm，B = 600 mm 时，如果设置响应图的显示模式为 2D，查看变形量分别关于 TCK 及 B 的响应图如图 9.8(a)、(b)所示;改变设置响应图的显示模式为 2D Slices,查看变形量分别关于 TCK 及 B 的响应图如图 9.8(c)、(d)所示;改变设置响应图的显示模式为 3D,查看变形量关于 TCK 和 B 的响应图如图 9.8(e)所示。

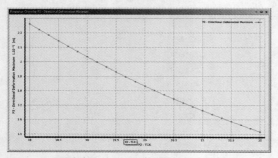

（a）最大变形关于 TCK 变化的局部响应曲线

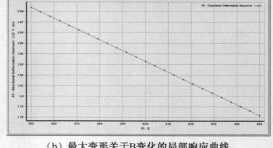

（b）最大变形关于 B 变化的局部响应曲线

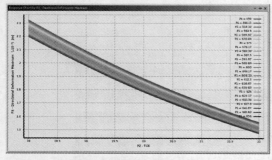

（c）以 TCK 为横轴的最大变形 2-D Slice 响应曲线

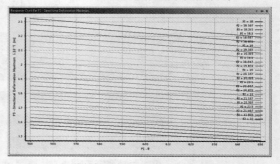

（d）以 B 横轴的最大变形 2-D Slice 响应曲线

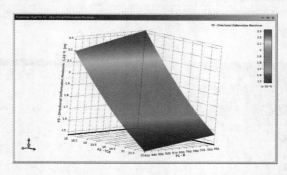

（e）最大变形关于 TCK 及 B 的响应面

图 9.8　连续输入变量的响应面

查看同一"Response Point"下的"Local Sensitivity",在 Chart 视图中显示各输入变量对最大变形的局部敏感性图,如图 9.9 所示。图中可见 TCK 对变形的敏感程度高,而 B 的敏感性则较低。这实际上也可由上面的 2D Slices 响应面中 B 为横轴的曲线族离散性高而 TCK 为横轴的曲线族离散性低得到印证。

（2）情况二

宽度为连续变量,厚度为离散变量,如果其取值范围如下:

$550 \ mm \leqslant B \leqslant 650 \ mm$;$TCK \in \{18 \ mm, 20 \ mm, 22 \ mm\}$

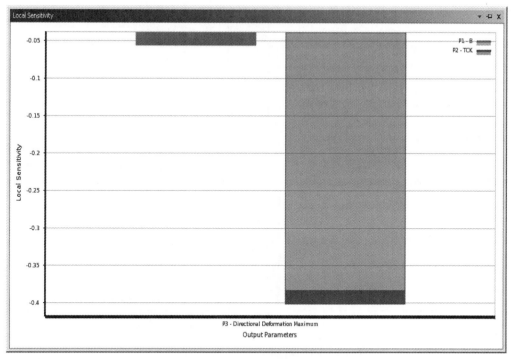

图 9.9　局部敏感性图

此时,DOE 中 B 的取值范围设定同情况一,而 TCK 需要设为离散型变量,如图 9.10(a)所示;还需要为其设置取值的 Level,本例中设置 3 个 Level,即 18 mm、20 mm、22 mm,如图 9.10(b)所示。

	A	B
1	Property	Value
2	⊟ General	
3	Units	
4	Type	Design Variable
5	Classification	Discrete
6	⊟ Values	
7	Value	22
8	Number Of Levels	3

Chart : Response Chart for P3 - Directional Deformation Maximum Schema

（a）选择离散型变量

	A	B
1	Name	Discrete Value
2	Level 1	22
3	Level 2	18
4	Level 3	20
*	New Level	New Level

Table of Outline : P2 - TCK

（b）设置离散变量的level

图 9.10　离散变量 TCK 设定

其他 DOE 选项及响应面选项采用缺省设置,计算得到响应面。

当响应点参数取值为 TCK=20 mm,B=600 mm 时,查看响应图结果。如果设置响应图的显示模式为 2D,查看变形量分别关于 TCK 及 B 的响应图如图 9.11(a)、(b)所示;改变设置响应图的显示模式为 2D Slices,查看变形量分别关于 TCK 及 B 的响应图如图 9.11(c)、(d)所示;改变设置响应图的显示模式为 3D,查看变形量关于 TCK 和 B 的响应图如图 9.11(e)所示。

(3)情况三

B 为连续变量,TCK 为带有 Manufacturable Values 过滤器的连续变量 550 mm ≤ B ≤

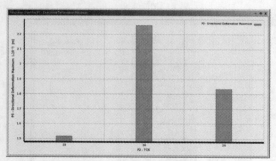

（a）最大变形关于TCK变化的局部响应曲线

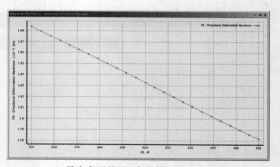

（b）最大变形关于B变化的局部响应曲线

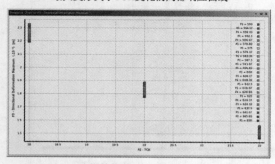

（c）以TCK为横轴的最大变形2-D Slice响应曲线

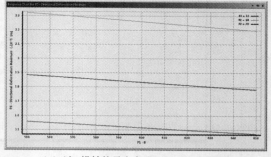

（d）以B横轴的最大变形2-D Slice响应曲线

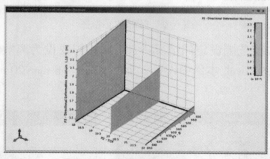

（e）最大变形关于TCK及B的响应面

图 9.11　包含离散型输入变量的响应面

650 mm；TCK 取值的 level 为 18 mm、20 mm、22 mm。

此时，DOE 中 B 的取值范围设定同前两种情况相同，而 TCK 需要设为连续型变量，并勾选"Use Manufacturable Values"复选框，如图 9.12（a）所示；还需要在右边表格中为其设置取值的 Level，本例中设置 3 个 Level，即 18 mm、20 mm、22 mm，如图 9.12（b）所示。

其他 DOE 选项及响应面选项采用缺省设置，计算得到响应面。

当响应点参数取值为 TCK＝20 mm，B＝600 mm 时，查看响应图结果。如果设置响应图的显示模式为 2D，查看变形量分别关于 TCK 及 B 的响应图如图 9.13（a）、（b）所示；改变设置响应图的显示模式为 2D Slices，查看变形量分别关于 TCK 及 B 的响应图如图 9.13（c）、（d）所示；改变设置响应图的显示模式为 3D，查看变形量关于 TCK 和 B 的响应图如图 9.13（e）所示。可见，设置了 Manufactrable Level 的连续型变量，DX 会以淡灰色画出连续变量的响应图，并用彩色的曲线或彩色的散点来给出变量在 Manufactrable Level 取值处的响应。

（a）选择Manufacturable值变量　　　　　　　　（b）设置Manufacturable值level

图 9.12　TCK 的 Manufacturable Value 设置

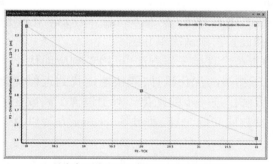

（a）最大变形关于TCK变化的局部响应曲线

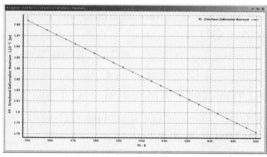

（b）最大变形关于B变化的局部响应曲线

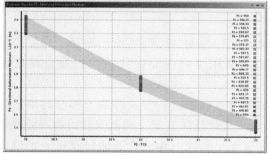

（c）以TCK为横轴的最大变形2-D Slice响应曲线

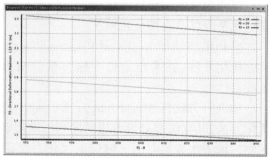

（d）以B横轴的最大变形2-D Slice响应曲线

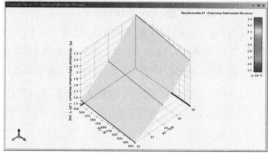

（e）最大变形关于TCK及B的响应面

图 9.13　包含 Manufactrable 型变量的响应面

9.3　目标驱动优化(GDO)技术及应用

9.3.1　目标驱动优化概述

前已述及,目前在 ANSYS DX 中提供了基于响应面的优化(Response Surface Optimization)以及直接优化(Direct Optimization)两大类目标驱动优化(GDO)方法。响应面优化系统(Response Surface Optimization)是 DX 中基于响应面结果的目标驱动优化系统,可以从响应面结果中自动获取近似的响应点作为最优的备选设计方案,优点是计算搜索速度快,但缺点是优化结果依赖于响应面的质量。响应面优化的备选设计方案,必须通过设计点的更新(一次真正的结构分析)来验证备选设计响应值的正确性。

在响应面优化中可选的优化算法包括 Screening 方法、MOGA 方法、NLPQL 方法以及 MISQP 方法;在 Direct Optimization 中,可选择的优化算法包括 Screening、MOGA、NLPQL、MISQP、ASO 以及 AMO。下面对这些算法的特点和设置选项做简单介绍。

Screening 方法是一种基于拟随机数生成器的非迭代直接采样方法,可用于响应面优化系统以及直接优化系统。通常,Screening 方法适合于初步的优化设计,能快速地找到近似优化解。在此基础上可再使用 MOGA 方法或 NLPQL 方法作进一步的优化。对于包含了离散变量或应用了 Manufacturable Values 过滤器的连续型参数的问题,只能通过 Screening 方法以及下面的 MISQP 方法进行优化。

MOGA 方法即 Multi-Objective Genetic Algorithm,是一种多优化目标遗传算法,用于处理连续型设计变量的多目标优化问题。MOGA 方法适合于搜索全局的最优设计,能同时用于响应面优化系统以及直接优化系统。

NLPQL 方法即 Nonlinear Programming by Quadratic Lagrangian 方法,是一种基于梯度的单目标优化方法,其基础为拟牛顿方法。NLPQL 方法适用于响应面优化系统以及直接优化系统。

MISQP 方法即 Mixed Integer Sequential Quadratic Programming,是一种基于梯度的单目标优化方法,其算法基础为改进的序列二次规划法,用于处理连续变量及离散变量的非线性规划问题。该方法能同时用于响应面优化系统以及直接优化系统。MISQP 方法只能将一个输出变量指定为优化的目标函数,其他输出变量的目标可被处理为约束条件。

ASO 方法全称为 Adaptive Single-Objective Optimization,是基于梯度的单目标优化方法,该方法采用了 LHS 试验设计、Kriging 响应面以及 NLPQL 优化算法,目前此方法仅适用于 Direct Optimization 系统。ASO 方法会首先形成 LHS 样本并基于这些样本形成 Kriging 响应面,随后会通过 NLPQL 方法对响应面进行一系列搜索,这些搜索是基于一系列不同的起始点,得到一系列不同的备选设计(Candidate)。如果备选设计质量较差,最佳 Candidate 被作为一个验证点进行计算,并作为细化点(Refinement)重新生成 Kriging 响应面,直至后续优化响应面NLPQL 搜索得到的备选设计质量足够好;如果备选设计质量较好,则 ASO 会检查当进一步细化 Kriging 响应面后是否还会搜索到此点,如果细化响应面后 Candidate 有变化,AMO 会缩小优化域,在缩减的优化域上重新生成 LHS(落在缩减域内的既有样本会保留),并在缩减域上得到 Kriging 响应面,再进行 NLPQL 搜索;如果细化响应面后得到的 Candidate 没有变化,则这些点被认为是可以接受的。最后得到的最佳设计点在进行验证后输出。

AMO 方法全称为 Adaptive Multiple-Objective Optimization,是一种迭代的多目标优化方法。该方法采用了 Kriging 响应面和 MOGA 优化算法,适合于处理连续变量的优化问题。目前仅可用于 Direct Optimization 系统中。

关于优化方法的选择,这里提供几点建议。一般情况下,对连续变量的单目标优化问题建议采用 NLPQL 或 MISQP 方法,可以有约束,也可以无约束,目标函数和约束没有"跳跃"。而 MOGA 方法是一个全局优化方法,适合于多目标优化问题,且不要求输出参数的连续性。对于连续的单目标问题,使用基于梯度的 NLPQL 或 MISQP 方法可以给出更准确的解,但可能得到局部最优解。NLPQL 及 MISQP 算法的缺省收敛率为 1.0E-06,这是基于规格化后的 Karush-Kuhn-Tucker(KKT)条件计算的。

对于多目标优化算法(MOGA、AMO),一个很重要的方面就是基于 Pareto 最优化理论的 Tradeoff 研究,这里简单介绍一下多目标规划问题中的 Pareto 优化及 Pareto 解的概念。Pareto 最优实际上是一种资源分配的理想状态,即假定固有的一群人和可分配的资源,从一种分配状态到另一种状态的变化中,在没有使任何人境况变坏的前提下,也不可能再使某些人的处境变好。换句话说,就是不可能再改善某些人的境况,而不使任何其他人受损。多目标优化问题中,由于存在目标之间的冲突和无法兼顾的现象,一个解在某个目标上是最好的,在其他的目标上可能比较差。Pareto 在 1986 年提出多目标的解不受支配解(Non-dominated set)的概念。其定义为:假设任何二个解 S1 及 S2 对所有目标而言,S1 均优于 S2,则我们称 S1 支配 S2,若 S1 的解没有被其他解所支配,则 S1 称为非支配解(不受支配解),也称 Pareto 解。而 Pareto 解的集合即所谓的帕累托前沿(Pareto Front)。所有座落在 Pareto front 中的所有解皆不受 Pareto Front 之外的解(以及 Pareto Front 曲线以内的其他解)所支配,因此这些非支配解较其他解而言拥有最少的目标冲突,可提供决策者一个较佳的选择空间。在某个非支配解的基础上改进任何目标函数的同时,必然会削弱至少一个其他目标函数。MOGA、AMO 等方法在优化后都会给出 Pareto Front,而备选设计就产生于其中。

GDO 框架使用决策支持过程(Decision Support Process)作为优化的最后步骤,该过程是基于优化目标满足程度的加权综合排序技术。实际上,决策支持过程可以被看作是一个对于优化过程形成的 Pareto 前沿点(MOGA 或 AMO)或最佳备选设计(NLPQL、MISQP、ASO)的后处理操作。在决策排序过程中,DX 允许用不同的重要程度来区分多个约束或目标,重要性级别 "Higher"、"Default" 及 "Lower" 分别被赋予权重 1.000、0.666 以及 0.333。评价备选设计时,会依据参数范围划分为 6 个区域,按距离最佳值的远近对备选设计进行评级,从最差(三个红色的×)到最佳(三颗黄色的☆)。

9.3.2 目标驱动优化操作过程

本节介绍 ANSYS DX 的目标驱动优化(GDO)组件的基本操作过程,通常情况下该过程包括选择优化系统、指定优化算法及选项、指定优化目标和约束条件、指定优化域、优化求解、优化结果的后处理与分析等环节。下面依次对这些环节进行介绍。

1.选择优化系统

首先选择 GDO 系统的类型:Response Surface Optimization 以及 Direct Optimization。两种 GDO 均可以通过鼠标拖拽添加至 Project Schematic 中。Response Surface Optimization 也可拖

拽至包含有响应面的系统的 Response Surface 组件上。直接优化方法通过实际的结构分析获取优化设计点,而不是通过响应面近似,因此也可将 Direct Optimization 优化组件直接拖放到其他包含设计点的系统或组件(如 Response Surface、Parameters Correlation)上,在这些组件和 Direct Optimization 优化组件之间将会创建设计点数据传递的链接。

无论选择了何种 GDO 系统,在 Project Schematic 界面中,双击该 GDO 系统的 Optimization 组件单元格,即可进入到优化的工作空间。在优化工作空间的 Outline 中包含 Optimization 处理节点,此节点下面又包含 Objectives and Constraints、Domain、Results 三个子处理节点。这些处理节点的选项包含了应用 Response Surface Optimization 系统进行优化分析所有关键参数的设置。

2. 指定优化方法及选项

在优化工作空间的 Outline 中选择 Optimization 处理节点,在其下方的 Optimization 属性中,通过 Optimization method 下拉列表即可指定拟采用的优化算法及选项。下面分别对 DX 所提供的六种优化方法的选项进行介绍。

(1)Screening 方法选项设置

Screening 优化方法的选项主要包括:

Number of Samples:生成优化搜索样本个数,样本数越多则越有可能包含最优化解,不能小于输入及输出参数的总个数且不少于 2,最大为 10 000,对响应面优化缺省为 1 000 个;对直接优化缺省为 100 个。

Maximum Number of Candidates:算法形成备选设计的最大可能个数。

Verify Candidate Points:如勾选此选项,在响应面优化计算结束后自动通过有限元分析对形成的备选设计点进行验证。此选项对下一节中介绍的直接优化无效。

(2)MOGA 方法选项设置

MOGA 优化方法的选项主要包括:

Number of Initial Samples:指定使用的初始样本个数。最小值推荐为 10 倍的连续型输入参数个数;初始样本越多,找到包含最优解的输入参数空间的机会越大。不能小于参与优化的输入参数及输出参数总个数以及 2,不大于 10 000,对响应面优化和直接优化缺省均为 100 个。如果是由 Screening 方法转向 MOGA 方法,MOGA 会形成一个新的样本集,为了保持一致性,可输入与 Screening 相同的初始样本个数。

Number of Samples Per Iteration:指定每一次迭代的样本数,不能小于参与优化的输入参数和输出参数总个数及 2,但也不能大于前面所指定的"number of initial samples"及 10 000。对响应面优化缺省为 100 个,对直接优化缺省为 50 个。

Maximum Allowable Pareto Percentage:欲得到的 Pareto 前沿点个数与"Number of Samples Per Iteration"之比。例如,输入 75 并指定 Number of Samples Per Iteration 为 200 将意味着一旦 MOGA 方法优化形成的前沿点包含 150 个样本点时优化将停止。(优化也有可能在达到下面的"Maximum Number of Iterations"时停止)。此百分比过低(低于 30%)会导致过早的收敛,过高(高于 80%)则可能导致收敛缓慢,通常选择 55~75 可满足大部分问题的求解。

Maximum Number of Iterations:指定 MOGA 方法的最大可能迭代次数。MOGA 可能评估的最大样本点数 = Number of Initial Samples + Number of Samples Per Iteration×(Maximum Number of Iterations − 1)。实际上,算法可能在达到最大迭代次数之前已经收敛而停止。

Maximum Number of Candidates：算法形成备选设计的最大可能个数。

Verify Candidate Points：如勾选此选项，在响应面优化计算结束后自动通过有限元分析对形成的备选设计点进行验证。

（3）NLPQL 方法选项设置

NLPQL 优化方法的选项主要包括：

Allowable Convergence Percentage：NLPQL 算法相对于 Karush-Kuhn-Tucker（KKT）最佳性准则的容差。指定一个较小的值意味着更多的迭代次数和较精确但更慢的求解，而指定一个较大的值则意味着较少的迭代次数和较不精确但相对较快的求解。典型缺省值为 1.0e-06。

Derivative Approximation：NLPQL 计算目标函数导数的近似数值方法选项，可选择 Central Difference（中心差分）或 Forward Difference（向前差分）。

如选择了 Central Difference 选项，导数计算将采用中心差分近似。中心差分有助于提高梯度计算的精度，但样本点评估的工作量倍增。中心差分法是新建响应面优化系统的缺省选项。如选择了 Forward Difference 选项，则计算导数时将采用向前差分近似，向前差分使用较少的样本点评估，但导数计算的精度不高，是新建直接优化系统的缺省选项。

Maximum Number of Iterations：指定 NLPQL 方法的最大可能迭代次数。实际上，优化迭代可能在到达此最大迭代次数之前就已经达到收敛而停止计算。NLPQL 方法的最大可能评估样本点个数可根据梯度计算方法和此参数进行估计。对于中心差分方法，最大评估样本点数为 number of iterations ×（2×number of inputs +1）；对向前差分方法，最大评估样本点数为 number of iterations×（number of inputs +1）。

Maximum Number of Candidates：算法形成备选设计的最大可能个数。

Verify Candidate Points：如勾选此选项，在响应面优化计算结束后自动通过有限元分析对形成的备选设计点进行验证。

（4）MISQP 方法选项设置

MISQP 优化方法的选项主要包括：

Allowable Convergence Percentage：MISQP 算法相对于 Karush-Kuhn-Tucker（KKT）最佳性准则的容差。指定一个较小的值意味着更多的迭代次数和较精确但更慢的求解，而指定一个较大的值则意味着较少的迭代次数和较不精确但相对较快的求解。典型缺省值为 1.0e-06。

Derivative Approximation：NLPQL 计算目标函数导数的近似数值方法选项，可选择 Central Difference（中心差分）或 Forward Difference（向前差分）。

如选择了 Central Difference 选项，导数计算将采用中心差分近似。中心差分有助于提高梯度计算的精度，但样本点评估的工作量倍增。中心差分法是新建响应面优化系统的缺省选项。如选择了 Forward Difference 选项，则计算导数时将采用向前差分近似，向前差分使用较少的样本点评估，但导数计算的精度不高，是新建直接优化系统的缺省选项。

Maximum Number of Iterations：指定 NLPQL 方法的最大可能迭代次数。实际上，优化迭代可能在到达此最大迭代次数之前就已经达到收敛而停止计算。NLPQL 方法的最大可能评估样本点个数可根据梯度计算方法和此参数进行估计：

对于中心差分方法，最大评估样本点数为 number of iterations ×（2 × number of inputs +1）。

对向前差分方法，最大评估样本点数为 number of iterations ×（number of inputs+1）。

Maximum Number of Candidates：算法形成备选设计的最大可能个数。

Verify Candidate Points：勾选此选项，在响应面优化计算结束后自动通过有限元分析对形成的备选设计点进行验证。

（5）ASO 方法选项设置

ASO 优化方法的选项主要包括：

Number of LHS Initial Samples：为形成初始 Kriging 或为后续缩减优化域形成 Kriging 所生成的样本数。最小为（NbInp+1）×（NbInp+2）/2（缺省值，也是形成克里格所需的最少 LHS 样本数），最大为 10000。由于 ASO 工作流程（其中一个新的 LHS 样本集是在每一次域缩减后生成），提高 LHS 样本数未必能改善结果的质量而且会显著增加计算成本。

Number of Screening Samples：筛选样本数。用于创建下一次 Kriging 以及验证备选点的样本数，可输入最小值为（NbInp+1）×（NbInp+2）/2，最大为 10000，缺省为 100×NbInp。越大越有可能获得好的验证点，过大可能导致 Kriging 的发散。

Number of Starting Points：起始点数量。此参数决定要搜索的局部最优解数量，此参数越大则搜索到的局部最优解越多。对线性响应面情况无需使用过多的起始点。此参数必须小于"Number of Screening samples"，因为起始点从这些样本中产生。缺省值为"Number of LHS Initial Samples"。

Maximum Number of Evaluations：这是 ASO 算法的一个停止法则，即最大可能计算的设计点数量。缺省值为 20×（NbInp +1）。

Maximum Number of Domain Reductions：这也是 ASO 算法的一个停止法则，即最大可能的优化域缩减次数，缺省为 20 次。

Percentage of Domain Reductions：这也是 ASO 算法的一个停止法则，即当前域相对于初始域的最小百分数，缺省为 0.1。比如，某输入参数变化区间为[0,100]（初始域），当此百分比设为 1%时，当前域的区间宽度不得小于 1（比如在 5 到 6 之间变化）。

Maximum Number of Candidates：算法形成备选设计的最大可能个数。

（6）AMO 方法选项设置

AMO 优化方法的选项主要包括：

Number of Initial Samples：指定使用的初始样本个数。最小值推荐为 10 倍的连续型输入参数个数；初始样本越多，找到包含最优解的输入参数空间的机会越大。初始样本个数不得小于激活的输入参数及输出参数总个数且不小于 2，激活输入参数个数也是形成敏感性图结果所需的最小样本个数。初始样本个数也不能大于 10 000，对响应面优化和直接优化缺省均为 100 个。如果是由 Screening 方法转向 MOGA 方法，MOGA 会形成一个新的样本集，为了保持一致性，可输入与 Screening 相同的初始样本个数。

Number of Samples Per Iteration：指定每一次迭代并更新的样本数，缺省为 100 个。不能大于初始样本数（Number of Initial Samples）。

Maximum Allowable Pareto Percentage：欲得到的 Pareto 前沿点个数与"Number of Samples Per Iteration"之比。例如，输入 75 并指定 Number of Samples Per Iteration 为 200 将意味着一旦 MOGA 方法优化形成的前沿点包含 150 个样本点时优化将停止。（优化也有可能在达到下面的"Maximum Number of Iterations"时停止）。此百分比过低（如：低于 30%）会导致优化过早地收敛，过高（高于 80%）则可能导致收敛缓慢。此参数依赖于参数个数以及设计空间自身的性质,通常选择 55~75 可满足大部分问题的求解。

Maximum Number of Iterations:指定优化方法的最大可能迭代次数。AMO 方法可能评估的最大样本点数 = Number of Initial Samples + Number of Samples Per Iteration × (Maximum Number of Iterations − 1),这给出了优化方法可能耗用时间的一个粗略估计。不过,算法可能在达到最大迭代次数之前已经收敛而停止。

Maximum Number of Candidates:算法形成备选设计的最大可能个数。

3. 指定优化目标和约束条件

在优化工作空间 Outline 中选择 Optimization 的子处理节点 Objectives and Constraints,在右边的表格(Table)中可对各种变量(输入变量和输出变量)指定优化目标和约束条件。具体操作时,可以根据需要增加 Table 的行数,每一行中在变量列表中选择一个变量,并为其指定优化目标或约束条件。下面对各种变量支持的目标和约束条件类型作简要的介绍。

对于连续型输入变量,提供如下的优化目标选项:

(1)No Objective

即不设置目标,输入变量在指定的优化域(后面介绍)范围内变化。

(2)Minimize

即最小化,使输入变量在优化域指定范围内的取值尽可能小,也就是尽量取接近取值下限的值。

(3)Maximize

即最大化,使输入变量在优化域指定范围内的取值尽可能大,也就是尽量取接近取值上限的值。

(4)Seek Target

即寻找目标值,使输入变量在优化域取值范围内尽量靠近用户所指定的目标值(Target)。

对于输出变量,提供如下的优化目标选项:

(1)No Objective

即不设置输出参数的优化目标。

(2)Minimize

即设置此输出变量优化目标为最小化,在 GDO 中将被作为一个优化目标,寻求达到此变量可能的最小值。

(3)Maximize

即设置此输出变量优化目标为最大化,在 GDO 中将被作为一个优化目标,寻求达到此变量可能的最大值。

(4)Seek Target

即设置此输出变量的优化目标为接近一个用户所指定的目标值 Target,在 GDO 中将被作为一个优化的目标。

对于离散型输入变量或带有 Manufacturable 过滤器的连续性输入变量,提供如下的约束条件选项:

(1)No Constraint

即对此变量不设置任何约束条件。

(2)Value = Bound

即设置约束条件为使得此变量尽量靠近优化域取值范围的下限 Lower Bound。

（3）Value >= LowerBound

即设置约束条件为输入变量大于等于优化域取值范围的下限 Lower Bound。

（4）Value <= Upper Bound

即设置约束条件为输入变量小于等于优化域取值范围的上限 Upper Bound。

对于输出变量，提供如下的约束条件选项：

（1）No Constraint

即对此输出变量不设置任何约束条件。

（2）Value >= Lower Bound

即设置此输出变量大于等于指定的下限值 Lower Bound，在 GDO 中被作为一个不等式约束条件。

（3）Value <= Upper Bound

即设置此输出变量小于等于指定的上限值 Upper Bound，在 GDO 中被作为一个不等式约束条件。

（4）Lower Bound <= Value <= Upper Bound

即设置此输出变量介于指定的上限值 Upper Bound 及下限值 Lower Bound 之间，在 GDO 中被作为一个不等式约束条件，此处需要满足 Lower Bound<Upper Bound。

在各目标和约束条件 Properties 的 Decision Support Process 中，可设置与优化决策相关的选项。对于 Objective 或 Constraint，可设置 Objective Importance 或 Constraint Importance 为 Default、Lower 或 Higher，如果存在多个优化目标或多个约束条件，可以按指定的重要性加权。对于约束条件，还提供了 Constraint Handling 选项，如果 Constraint Handling 选项被设置为 Strict，则此约束条件被处理为硬性约束条件，不满足约束条件的样本点即认为不可行；如果被设置为 Relaxed，则约束被视作一种目标，此时允许样本点违背约束条件。

对于没有设置任何 Objective 的优化问题（纯约束满足问题）只能通过 Screening 方法求解，当至少指定了一个优化目标后，其他优化算法就可用了。

如果对于设计变量指定了目标，则此设置不会影响各种优化方法的样本生成，但是会影响到后续最佳备选设计结果的排序。

4. 指定优化域

在优化工作空间 Outline 的 Domain 节点下，指定各设计变量取值范围的上下限 Lower Bound 以及 Upper Bound，对于离散型变量或带有 Manufacturable Values 过滤器的连续型变量的 Level 上下限。这些上下限应在 DOE 取值上下限以内，以达到缩小优化搜索域、提高分析效率的效果，后续优化中形成的样本点将全部位于缩减后的优化域中。

对于 NLPQL 以及 MISQP 优化方法，还可以在 Domain 节点下指定优化搜索时各输入变量的 Starting Value，在此处指定的参数初始值一定要位于上面指定的 Lower Bound 以及 Upper Bound 之间。

5. 优化求解

优化设置完成后，点工具栏上的 Update 按钮，或返回 Project Schematic 界面，选择 Optimization 组件，右键菜单中选择 Update，即启动优化求解过程。在优化工作空间的 Objectives and Constraints 以及 Domain 工作节点的 Monitoring 列以及 History Chart 提供了优化过程参数监控功能,可以观察任意一个指定了目标或约束条件的变量的优化过程曲线,如果关心的变量已经满足要求的条件,则可以提前中断优化分析过程。

6. 优化结果的查看与分析

优化分析完成后,可通过优化工作空间 Result 工作节点下的各种图表工具对优化结果进行查看或进行进一步的分析,这些工具包括查看备选设计点结果、查看敏感性图、查看多目标权衡图、查看样本图。下面进行简单的介绍。

首先是查看备选设计结果。一般情况下不会仅仅得到一个结果,往往会给出几个备选方案。这些备选方案(Candidate Points)的会基于其目标函数值与优化目标之间的差距来评分,三个红色的 X 表示最差,而三个红色的五角星表示最佳。对响应面优化而言,必须验证结果的正确性。差距较大时可将备选设计点作为 Verification Point,重新计算时考虑验证点,修正响应面,重新优化分析。

GDO 的敏感性图(Sensitivities chart)为输出变量关于输入变量的全局敏感性,仅当优化方法为 MOGA 时可查看此敏感性结果。

在优化分析求解结束后,在优化结果下会自动创建 Tradeoff 图(权衡图)。Tradeoff 图是 2-D 或 3-D 的散点图,表示生成的 GDO 样本点,这些样本点的颜色代表它们所属的帕累托前沿,由红色向蓝色过渡,红色表示最差,蓝色表示最好。如果没有生成足够数量的 Pareto Front,用户可以在 Tradeoff 图的属性中拖动滑块,以便增加更多的前沿点,以作为备用的设计方案;也可以在 Tradeoff chart 中选择帕累托前沿点作为设计点插入,进行进一步的验证分析。

样本图(Samples chart)是允许用户查看 GDO 样本点的另一个后处理工具,GDO 计算完成后会自动形成此结果。样本图采用平行图的形式描绘全部的输入及输出参数,即一系列平行的 Y 轴分别表示不同的输入和输出参数,每一个样本点按照其各参数值用一条折线在平行图中表示。样本图的优势是可以同时显示出所有的样本图,而权衡图最多仅能同时显示三个变量。样本图提供了两种颜色显示方法,即 by Samples 或 by Pareto Fronts。在 Samples 模式下,会区分显示优化备选方案样本点及其他样本点的颜色;在 Pareto 前沿模式下,各样本点的折线按照此点所属的 Pareto front 来显示颜色,从蓝色到红色表示其所属的帕累托前沿。

9.3.3　目标驱动优化例题

本节给出几个基于 DX 的参数优化例题。

例 9.1　采用 Direct Optimization 的 ASO 方法重新计算第 8.3 节的函数极值问题。

问题描述:

函数 $f(X) = 7.5 - (5 + X/5) \cdot \sin X$,其中 X 的取值范围是[0.2,10](单位:弧度),采用 ASO 方法计算此函数在给定区间的全局最优解(极小值)。

分析过程:

采用上一节例题中读取 APDL 脚本的方式,在 Mechanical APDL 组件中添加 fx. txt 文件,此文件的内容如下:

```
x=0.25
f=7.5-(5+x/5)*sin(x)
```

这里结合本例题介绍 APDL 命令流文件在 DX 中的导入方法。在 WB 界面下,选择左侧组件工具箱中的 Mechanical APDL 组件,双击以添加该组件到项目图解中,如图 9.14(a)所示;

在 Mechanical APDL 组件中选择"Analysis"单元格,鼠标右键弹出菜单,如图 9.14(b)所示,在其中选择"Add Input File",然后浏览选择打开之前形成的文件 truss. inp。

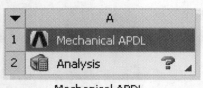

(a) Mechanical APDL组件

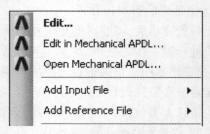

(b) 为组件添加输入文件

图 9.14　Mechanical APDL 组件及其输入文件指定

双击项目图解窗口中的"Analysis"单元格,进入其工作空间,在其 Outline 视图中选择 Process"fx. txt",使用参数解析功能,选择 X 为 Input,选择 F 为 Output,如图 9.15 所示。

Outline of Schematic A2: Analysis		
	A	B
1		Step
2	Launch ANSYS	1
3	Process "fx.TXT"	2

(a) Mechanical APDL组件

Properties: No data				
	A	B	C	D
1	APDL Param...	Initial Value	Input	Output
2	X	0.25	☑	☐
3	F	0	☐	☑

(b) 为组件添加输入文件

图 9.15　输入输出参数的解析

选择"Return to Project"返回 WB 窗口,这时在 Mechanical APDL 系统下方出现了"Parameter Set",双击"Parameter Set"进入参数管理界面,在此界面下,可以看到已经定义的 Input 和 Output 参数列表,如图 9.16 所示。

Outline: No data				
	A	B	C	D
1	ID	Parameter Name	Value	Unit
2	☐ Input Parameters			
3	☐ Mechanical APDL (A1)			
4	P1	X	0.25	
*	New input parameter	New name	New expression	
6	☐ Output Parameters			
7	☐ Mechanical APDL (A1)			
8	P2	F		
*	New output parameter		New expression	
10	Charts			

图 9.16　参数管理器中的参数列表

确认此参数设置后,选择"Return to Project"返回 WB 窗口。在 WB 窗口左侧选择 Design Exploration 下的"Direct Optimization"系统,用鼠标左键将此系统拖拽至右方项目图解窗口的

"Parameter Set"下方。

双击项目图解中的"Optimization"组件单元格,进入到其工作空间。在 Outline 视图中选择 "Optimization",选择优化方法为"Adaptive Single-Objective",设置相关参数如图 9.17 所示。

Optimization	
Optimization Method	Adaptive Single-Objective
Number of LHS Initial Samples	5
Number of Screening Samples	100
Number of Starting Points	3
Maximum Number of Evaluations	40
Maximum Number of Domain Reductions	20
Percentage of Domain Reductions	0.1
Maximum Number of Candidates	3

图 9.17　ASO 方法选项设置

选择"Objectives and Constraints",在右侧的表中指定参数 P2-F 的优化目标为 "Minimize",如图 9.18 所示。选择"Domain",在右侧表中指定参数 P1-X 范围的下限和上限 分别是 0.2 和 10.0。

Table of Schematic B2: Optimization					
	A	B	C	D	E
1	Name	Parameter	Objective		
2			Type	Target	Type
3	Minimize P2	P2 - F	Minimize		No Constraint
*		Select a Parameter			

图 9.18　设置优化目标

设置完成后,点工具栏上的"Update"按钮开始优化分析。计算结束后,查看参数 P1 及 P2 的迭代过程分别如图 9.19(a)(b)所示,图中可以看到,P1-X 变量的范围在不断缩小,直至收 敛于最优解,P2-F 的值则在震荡中逐步收敛于最小值。

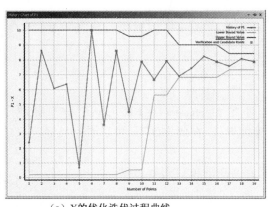
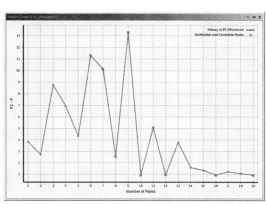

（a）X 的优化迭代过程曲线　　　　　　　　　　（b）F 的优化迭代过程曲线

图 9.19　变量优化迭代过程曲线

优化搜索给出三个"Candidate Points",其中 F 的最小值为 0.92616,与前一章用
Mechanical APDL 的优化方法得到的结果完全一致。

例 9.2　桁架目标驱动优化

问题描述:

基于 DX 的响应面 GDO 方法及直接 GDO 方法对第 9 章中桁架优化问题进行重新分析。

分析过程:

首先是响应面 GDO 方法,其分析过程分为 10 步,用下面的序号①至⑩标出。

①在 WB 环境中导入分析 APDL 文件

本次优化的结构分析仍采用之前的 APDL 命令流文件。在 WB 界面下,添加左侧组件工
具箱中的 Mechanical APDL 组件到项目图解中,采用上一个例题同样得到方式向"Analysis"组
件中添加输入文件。输入文件为第 8.3 节中形成的文件 truss. inp。

②解析 APDL 文件

双击 WB 项目图解的"Analysis"单元格,进入其工作空间。在 Outline 视图中选择"Process
truss. inp",在下方的属性视图中出现 WB 识别的 APDL 参数列表。在参数列表中选择 A1、
A2、A3、A4、A5 为"Input"(勾选 C 列),选择 S1、S2、S3、S4、S5、VOLUME 为"Output"(勾选 D
列),如图 9.20 所示。

	A	B	C	D
1	APDL Parameter ▼	Initial Value	Input	Output
2	A	1	☐	☐
3	P	10000	☐	☐
4	A1	0.0001	☑	☐
5	A2	0.0001	☑	☐
6	A3	0.0001	☑	☐
7	A4	0.0001	☑	☐
8	A5	0.0001	☑	☐
25	S1		☐	☑
26	S2		☐	☑
27	S3		☐	☑
28	S4		☐	☑
29	S5		☐	☑
30	VOLUME		☐	☑

图 9.20　解析并指定参数

③确认参数

选择"Return to Project"返回 WB 窗口,这时在 Mechanical APDL 系统下方出现了
"Parameter Set",双击"Parameter Set"进入到参数管理界面,在此界面下,可以看到已经定义的
Input 和 Output 参数列表,如图 9.21 所示。

确认此参数设置后,选择"Return to Project"返回 WB 的项目图解窗口。

④添加优化系统

在 WB 工具箱中选择 Design Exploration 下的"Response Surface Optimization"系统,添加至

右方项目图解窗口的"Parameter Set"下方,此系统中包含 DOE、Response Surface 以及 Optimization 三个组件,如图 9.22 所示。

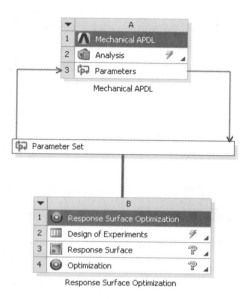

图 9.21　Parameter Set 中的参数　　　　　图 9.22　响应面优化系统及其组件

⑤执行 DOE

执行 DOE 组件以形成响应面拟合的样本点。双击项目图解的"Design of Experiments"组件单元格,进入其工作空间。在 Outline 视图中选择"Design of Experiments",下方属性视图中设置 DOE 类型为 CCD,如图 9.23 所示;依次选择变量 A1—A5,在其属性视图中设置其变量类型均为 Continuous,设置各变量的取值范围均为:Lower Bound＝8e-5,Upper Bound＝0.000 5,如图 9.24 所示。

	A	B
	Property	Value
1		
2	⊟ Design Points	
3	Preserve Design Points After DX Run	☐
4	⊟ Failed Design Points Management	
5	Number of Retries	0
6	⊟ Design of Experiments	
7	Design of Experiments Type	Central Composite Design
8	Design Type	Auto Defined

Properties of Schematic B2: Design of Experiments

图 9.23　DOE 类型选择

选择"Preview"按钮,形成 27 个待求的 DOE 点,选择"Update"按钮,计算全部形成的 DOE 点,计算完成后 DOE 点列表如图 9.25 所示。

计算完成后,选择"Return to Project"返回 WB 窗口。

⑥形成响应面

在项目图解中,双击"Response Surface"组件单元格,进入其工作空间。在 Outline 视图中,

Properties of Schematic B2: Design of Experiments

	A	B
1	Property	Value
2	⊟ General	
3	Units	
4	Type	Design Variable
5	Classification	Continuous
6	⊟ Values	
7	Value	0.0001
8	Lower Bound	8E-05
9	Upper Bound	0.0005
10	Use Manufacturable Values	☐

图 9.24　输入变量范围指定

Table of Schematic B2: Design of Experiments (Central Composite Design : Auto Defined)

	A	B	C	D	E	F	G	H	I	J	K	L
1	Name	P1 - A1	P2 - A2	P3 - A3	P4 - A4	P5 - A5	P6 - S1	P7 - S2	P8 - S3	P9 - S4	P10 - S5	P11 - VOLUME
2	1	0.00029	0.00029	0.00029	0.00029	0.00029	0.98522	0.98522	0.98522	0.49261	1.3933	0.0015701
3	2	8E-05	0.00029	0.00029	0.00029	0.00029	3.5714	0.98522	0.98522	0.49261	1.3933	0.0013601
4	3	0.0005	0.00029	0.00029	0.00029	0.00029	0.57143	0.98522	0.98522	0.49261	1.3933	0.0017801
5	4	0.00029	8E-05	0.00029	0.00029	0.00029	0.98522	3.5714	0.98522	0.49261	1.3933	0.0013601
6	5	0.00029	0.0005	0.00029	0.00029	0.00029	0.98522	0.57143	0.98522	0.49261	1.3933	0.0017801
7	6	0.00029	0.00029	8E-05	0.00029	0.00029	0.98522	0.98522	3.5714	0.49261	1.3933	0.0013601
8	7	0.00029	0.00029	0.0005	0.00029	0.00029	0.98522	0.98522	0.57143	0.49261	1.3933	0.0017801
9	8	0.00029	0.00029	0.00029	8E-05	0.00029	0.98522	0.98522	0.98522	1.7857	1.3933	0.0013601
10	9	0.00029	0.00029	0.00029	0.0005	0.00029	0.98522	0.98522	0.98522	0.28571	1.3933	0.0017801
11	10	0.00029	0.00029	0.00029	0.00029	8E-05	0.98522	0.98522	0.98522	0.49261	5.0508	0.0012731
12	11	0.00029	0.00029	0.00029	0.00029	0.0005	0.98522	0.98522	0.98522	0.49261	0.80812	0.0018671
13	12	0.0002305	0.0002305	0.0002305	0.0002305	0.0003495	1.2395	1.2395	1.2395	0.61977	1.1561	0.0014163
14	13	0.0003495	0.0002305	0.0002305	0.0002305	0.0002305	0.81749	1.2395	1.2395	0.61977	1.753	0.001367
15	14	0.0002305	0.0003495	0.0002305	0.0002305	0.0002305	1.2395	0.81749	1.2395	0.61977	1.753	0.001367
16	15	0.0003495	0.0003495	0.0002305	0.0002305	0.0003495	0.81749	0.81749	1.2395	0.61977	1.1561	0.0016543
17	16	0.0002305	0.0002305	0.0003495	0.0002305	0.0002305	1.2395	1.2395	0.81749	0.61977	1.753	0.001367
18	17	0.0003495	0.0002305	0.0003495	0.0002305	0.0003495	0.81749	1.2395	0.81749	0.61977	1.1561	0.0016543
19	18	0.0002305	0.0003495	0.0003495	0.0002305	0.0003495	1.2395	0.81749	0.81749	0.61977	1.1561	0.0016543
20	19	0.0003495	0.0003495	0.0003495	0.0002305	0.0002305	0.81749	0.81749	0.81749	0.61977	1.753	0.001605
21	20	0.0002305	0.0002305	0.0002305	0.0003495	0.0002305	1.2395	1.2395	1.2395	0.40875	1.753	0.001367
22	21	0.0003495	0.0002305	0.0002305	0.0003495	0.0003495	0.81749	1.2395	1.2395	0.40875	1.1561	0.0016543
23	22	0.0002305	0.0003495	0.0002305	0.0003495	0.0003495	1.2395	0.81749	1.2395	0.40875	1.1561	0.0016543
24	23	0.0003495	0.0003495	0.0002305	0.0003495	0.0002305	0.81749	0.81749	1.2395	0.40875	1.753	0.001605
25	24	0.0002305	0.0002305	0.0003495	0.0003495	0.0003495	1.2395	1.2395	0.81749	0.40875	1.1561	0.0016543
26	25	0.0003495	0.0002305	0.0003495	0.0003495	0.0002305	0.81749	1.2395	0.81749	0.40875	1.753	0.001605
27	26	0.0002305	0.0003495	0.0003495	0.0003495	0.0002305	1.2395	0.81749	0.81749	0.40875	1.753	0.001605
28	27	0.0003495	0.0003495	0.0003495	0.0003495	0.0003495	0.81749	0.81749	0.81749	0.40875	1.1561	0.0018923

图 9.25　DOE 点列表

选择“Response Surface”，在其属性中设置响应面类型为标准二次响应面，并选择形成 5 个验证点，相关设置如图 9.26 所示。

点工具栏中的 Update 按钮，计算形成响应面。在 Outline 视图中选择“Goodness of fit”，在 Table 视图中显示了各响应参数的综合拟合优度，如图 9.27 所示。表中数据表明，响应面的质量较好。

在 Chart 视图中则显示了“Predicted vs Observed”图，如图 9.28 所示。图中显示各 DOE 点以及验证点位置响应面预测均有很高精度，基本都位于 45°线上。

查看响应面结果，响应点位置 A1 = A2 = A3 = A4 = A5 = 0.000 29。由于此结构为静定结构，因此，各杆件的应力强度比仅跟该杆件的截面积有关，与其他杆件的截面积无关。因此如果选择 2D 模式查看结果即可，S1 关于 A1 的响应线如图 9.29 所示。

Properties of Schematic B3: Response Surface

	A	B
1	Property	Value
2	⊟ Design Points	
3	Preserve Design Points After DX Run	☐
4	⊟ Failed Design Points Management	
5	Number of Retries	0
6	⊟ Meta Model	
7	Response Surface Type	Standard Response Surface - Full 2nd Order Polynomials
8	⊟ Refinement	
9	Refinement Type	Manual
10	⊟ Verification Points	
11	Generate Verification Points	☑
12	Number of Verification Points	5

图 9.26　响应面设置

Table of Outline A20: Goodness Of Fit

	A	B	C	D	E	F	G
1	Name	P6 - S1	P7 - S2	P8 - S3	P9 - S4	P10 - S5	P11 - VOLUME
2	⊟ Goodness Of Fit						
3	Coefficient of Determination (Best Value = 1)	1	1	1	1	1	1
4	Adjusted Coeff of Determination (Best Value = 1)	1	1	1	1	1	1
5	Maximum Relative Residual (Best Value = 0%)	0	0	0	0	0	0
6	Root Mean Square Error (Best Value = 0)	2.8793E-08	3.3347E-09	1.4324E-08	5.7244E-09	4.4198E-08	2.126E-11
7	Relative Root Mean Square Error (Best Value = 0%)	0	0	0	0	0	0
8	Relative Maximum Absolute Error (Best Value = 0%)	0	0	0	0	0	0
9	Relative Average Absolute Error (Best Value = 0%)	0	0	0	0	0	0
10	⊟ Goodness Of Fit for Verification Points						
11	Maximum Relative Residual (Best Value = 0%)	0	0.041806	0.046718	0.14351	0.029133	0
12	Root Mean Square Error (Best Value = 0)	1.3732E-05	0.00068431	0.00078062	0.001195	0.00066896	7.0058E-11
13	Relative Root Mean Square Error (Best Value = 0%)	0	0.026529	0.026429	0.09015	0.017106	0
14	Relative Maximum Absolute Error (Best Value = 0%)	0	0.19662	0.19171	0.59176	0.11532	0
15	Relative Average Absolute Error (Best Value = 0%)	0	0.068644	0.071313	0.23805	0.045994	0

图 9.27　响应面的“Goodness of fit”

响应面检查结束后，选择“Return to Project”返回 WB 的项目图解窗口。

⑦Screening 方法初步优化分析

在项目图解中，双击“Optimization”组件单元格，进入其工作空间。在 Outline 视图中，选择“Optimization”，在其属性中设置优化方法为 Screening，样本点个数为 10 000，并选择验证备选设计点，相关设置如图 9.30 所示。

在 Outline 视图中，选择“Objectives and Constraints”，在右侧的表中指定 P6、P7、P8、P9、P10 等五个参数的约束条件为小于上限 1，考虑到与满应力解相比较，因此在这五个约束条件

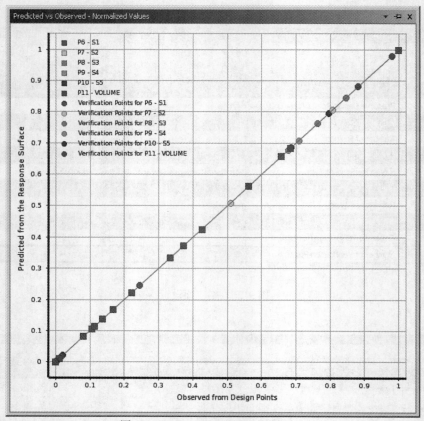

图 9.28　Predicted vs Observed Chart

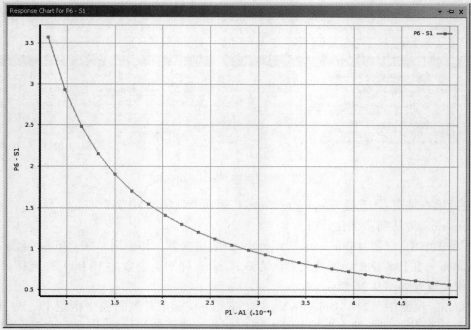

图 9.29　S1 关于 A1 的响应曲线

Optimization	
Optimization Method	Screening
Number of Samples	10000
Maximum Number of Candidates	3
Verify Candidate Points	☑

图 9.30　Screening 优化方法设置

的属性中设置为“Relaxed”；在右侧的表格中继续指定参数 P11 的优化目标为“Minimize”。优化目标指定及摘要汇总信息显示分别见图 9.31 和图 9.32。

Table of Schematic B4: Optimization

	A	B	C	D	E	F	G
1	Name	Parameter	Objective		Constraint		
2			Type	Target	Type	Lower Bound	Upper Bound
3	P6 <= 1	P6 - S1	No Objective		Values <= Upper Bound		1
4	P7 <= 1	P7 - S2	No Objective		Values <= Upper Bound		1
5	P8 <= 1	P8 - S3	No Objective		Values <= Upper Bound		1
6	P9 <= 1	P9 - S4	No Objective		Values <= Upper Bound		1
7	P10 <= 1	P10 - S5	No Objective		Values <= Upper Bound		1
8	Minimize P11	P11 - VOLUME	Minimize		No Constraint		
*		Select a Parameter					

图 9.31　设置约束条件和优化目标

Optimization Study	
Minimize P11	Goal, Minimize P11 (Default importance)
P10 <= 1	Relaxed Constraint, P10 values less than or equals to 1 (Default importance)
P6 <= 1	Relaxed Constraint, P6 values less than or equals to 1 (Default importance)
P9 <= 1	Relaxed Constraint, P9 values less than or equals to 1 (Default importance)
P7 <= 1	Relaxed Constraint, P7 values less than or equals to 1 (Default importance)
P8 <= 1	Relaxed Constraint, P8 values less than or equals to 1 (Default importance)

图 9.32　优化变量信息摘要

在 Outline 视图中选择“Domain”进行优化域的设置，在其下方属性或右边表格中对设计优化参数 P1、P2、P3、P4、P5 的取值范围进行设置，此处采用 DOE 中设置的范围，如图 9.33 所示。

Table of Schematic B4: Optimization

	A	B	C
1	Optimization Domain	Lower Bound	Upper Bound
2	P1 - A1	8E-05	0.0005
3	P2 - A2	8E-05	0.0005
4	P3 - A3	8E-05	0.0005
5	P4 - A4	8E-05	0.0005
6	P5 - A5	8E-05	0.0005

图 9.33　设置优化域

设置完成后,点工具栏上的"Update"按钮进行优化求解。求解结束后,程序给出了三个 Candidate Point,如图 9.34 所示。很显然,各杆件的应力强度比优化结果均未达到 1,个别杆件差距还较大。为此,下面采用 NLPQL 方法继续寻找精确解。

Candidate Points	Candidate Point 1	Candidate Point 1 (verified)	Candidate Point 2	Candidate Point 2 (verified)	Candidate Point 3	Candidate Point 3 (verified)
P1 - A1	0.0002896		0.0003119		0.00043891	
P2 - A2	0.00028802		0.00030586		0.00030071	
P3 - A3	0.00030599		0.0002866		0.00028899	
P4 - A4	0.00014684		0.00023434		0.00015305	
P5 - A5	0.0004866		0.00041471		0.00040511	
P6 - S1	0.98658	0.98658	0.91604	0.91604	0.65094	0.65096
P7 - S2	0.99199	0.99199	0.93412	0.93412	0.95013	0.95013
P8 - S3	0.93373	0.93373	0.99692	0.99692	0.98868	0.98868
P9 - S4	0.97191	0.97285	0.60962	0.60962	0.93259	0.93338
P10 - S5	0.83037	0.83037	0.97432	0.97433	0.9974	0.99741
P11 - VOLUME	0.0017186	0.0017186	0.0017252	0.0017252	0.0017546	0.0017546

图 9.34　Screening 方法的优化结果

⑧NLPQL 进一步优化

在 Outline 视图中选择"Optimization",改变优化方法为 NLPQL,选择验证备选设计点,设置如图 9.35 所示。

Optimization	
Optimization Method	NLPQL
Allowable Convergence Percentage	1E-06
Maximum Number of Iterations	20
Derivative Approximation	Central Difference
Maximum Number of Candidates	3
Verify Candidate Points	✓

图 9.35　NLPQL 的优化设置

NLPQL 优化的起始点选择 Screening 方法优化给出的第 1 个 Candidate Point,NLPQL 优化的 Domain 设置结果列于表格视图中,如图 9.36 所示。

	A	B	C	D
1	Optimization Domain	Lower Bound	Upper Bound	Starting Value
2	P1 - A1	8E-05	0.0005	0.0002896
3	P2 - A2	8E-05	0.0005	0.00028802
4	P3 - A3	8E-05	0.0005	0.00030599
5	P4 - A4	8E-05	0.0005	0.00014684
6	P5 - A5	8E-05	0.0005	0.0004866

图 9.36　NLPQL 的优化域设置

设置完成后,选工具栏上的"Update"按钮进行优化搜索,计算完成后给出的备选设计列于表格视图中,如图 9.37 所示。NLPQL 给出的第 1 个备选设计为最优设计,各杆件的截面均达到满应力解答。

	Starting Point	Starting Point (verified)	Candidate Point 1	Candidate Point 1 (verified)	Candidate Point 2	Candidate Point 2 (verified)	Candidate Point 3	Candidate Point 3 (verified)
P1 - A1	0.0002896		0.00028571		0.00028566		0.0002896	
P2 - A2	0.00028802		0.00028571		0.0002857		0.00028802	
P3 - A3	0.00030599		0.00028571		0.00028427		0.00030599	
P4 - A4	0.00014684		0.00014271		0.00014259		0.00014684	
P5 - A5	0.0004866		0.00040335		0.00038717		0.0004866	
P6 - S1	0.98658	0.98658	1	1	1.0002	1.0002	0.98658	0.98658
P7 - S2	0.99199	0.99199	1	1	1.0001	1.0001	0.99199	0.99199
P8 - S3	0.93373	0.93373	1	1	1.0051	1.0051	0.93373	0.93373
P9 - S4	0.97191	0.97285	1	1.001	1.0008	1.0019	0.97191	0.97285
P10 - S5	0.83037	0.83037	1.0018	1.0018	1.0436	1.0436	0.83037	0.83037
P11 - VOLUME	0.0017186	0.0017186	0.0015703	0.0015703	0.0015458	0.0015458	0.0017186	0.0017186

图 9.37　NLPQL 的优化结果

例 9.3　塑料托盘的减重优化

问题描述：

带加劲肋的塑料托盘,其外形尺寸为 1 000 mm×600 mm×200 mm,顶面外缘宽 40 mm,顶面凹入深度为 50 mm(顶面至横隔面中心距离),托盘材质为塑料,弹性模量为 3 100 MPa,泊松比为 0.35,密度为 950 kg/m³,设计强度为 20 MPa,设计工况为托盘顶面向上水平放置,横隔面承受均布荷载为 0.006 MPa,底面周边施加竖向位移约束,变形限制条件为最大变形不超过 1.0 mm,初始横向加劲肋厚度(TKSRIB)及高度(HSRIB)分别为 2 mm 及 100 mm,纵向加劲肋厚度(TKLRIB)及高度(HLRIB)分别为 2 mm 及 80 mm,纵横加劲肋的间距均为 100 mm。初始设计如图 9.38 所示。现在以纵横向加劲肋的厚度及高度作为设计变量,对塑料托盘进行减重设计。

（a）顶面　　　　　　　　　　　　　　（b）底面

图 9.38　带加劲肋的塑料托盘

分析过程：

(1)初始化分析并提取参数

在 DM 中形成初始设计的几何模型,在其中提取相关的参数。横向加劲肋的高度和厚度分别为 HSRIB 以及 TKSRIB,纵向加劲肋的高度和厚度分别为 HLRIB 以及 TKSRIB。将此参数化几何模型导入 Mechanical(WB)，划分网格并施加载荷及约束，分别如图 9.39 及图 9.40 所示。

图 9.39　网格划分后的模型

图 9.40　加载与约束

　　进行一次结构分析求解，提取结构的总质量、最大等效应力及最大总体变形作为参数，分别如图 9.41(a)、(b)、(c)所示，注意到此初始设计方案的变形量仅仅略微超过限制条件 1 mm，总质量接近 5 kg。

Details of "Geometry"		
Definition		
Source	C:\Users\user\AppData\Local\Temp\WB...	
Type	DesignModeler	
Length Unit	Millimeters	
Element Control	Program Controlled	
Display Style	Body Color	
⊞ **Bounding Box**		
⊟ **Properties**		
☐ Volume	5.2605e+006 mm³	
P Mass	4.9974 kg	
☐ Surface Area(approx.)	2.2922e+006 mm²	

(a)

Details of "Equivalent Stress"	
Scope	
Scoping Method	Geometry Selection
Geometry	All Bodies
Shell	Top/Bottom
Definition	
Type	Equivalent (von-Mises) Stress
By	Time
Display Time	Last
Calculate Time History	Yes
Identifier	
Suppressed	No
Integration Point Results	
Display Option	Averaged
Results	
☐ Minimum	8.4449e-003 MPa
P Maximum	4.977 MPa

(b)

Details of "Total Deformation"	
Scope	
Scoping Method	Geometry Selection
Geometry	All Bodies
Definition	
Type	Total Deformation
By	Time
Display Time	Last
Calculate Time History	Yes
Identifier	
Suppressed	No
Results	
☐ Minimum	3.2575e-003 mm
P Maximum	1.0297 mm

(c)

图 9.41　提取结果参数

(2)确认设计变量

关闭 Mechanical(WB)，返回 Project Schematic，双击 Parameter Set 条，进入到参数管理页

面,如图 9.42 所示。

	A	B	C	D
1	ID	Parameter Name	Value	Unit
2	⊟ Input Parameters			
3	⊟ ▥ Static Structural (A1)			
4	▯ P1	TKSRIB	2	
5	▯ P2	HSRIB	100	
6	▯ P3	TKLRIB	2	
7	▯ P4	HLRIB	80	
*	▯ New input parameter	New name	New expression	
9	⊟ Output Parameters			
10	⊟ ▥ Static Structural (A1)			
11	▯ P5	Geometry Mass	4.9974	kg
12	▯ P6	Equivalent Stress Maximum	4.977	MPa
13	▯ P7	Total Deformation Maximum	1.0297	mm
*	▯ New output parameter		New expression	
15	Charts			

图 9.42 确认设计变量

确认此参数设置后,选择"Return to Project"返回 WB 的项目图解窗口。

(3)添加优化系统

在 WB 的 Design Exploration 工具箱中选择 Design Exploration 下的"Direct Optimization"系统,添加至右方项目图解窗口的"Parameter Set"下方,如图 9.43 所示。

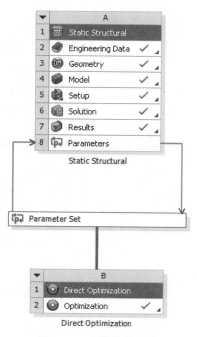

图 9.43 直接优化系统

(4)优化方法设置

在项目图解中,双击"Optimization"组件的单元格,进入其工作空间。在 Outline 视图中,选择"Optimization",在其属性中设置优化方法为 Adaptive Single-Objective,算法的相关设置如图 9.44 所示。

Properties of Schematic B2: Optimization

	A	B
1	Property	Value
2	⊟ General	
3	Component ID	Optimization
4	Directory Name	DOP
5	⊟ Notes	
6	Notes	
7	⊟ Design Points	
8	Preserve Design Points After DX Run	☐
9	⊟ Failed Design Points Management	
10	Number of Retries	0
11	⊟ Optimization	
12	Optimization Method	Adaptive Single-Obje...
13	Number of LHS Initial Samples	15
14	Number of Screening Samples	400
15	Number of Starting Points	15
16	Maximum Number of Evaluations	100
17	Maximum Number of Domain Reductions	20
18	Percentage of Domain Reductions	0.1
19	Maximum Number of Candidates	3

图 9.44 优化方法设置

(5)设置优化目标及约束条件

在优化组件的 Outline 视图中,选择"Objectives and Constraints",在右侧的表中指定参数 P5(即结构总质量)的优化目标为"Minimize";指定参数 P6(最大等效应力)的限制条件为"Values <=Upper Bound",其"Upper Bound"为 20 MPa;指定参数 P7(最大变形)的约束条件为"Values <=Upper Bound",其"Upper Bound"为 1 mm。设置完成后如图 9.45 所示。

Table of Schematic B2: Optimization

	A	B	C	D	E	F	G
1	Name	Parameter	Objective		Constraint		
2			Type	Target	Type	Lower Bound	Upper Bound
3	Minimize P5	P5 - Geometry Mass	Minimize		No Constraint		
4	P6 <= 20 MPa	P6 - Equivalent Stress Maximum	No Objective		Values <= Upper Bo...		20
5	P7 <= 1 mm	P7 - Total Deformation Maximum	No Objective		Values <= Upper Bo...		1
*		Select a Parameter					

图 9.45 优化目标与约束设置

(6)设置优化域

在优化组件的 Outline 视图中选择"Domain"设置优化域,在下方属性中对设计参数 P1、P2、P3、P4 的取值范围分别进行设置,如图 9.46 所示。

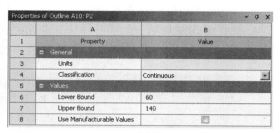

（a）P1范围设置　　　　　　（b）P2范围设置

（c）P3范围设置　　　　　　（d）P4范围设置

图 9.46　设计参数取值范围设置

（7）执行优化分析

上述设置完成后，点工具栏上的"Update"按钮进行优化求解。求解过程中以及求解结束后，可以查看设计变量的变化历程。图 9.47（a）为设计变量 P2（即 HSRIB）的迭代过程，可以看到此变量的范围在不断缩小，直至收敛于最优解；图 9.47（b）为目标函数 P5 的迭代过程，可以看到其值则在震荡中逐步降低，并收敛到最优解；图 9.47（c）、（d）分别为约束条件参数 P6（最大等效应力）及 P7（最大变形）的迭代过程，其取值的上限在图中用灰色的虚线标出，可以清楚地看到优化过程中哪些样本违反了这些限制条件。

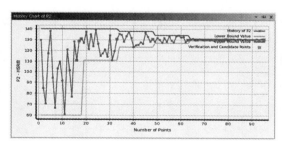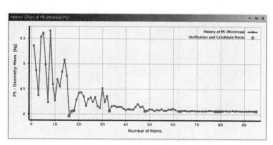

（a）设计变量P2的迭代过程曲线　　　　　　（b）目标函数P5的迭代过程曲线

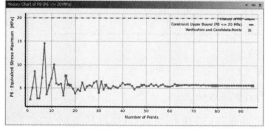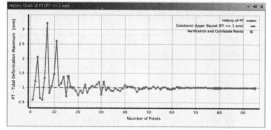

（c）限制参数P6的迭代过程曲线　　　　　　（d）限制参数P7的迭代过程曲线

图 9.47　变量迭代过程曲线

（8）优化结果的查看及分析

优化搜索结束后，给出三个"Candidate Points"，如图9.48所示。根据直接优化的算法特点，这三个备选设计均是经过实际计算验证的点。

Candidate Points		Candidate Point 1	Candidate Point 2	Candidate Point 3
P1 - TKSRIB		1	1.0315	1.1259
P2 - HSRIB		130.5	137.36	139.2
P3 - TKLRIB		1.0005	1.0606	1.2425
P4 - HLRIB		40	41.454	48.684
P5 - Geometry Mass (kg)		⭐⭐ 4.0709	⭐⭐ 4.146	⭐⭐ 4.3051
P6 - Equivalent Stress Maximum (MPa)		⭐⭐ 5.6628	⭐⭐ 5.0338	⭐⭐ 4.5689
P7 - Total Deformation Maximum (mm)		⭐⭐⭐ 0.99973	⭐⭐ 0.89219	⭐⭐ 0.82592

图 9.48　优化得到的备选设计结果

由备选设计结果可知，三个方案均能满足强度和变形的限制条件，其中第一个备选设计质量降低最为明显，较之初始设计方案减少了18.3%的重量。

在优化组件 Outline 中选择 Tradeoff，可进行权衡性分析。选择横轴变量为结构质量（P5），纵轴变量为最大变形（P7），则 P5 的减小目标和 P7 不能过大地限制实际上为一组对立的条件。变量的 tradeoff 图如图9.49所示，可见最佳的 Pareto 前沿都在位移接近1 mm而重量较低的位置。

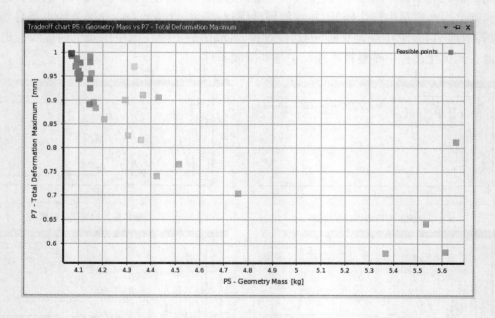

图 9.49　质量与变形的 Tradeoff 图

在优化组件 Outline 中选择 Samples，图形视图中可显示优化过程中全部样本点的平行图，如图9.50(a)、(b)所示，其显示模式分别为 Candidates 以及 Pareto Fronts。

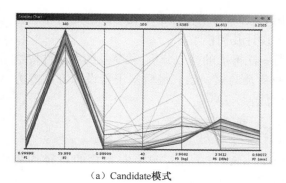 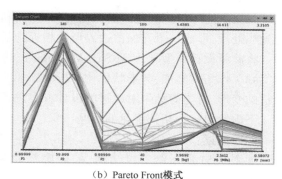

（a）Candidate模式　　　　　　　　　　　　　（b）Pareto Front模式

图 9.50　优化过程所形成样本的参数平行图

9.4　形状优化技术及应用

　　Mechanical(WB)提供了形状优化系统 Shape Optimization,可应用于结构的概念设计阶段。形状优化系统由简单的结构形状或轮廓(比如,实心的块体)开始,分析在现有设计方案中哪些位置可以去除材料,为设计人员提供改进形状设计的建议。

　　形状优化通常以结构刚度作为目标函数,结构材料体积的减少比例作为限制条件,单元的伪密度值作为设计变量,且伪密度介于 0 和 1 之间,0 代表此单元可去除,1 表示此单元需保留。在形状优化的分析过程中,ANSYS 首先给每一个单元分配一个伪密度,在服从给定的体积降低比例的约束条件下,通过变化单元伪密度(从 0 到 1),使得结构刚度最大化。计算结束后,给出伪密度的等值线图,从而得到材料合理化分布的直观设计建议。

　　下面介绍在 WB 中进行形状优化分析的基本步骤和注意事项。

　　1. 建立初步的模型

　　建立待优化的结构设计几何模型,此模型不需要很多细节,但需要预留结构对外连接的位置以及加载的几何对象等。

　　2. 划分网格

　　对拟优化的几何模型进行网格划分,如需要可以对网格尺寸等参数进行指定。

　　3. 施加载荷及约束条件

　　按照结构工作受力情况,施加约束及载荷。约束的施加一定要复合结构实际工作的受力状态。一般来说,约束以及载荷对形状优化的结果有着直接的影响。

　　4. 求解拓扑优化

　　在 Mechanical (WB) 的 Solution 分支下插入 Shape Finder,在其 Detail 中设置 Target Reduction比例,即:体积的减少比例。

　　5. 查看形状优化结果

　　计算结束后,显示优化结果。结构中的单元被标为红色、褐色及灰色,依次代表可删除(Remove)、边缘(Marginal)、保留(Keep)。需要保留的灰色单元形成的外轮廓组成了保留材料边界。

6. 修改设计方案并进行重分析

根据上述等值线图建议的保留材料边界,利用 CAD 软件对拟保留单元形成的几何轮廓进行光顺处理,形成一个与保留边界形状相近的新的设计几何模型。

将此新设计模型导入 ANSYS Mechanical,进行一次标准的静力分析,载荷及约束条件按结构实际工作条件施加,与形状优化分析中施加的载荷及约束一致。最后基于新设计方案静力分析的变形、应力等结果对改进的设计方案进行评估。

下面给出一个拓扑优化的例题。

问题描述:

如图 9.51 所示钢支撑结构,外轮廓尺寸为 600 mm×300 mm,四角安装孔的直径均为 30 mm。左端两个安装孔为固定约束,右端上部安装孔受水平载荷 35 000 N 和竖直载荷 5 000 N 作用,右下角安装孔不受力。对此支撑结构进行形状优化,并对初始设计进行改进。

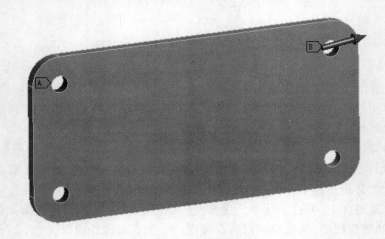

图 9.51   初步设计的支撑结构

分析过程:

按如下步骤进行操作。

(1)建立"Shape Optimization"分析系统

在 Workbench 工具箱中选择"Shape Optimization"并用鼠标左键拖放至项目图解窗口,建立形状优化分析系统。

(2)在 ANSYS DM 中建立初步的几何模型

在 DM 中建立初步的几何模型,即图 9.51 所示的模型几何形状。

(3)导入 Shape Optimization 组件并加载计算

将初步的几何模型导入 Shape Optimization 组件中,设置网格划分尺寸为 10 mm,划分网格如图 9.52 所示。

施加约束及载荷,设置 Shape Finder 的 Target Reduction 参数为减少 75%的重量,进行形状优化计算。

(4)查看形状优化结果

计算结束后,查看形状优化的结果,如图 9.53 所示,可见材料保留轮廓大致为横梁和斜撑

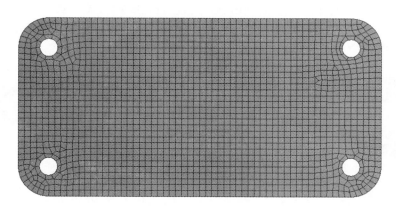

图 9.52 初始模型网格划分

组成的结构形式。计算结果显示,初步结构的重量为 27.479 kg,建议保留区域的质量为 6.959 7 kg,实现了减重 75%的预设优化目标。

图 9.53 形状优化分析给出的设计建议

(5)改进设计方案并验证

在 DM 中按照形状优化结果的建议,重新设计横梁和斜撑组成的简化支撑结构,并经过细节光滑处理和倒角之后,得到如图 9.54 所示的改进设计方案。

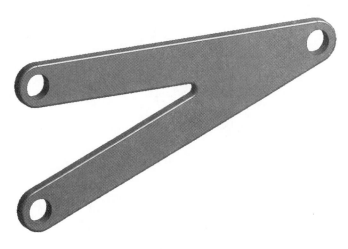

图 9.54 改进后的设计模型

　　将此改进的设计模型导入 Mechanical(WB)，进行网格划分、施加载荷约束并求解。计算得到结构的变形如图 9.55 所示，最大变形约为 0.06 mm。计算得到结构的等效应力分布如图 9.56 所示，最大等效应力约为 64 MPa，出现在右边加载安装孔边缘部位。

图 9.55　结构的变形分布情况

图 9.56　结构等效应力分布情况

　　上述计算结果表明，基于形状优化结果改进的支架设计方案材料用量大幅降低，受力更加合理，且其变形和应力均在合理范围，能够满足结构强度和刚度方面的要求。

第 10 章　基于 ANSYS 二次开发的载货车车架结构参数化建模和优化设计系统实例

10.1　基于 ANSYS 二次开发的载货车车架参数化建模系统

载货车车架大多为边梁式结构,少数为其他形式。这里以边梁式车架为例来说明参数化设计方法。边梁式车架是由两根纵梁和若干根横梁组成,整体形式有前后等宽、前窄后宽、前低后高等几种形式。截面的改变必须均匀过渡,以避免应力集中。纵梁的截面形状一般为槽形、Z 形、箱形等,横梁的截面形状比较多。纵梁与横梁参数化建模方法为:

(1)在工作平面上建立车架纵梁(横梁)横截面的关键点;

(2)依次将各关键点连成线建立横截面;

(3)移动工作平面,建立下一横截面;

(4)用相邻两横截面关键点建成面;

(5)完成纵梁(横梁)建模。

依据以上参数化建模方法,介绍基于 ANSYS 二次开发的参数化建模系统[24]。

10.1.1　参数化建模界面的开发

ANSYS 软件具有强大的前后处理功能和求解器,为解决各种工程问题提供了一个方便、可靠的工具。然而,由于 ANSYS 的通用性特点,使其对不同行业、不同领域的有限元分析不具有针对性,复杂的英文界面和重复的建模操作,都要求从事有限元分析的技术人员有很强大软件操作能力。基于这些不利因素,在 ANSYS 中开发具有中文界面的车架参数化建模系统,具有重要的意义。用户只需要点击几下菜单,输入相关的参数就可以完成建模任务。在模型改变时,只需对参数进行修改,就可以再次建立模型。如果使用传统的 GUI(图形用户界面)方式,用户需非常熟悉软件的操作,而且在修改某些参数重新分析时,都需要重复以前的建模工作,造成不必要的时间浪费,不能体现通用化和参数化的特点。本载货车参数化建模系统采用通用的 ANSYS11.0,添加新的用户自定义模块,以菜单、对话框作为人机交互的界面,各项功能一目了然,易学易用。

开发参数化建模系统主要完成四个方面的工作:

(1)修改 GUI 界面控制文件;

(2)利用 UIDL 编写参数化建模系统的专用菜单;

(3)利用 VB 语言定制系统的可视化界面;

(4)应用 APDL 编写建模和耦合程序。

10.1.2 创建车架参数化建模系统

ANSYS 软件的菜单主要有应用菜单和主菜单两种。其中应用菜单包括选择列表、文件管理、图形控制、参数设置、宏等功能，它们是不能改变和添加的。只有主菜单（Main Menu）才能根据二次开发的需要进行修改，添加和汉化。

1. 定制子菜单

用户修改 ANSYS 工作目录下 UIMENU.GRN 文件，定制自己的子菜单。菜单结构块必须以 Men_开头，对话框结构块必须以 Fnc_开头，后面的名称可以是数字或者是英文字母，开发的载货车车架参数化建模系统菜单命名为 Men_Chejia。

2. 将 Chejia 菜单添加到主菜单根目录下

定义了 Chejia 菜单块之后，需要将其添加到 MenuRoot 菜单块中，这样用户定义的菜单才能在 ANSYS 的主菜单的根目录下显示出来。修改 UIMENU.GRN 文件，将 Men_Chejia 添加到菜单块中，位置在 Session Editor 与 Finish 两大模块之间。修改后的 UIMENU.GRN 文件如下：

```
: NMenuRoot
: S   513,   76,   430
: T Menu
: A MainMenu
:D ANSYS ROOT MENU
...........
Fnc_ Preferences
Sep_
Men_ Preproc
...........
Men_ RunStat
Fnc_ UNDO
Sep_
Men_ chejia
Fnc_ FINISH
K_ LN (UTILMENU)
Men_ UtilMenu
Men_ UVBA_ Main_ B1
Men_ UVBA_ Main_ B2
Men_ UVBA_ Main_ B3
: EEND
:!
```

注：S　513,76,430,是表明这个菜单块的位置信息，不同的版本数字不同，也就是位置不同。

启动 ANSYS 运行后的结果如图 10.1 所示。

3. 设计系统功能块

载货车车架参数化建模系统包括车架参数化建模系统和自由度耦合系统两个功能模块。

系统中的菜单名称,为各个功能块的显示名称。车架参数化建模系统和自由度耦合系统各包含四个功能块,下面以车架参数化建模系统为例,在系统的菜单块中添加功能块。

```
: NMen _ chejia
:S    134, 81, 460
: T Menu
: A 车架参数化建模系统
Fnc _ canshu
Fnc _ xiugai
Fnc _ chongdu
Fnc _ reflect
: E End
:!
```

运行后的结果如图 10.2 所示。

图 10.1　修改后的 ANSYS 主菜单

图 10.2　系统功能模块菜单

10.1.3　车架参数化建模系统功能块

1. 输入参数模块

此功能块的功能为:点击参数输入,打开一个单参数对话框,输入建立零件的名称,建立零件的几何模型。

此功能块的流程图(以建立纵梁为例)如图 10.3 所示:

编写功能块的命令时,需要注意的是所有的命令都必须采取顶格的格式,不能为了某个循环容易辨认,而将循环所用的命令采取空格的形式,那样运行 ANSYS 将会产生错误。功能块的 UIDL 程序如下:

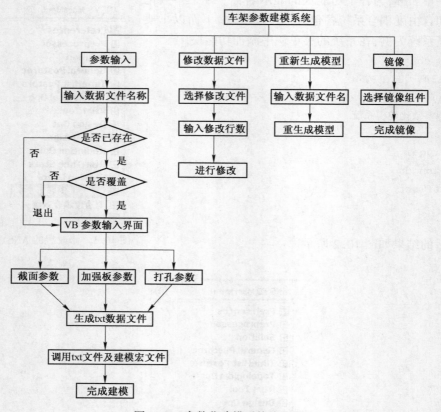

图 10.3　参数化建模系统流程图

```
: N Fnc _ canshu
:S   630,616,7
:T Cmd
:A 参数输入
:C)/NOPR
:C)/MKDIR,data                              ! 在工作目录下建立文件夹 data
:C)/INPUT,C:\VFAMP\vwrite.mac               ! 将工作目录路径写入数组 dd 中
:C)/UIS,MSGPOP,3                            ! 不出现信息提示框
:C)CMSEL,NONE
:C) APLOT
:C)*ASK,canshu,,'chejia',                   ! 弹出单参数对话框
:C)*CFOPEN,C:\VFAMP\filename,txt            ! 将数据文件名写入 filename.txt 中
:C)*CFWRITE,%canshu%
:C)*CFCLOS
:C)/WAIT,0.5
:C)/SYP,C:\VFAMP\Parameters,exe             ! 调用 VB 编写的参数对话框
:C)/INPUT,C:\VFAMP\SelFile1.mac             ! 将 VB 是否覆盖文件对话框的识别数字
                                              写入数组 hh
:C)*IF,hh(1,1),EQ,0,OR,hh(1,1),EQ,1,THEN    ! 当文件不重名或覆盖原文件
```

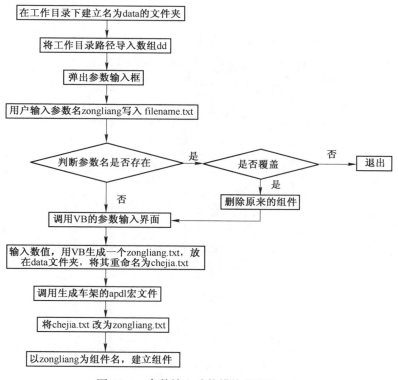

图 10.4　参数输入功能模块流程图

```
:C) * IF,hh(1,1),EQ,1,THEN                        ! 仅当覆盖原文件时
:C)CMSEL,S,%canshu%                               ! 显示原有组件,将其所有面删除
:C)APLOT
:C)ADEL,ALL,,,1
:C) * ENDIF
:C) /RENAME,data \%canshu%,txt,,data \chejia,txt  ! 将新生成的数据文件重命名为
                                                    chejia.txt
:C) /INPUT,C: \VFAMP \ehengxu.mae                 ! 调用生成车架模型的宏文件
:C) /RENAME,data \chejia,txt,,data \%canshu%,txt  ! 将数据文件名重新更改为原来的名字
:C)CM,%canshu%,Area                               ! 将生成的模型以数据文件名为组件
                                                    名,建立组件
:C) /INQUIRE,fileline,LINES,data \%canshu%,txt    ! 查询生成的数据文件数据行数
:C) * IF,fileline,EQ,0,THEN                       ! 若数据文件为空,删除该文件和以该文
                                                    件名为名的组件
:C)CMDELE,%canshu%
:C) /DELETE,data\%canshu%,txt
:C) * ENDIF
:C)ALLSEL,ALL
:C)APLOT
:C) /GO
```

```
:C)*ENDIF
:E End
```

车架参数输入界面效果图如图 10.5 所示。

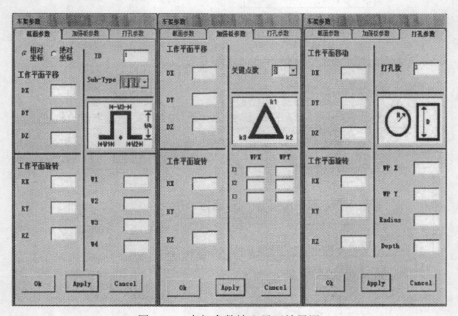

图 10.5　车架参数输入界面效果图

2. 修改数据文件功能块

此数据块的功能是当发现建立的模型不对时,修改已有的数据文件,方便修改模型,实现参数化,流程图如图 10.6 所示。

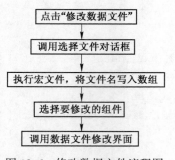

图 10.6　修改数据文件流程图

功能块的 UIDL 程序如下:

```
:N Fnc_xiugai
S  243,229,7
:T Cmd
:A 修改数据文件
:C)/NOPR
:C)CMSEL,NONE
:C)APLOT
```

```
:C)/sys,C:\VFAMP\SelFile,exe              ! 执行选择文件对话框
:C)/INPUT,C:\VFAMP\SelFile.mae            ! 执行外部宏文件,将选择的文件名写入数组内
:C)CMSEL,S,%xiugai(1,1)%                   ! 只显示用户要修改的组件
:C)APLOT
:C)/SYS,C:\VFAMP\Modify,exe               ! 调用数据文件修改界面
:EEND
:!
```

其中,SelFile. mac 文件的内容为:

```
*dim,xiugai,char,1,1,1
*vread,xiugai,c:\VFAMp\filename,txt,,jik,1,1
A8
```

数据从 VB 到 ANSYS 的传递过程,实质上是 VB 按照一定的格式将数据写入一个文件,ANSYS 利用 ∗ vread 命令按照同样的格式读入数据,再赋予相应的数组的过程。这个过程的关键问题是 ∗ vread 读取文件的格式要与 VB 写入文件的格式完全统一,而且 ∗ vread 读取数据后给参数赋值时,必须保证所赋参数与 VB 程序中的参数是同一参数。 ∗ VREAD 使用格式如下:

```
*VREAD,Par,Fname,Ext,--,Label,n1,n2,n3,NSKIP
```

其中:Par 是读入数据的赋值对象数组,必须是已经存在的数组参数;Fname 是带路径的文件名(允许最多为 250 字符长度),缺省路径为工作目录,文件名缺省为 jobname;Ext 是文件的扩展名(至多为 8 字符长度);－－表示该域是不需要使用的值域;Label 是取值顺序标识字 IJK,IKJ,JIK,JLI,KIJ,KJI,空值表示 xJK;n1,n2,n3 是当 Label＝KIJ,n2 和 n3 缺省等于 1 时按照格式$(((parR(i,j,k),k=1,n1),i-1,n2),j=1,n3)$读入数据;NSKIP 是读入数据文件时需要跳过的开始行数,表示从下一行开始读入数据文件中的数据,缺省值时 0,表示从第一行开始读入数据。

3. 重新生成模型功能块

此功能块的功能是将修改好的数据文件重新读入,删除以前的错误模型,建立正确的新模型,流程图如图 10.7 所示,UIDL 程序如下:

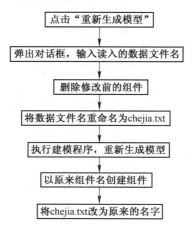

图 10.7　重新生成模型流程图

重新生成模型功能块的 UIDL 程序如下：

```
:NFnc _ chongdu
:S   355, 341, 7
:T Cmd
:A 重新生成模型
:C)CMSEL,NONE
:C) * ASK,duru,,'%canshu%',                    ! 弹出对话框,输入要重新读入的数
                                                 据文件,该文件必须已存在
%:C)CMSEL,S,%duru%
:C)ADEL,ALL,,,1                                ! 将修改前的组件删除
:C) /RENAME,data \%duru%,txt,,data \chejia,txt
:C) /INPUT,C:\VFAMp \chengxu.mac               ! 执行车架建模程序,重新生成模型
:C)CM,%duru%,Area                              ! 将新生成模型以原来名字建立组件
:C)ALLSEL,ALL
:C)APLOT
:C) /RENAME,data \chejia,txt,,data \%duru%,txt
:E END
```

　　其中将数据文件名重命名为 chejia. txt,是因为建模程序宏文件 chengxu. mac 中读入的数据文件名,还不能参数化,因此用一个特定的文件名 chejia. txt,当执行建模操作时将数据文件名改为 chejia. txt,建模完成之后,立即改回原来的名字。

　　4. 镜像功能块

　　此功能块的功能:有时有限元模型是对称的,因此先建立 1/2 模型,然后进行镜像。为了方便进行组件的区分,将对称后的组件在原来组件名后加上"-c",方便识别组件。流程图如图 10.8 所示。

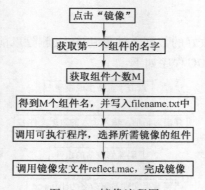

图 10.8　镜像流程图

镜像功能块的 UIDL 程序如下：

```
:N Fnc _ reflect
:S   384,370,7
:T Cmd
:A 镜像
:C) /NOPR
```

```
:C)*GET,nam,COMP,1,NAME              ！ 获取第一个组件的名字
:C)*CFOPEN,C:\VFAMP\filename,txt      ！ 将第一个组件名写入
                                        filename.txt 文件中

:C)*CFWRITE,%nam%
:C)*CFCLOS
:C)*GET,M,COMP,0,NCOMP                ！ 获取已经建立的组件个数
:C)*DO,N,2,M,1                        ！ DO 循环从 2 开始
:C)*GET,NAM,COMP,N,NAME               ！ 获取从第二个开始到最后一个的组件的名字
:C)*CFOPEN,C:\VFAMP\filename,txt,,APPEND ！ 将组件名写到 filename.txt 中
                                        的第一个组件名之后

:C)*CFWRITE,%NAM%
:C)*CFCLOS
:C)*ENDDO
:C)/SYS,C:\VFAMP\ComPonents.exe        ！ 调用选择组件的可执行文件
:C)/INPUT,C:\VFAMP\reflect.mac         ！ 执行专用于镜像操作的程序模块
:E END
:!
```

若所建模型对称,只需先建一半模型,再利用 ANSYS 的镜像命令生成另一半模型(当然也可以一次将整个模型生成)。首先移动工作平面,使工作平面作为镜像的对称面。点击 ANSYS 建模系统的"镜像"菜单,弹出的对话框中列出了所有的已生成组件,从列表中选择要进行镜像的组件,点击"OK",ANSYS 自动调用外部程序,生成镜像组件的另一半。新镜像生成的部分,形成一个新的组件,组件名在原组件名的基础上,在后面加"-c"。例如要对名为 "zong"的组件进行镜像,镜像生成的部分也会构成一个组件,组件名为"zong-c",两部分以工作平面为对称面。选择镜像组件对话框和镜像完成后生成的载货车车架模型如图 10.9、图 10.10 所示。

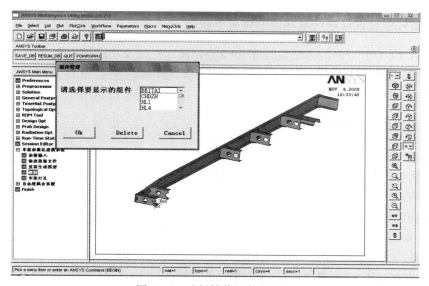

图 10.9　选择镜像组件对话框

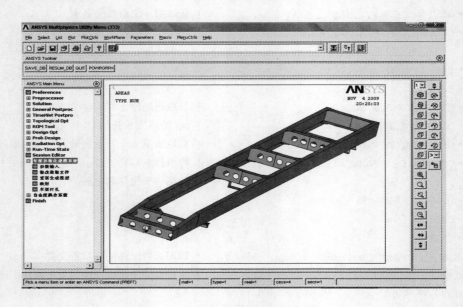

图 10.10　镜像完成后生成的模型

10.2　基于 ANSYS 二次开发的载货车车架轻量化设计系统

车架轻量化设计系统是以车架部件的厚度尺寸为设计变量、以应力、位移为约束函数、以优化部件的总质量为目标函数,采用第四章离散变量一维搜索和相对差商两种算法的基础上开发的[25]。该系统共分为基本参数设定、类型方法选择、数据提取、运行计算和结果输出五个部分。对于每个部分,点击后都会出现相应的菜单,弹出相应的对话框。系统的总体流程如图 10.11 所示。

10.2.1　车架轻量化设计系统及功能模块菜单设计

采用与第 10.1 节类似的方法设计车架轻量化设计系统及功能模块菜单的 ANSYS GUI 菜单,修改 UIMENU.GRN 文件,在 ANSYS 主菜单中加入车架轻量化设计系统及功能模块的菜单。修改后的 ANSYS 主菜单如图 10.12 所示。

10.2.2　系统菜单详细功能介绍

1. 基本参数设置

基本参数设置包含三个部分,分别是设置优化设计中的设计变量,约束函数及目标函数,如图 10.13 所示。

根据流程图我们运用 UIDL 建立相应的子菜单。对于设计变量模块,点击所要优化的组件,弹出下一级对话框,选择对应的数据库;而对于约束变量,同样也需按组件进行选择,不过此时弹出的是应力和位移输入对话框,对话框中包含有组件序号输入,应力约束数值输入,位移约束节点号输入及 X,Y 或 Z 方向的位移约束值输入;对于目标函数,系统自动进行数据提取和计算操作,在 ANSYS 中运行的情况如图 10.14～图 10.18 所示:

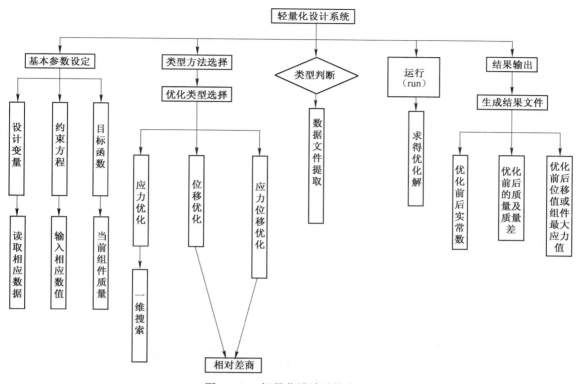

图 10.11　轻量化设计系统流程图

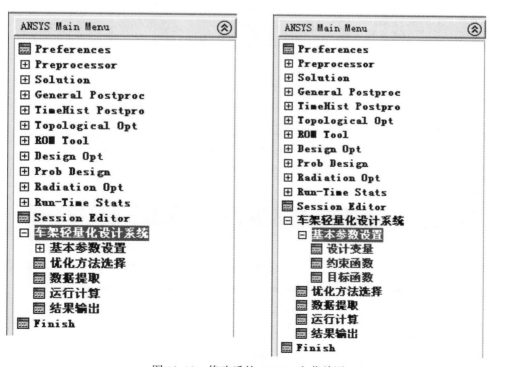

图 10.12　修改后的 ANSYS 主菜单图

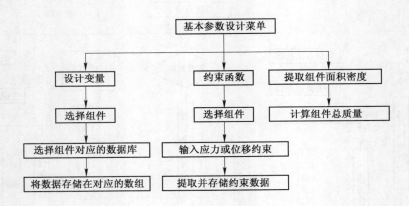

图 10.13　基本参数设定流程图

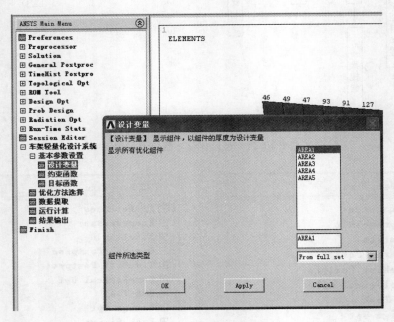

图 10.14　选择所要优化的组件

图 10.15　选择组件数据文件

2. 优化方法选择

　　优化方法选择模块包含优化类型选择,优化算法选择两部分。需先选择所要优化的类型,然后根据优化类型,选择对应的算法。在类型方法选择过程中,如果是静力强度优化,类型则

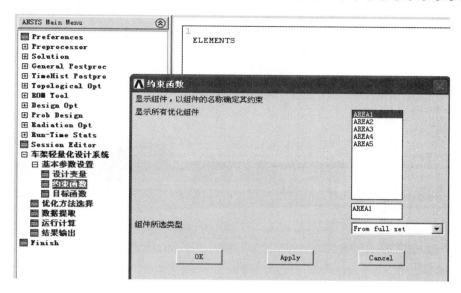

图 10.16　选择所要优化的组件

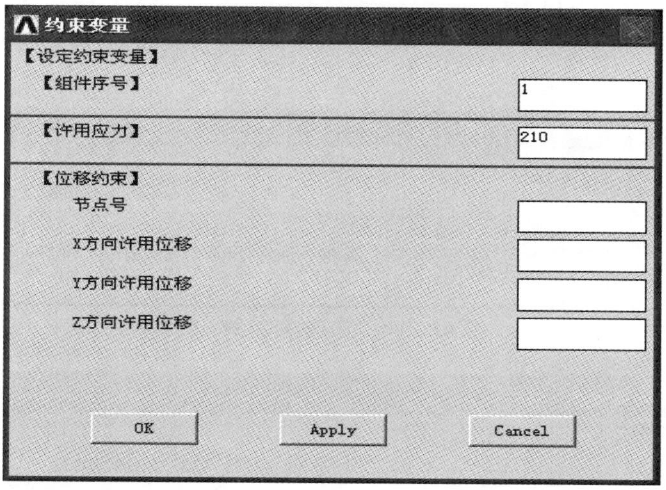

图 10.17　输入约束值

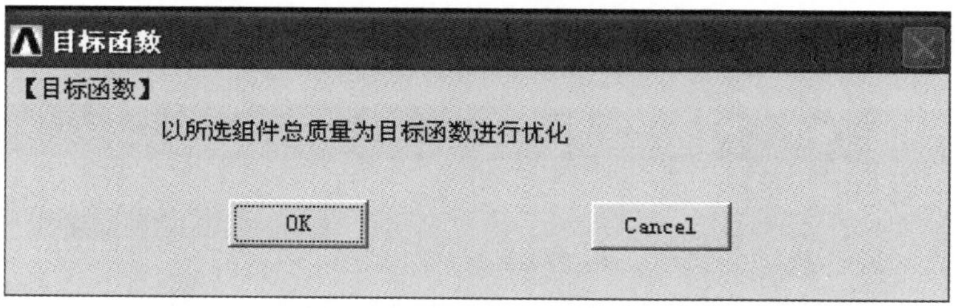

图 10.18　目标函数对话框

选择应力优化,方法则选择离散变量一维搜索;若是变形约束优化,类型则选择为位移优化,方法则选择为离散变量相对差商法;若是两者的结合,则选择应力、位移优化,方法是一维搜索——

相对差商算法。如图 10. 19~图 10. 22 所示。

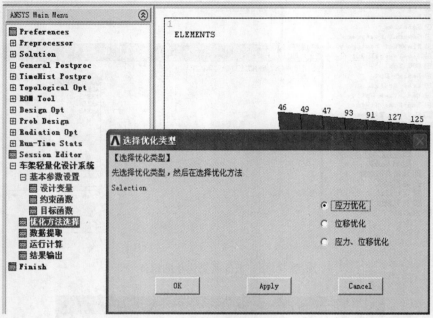

图 10. 19　类型选择对话框

图 10. 20　算法选择对话框 1

图 10. 21　算法选择对话框 2

图 10. 22　算法选择对话框 3

3. 数据提取

数据提取就是应用 APDL 语言中的 GET 函数提取 ANSYS 分析结果中的数据,为后面优化计算作准备,需要提取的数据是由基本参数设置和方法类型选择所决定的。根据基本参数设置中所选组件的数目来确定数组大小,根据约束来提取数据并存放在所定义的相关数组中。优化类型的不同,所要建立的数组也不同,当然所要提取的数据也不同,如应力优化过程中,建立二维数组即可;而在位移优化过程中,由于算法循环的需要,需建立三维数组,来存储组件、单元号,单元对应内力,密度、弹性模量等。数据提取的菜单如图 10.23 所示。

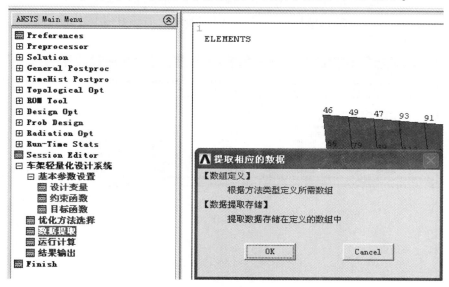

图 10.23 数据提取菜单

4. 运行计算

运行计算将对前面所做的所有准备数据进行计算、循环。点击菜单,若继续运行则点击 “OK”,若不对则点击“Cancel”取消。如图 10.24 所示。计算结束后,所出现的提示与 ANSYS 运算结束一样都是“Solutionis done”。如图 10.25 所示。

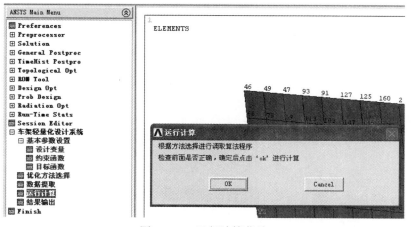

图 10.24 运行计算菜单

图 10.25　计算完成后提示菜单

5. 结果输出

计算的结果存储在当前路径下 Optdata1 文件夹的 Optdata1. txt 文本文件中,其中包含组件名称,优化前后组件厚度、优化前后组件最大应力、优化前后位移及优化前后组件总质量等结果数据。如图 10.26 所示。

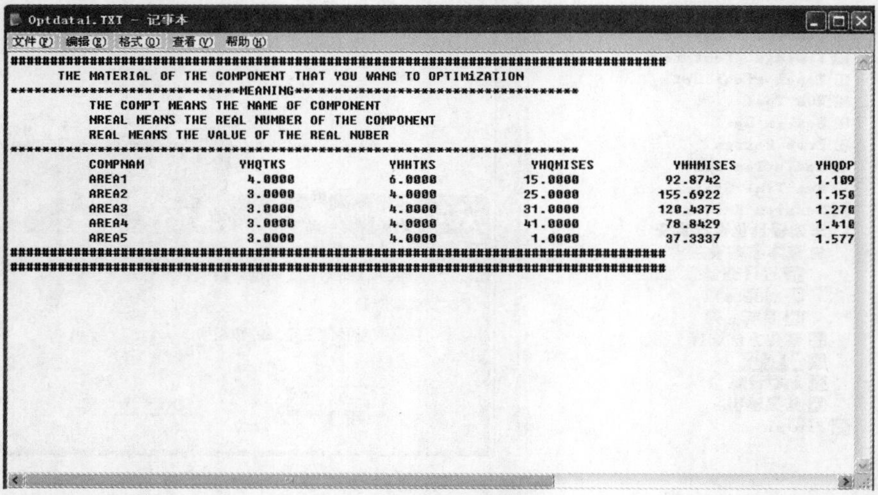

```
Optdata1.TXT － 记事本
文件(F) 编辑(E) 格式(O) 查看(V) 帮助(H)
##############################################################################
  THE MATERIAL OF THE COMPONENT THAT YOU WANG TO OPTIMIZATION
******************=MEANING******************************
  THE COMPT MEANS THE NAME OF COMPONENT
  NREAL MEANS THE REAL NUMBER OF THE COMPONENT
  REAL MEANS THE VALUE OF THE REAL NUBER
******************************************************************
  COMPNAM        YHQTKS          YHHTKS          YHQMISES        YHHMISES       YHQDP
  AREA1          4.0000          6.0000          15.0000         92.8742        1.109
  AREA2          3.0000          4.0000          25.0000         155.6922       1.158
  AREA3          3.0000          4.0000          31.0000         120.4375       1.278
  AREA4          3.0000          4.0000          41.0000         78.8429        1.410
  AREA5          3.0000          4.0000          1.0000          37.3337        1.577
##############################################################################
##############################################################################
```

图 10.26　结果输出文件

附录 A 数学规划方法

A.1 数学规划概述

A.1.1 数学规划的基本概念

数学规划(Mathematical Programming)是应用数学学科的一个重要分支,该术语出现于 20 世纪 40 年代末,是由美国哈佛大学的 Robert Dorfman 最先使用的。数学规划学科的内容十分丰富,包括许多研究分支,如:线性规划、非线性规划、多目标规划、动态规划、参数规划、组合优化和整数规划等。在结构优化中经常使用的是非线性规划。

非线性规划(Nonlinear Programming)是具有非线性约束条件或目标函数的数学规划。一个典型的非线性规划问题可以写成如下数学形式:

$$\min \ f(\boldsymbol{x})$$
$$\text{s. t.} \begin{cases} g_i(\boldsymbol{x}) \leqslant 0, \ i = 1,2,\cdots,m \\ h_i(\boldsymbol{x}) = 0, \ i = m+1,\cdots,p \end{cases} \tag{A.1}$$

其中 $\boldsymbol{x} = \begin{bmatrix} x_1 & \cdots & x_n \end{bmatrix}^{\mathrm{T}}$ 为设计变量,$f(\boldsymbol{x})$ 为目标函数,$g_i(\boldsymbol{x}) \leqslant 0$ 为不等式约束条件,$h_i(\boldsymbol{x}) = 0$ 为等式约束条件。

当非线性规划问题(A.1)中不存在不等式约束和等式约束时,就变成了一个无约束优化问题。无约束优化问题是约束优化问题的一个特例,在数学规划领域具有广泛的应用,无约束优化也是研究约束优化求解算法的基础。

定义 1:令 $R = \{\boldsymbol{x} \mid g_i(\boldsymbol{x}) \leqslant 0, \ i = 1,2,\cdots,m; h_i(x) = 0, \ i = m+1,\cdots,p\}$,称 R 为优化设计问题的可行集或容许集,称 $x \in R$ 为优化设计问题的可行解或容许解。

定义 2:若有 $\boldsymbol{x}^* \in R$,使得 $\forall \boldsymbol{x} \in R$,均有 $f(\boldsymbol{x}^*) \leqslant f(\boldsymbol{x})$,则称 $\boldsymbol{x}^*$ 为全局最优解(点)或全局极小点。若 $\exists \boldsymbol{x}^* \in R$,使得 $\forall \boldsymbol{x} \in R$,$\boldsymbol{x} \neq \boldsymbol{x}^*$,均有 $f(\boldsymbol{x}^*) < f(x)$ 成立,则称 $\boldsymbol{x}^*$ 为严格全局极小点。

定义 3:若 $\boldsymbol{x}^* \in R$ 具有这样的性质:存在 $\boldsymbol{x}^*$ 的一个邻域 $N(\boldsymbol{x}^*,\varepsilon)$,使得 $\forall \boldsymbol{x} \in R \cap N(\boldsymbol{x}^*,\varepsilon)$,均有 $f(\boldsymbol{x}^*) \leqslant f(\boldsymbol{x})$,则称 $\boldsymbol{x}^*$ 为一个局部最优解(点)或局部极小点。若 $\exists \boldsymbol{x}^* \in R$,使得 $\forall \boldsymbol{x} \in R \cap N(\boldsymbol{x}^*,\varepsilon)$,$\boldsymbol{x} \neq \boldsymbol{x}^*$,均有 $f(\boldsymbol{x}^*) < f(x)$ 成立,则称 $\boldsymbol{x}^*$ 为严格局部极小点。

一个全局最优解也是一个局部最优解,但局部最优解不一定是全局最优解。

A.1.2 下降算法

对于非线性规划模型,可以采用迭代方法求它的最优解。迭代方法的基本思想是:先假定

一个初始设计 $\boldsymbol{x}^{(0)}$，然后在第 k 次迭代（$k = 0,1,2,\cdots$），用 $\boldsymbol{x}^{(k+1)}$ 代替 $\boldsymbol{x}^{(k)}$，要求 $\boldsymbol{x}^{(k+1)}$ 比 $\boldsymbol{x}^{(k)}$ 更接近最优解，对于无约束最优化问题，也就是要求目标函数有所下降，即

$$f(\boldsymbol{x}^{(k+1)}) < f(\boldsymbol{x}^{(k)}) \tag{A.2}$$

数学规划中，相当一类的算法的迭代格式可以写成：

$$\boldsymbol{x}^{(k+1)} = \boldsymbol{x}^{(k)} + \alpha^{(k)} \boldsymbol{s}^{(k)} \tag{A.3}$$

式中　$\alpha^{(k)}$——搜索步长，为正标量；

　　　$\boldsymbol{s}^{(k)}$——搜索方向，为向量。

为了实现目标函数的迭代下降，习惯上 $\boldsymbol{s}^{(k)}$ 需要满足条件：对于足够小的 $\alpha^{(k)} > 0$，有

$$f(\boldsymbol{x}^{(k)} + \alpha^{(k)} \boldsymbol{s}^{(k)}) < f(\boldsymbol{x}^{(k)}) \tag{A.4}$$

如果函数 $f(\boldsymbol{x})$ 在 $x^{(k)}$ 是一次可微的，则对足够小的 $\alpha^{(k)}$ 有

$$f(\boldsymbol{x}^{(k)} + \alpha^{(k)} \boldsymbol{s}^{(k)}) - f(\boldsymbol{x}^{(k)}) \approx \alpha^{(k)} \nabla^{\mathrm{T}} f(\boldsymbol{x}^{(k)}) \cdot \boldsymbol{s}^{(k)} \tag{A.5}$$

由此，式（A.5）可以写成

$$\nabla^{\mathrm{T}} f(\boldsymbol{x}^{(k)}) \cdot \boldsymbol{s}^{(k)} < 0 \tag{A.6}$$

这就是说，探索方向应该和目标函数的负梯度方向夹角小于 90°，这样的方向称为下山方向，这一类搜索方法也称为下降算法。下降算法的基本步骤可以表述如下：

（1）令 $k = 0$，给定初始解 $\boldsymbol{x}^{(0)}$；

（2）求搜索方向 $\boldsymbol{s}^{(k)}$，使 $\nabla^{\mathrm{T}} f(\boldsymbol{x}^{(k)}) \cdot \boldsymbol{s}^{(k)} < 0$；

（3）求搜索步长 $\alpha^{(k)}$，要求 $f(\boldsymbol{x}^{(k)} + \alpha^{(k)} \boldsymbol{s}^{(k)}) = \min f(\boldsymbol{x}^{(k)} + \alpha^{(k)} \boldsymbol{s}^{(k)})$；

（4）修改 $\boldsymbol{x}^{(k+1)} = \boldsymbol{x}^{(k)} + \alpha^{(k)} \boldsymbol{s}^{(k)}$；

（5）检查收敛准则，不满足时令 $k = k + 1$，返回（2）；否则，退出。

从下降算法的计算步骤中可以发现，无论对于约束优化问题还是无约束优化问题，迭代下降算法都包括两个核心问题：搜索方向 $\boldsymbol{s}$ 的确定和搜索步长 α 的计算。搜索步长的计算也称为一维搜索问题，即只存在一个设计变量的优化问题，已经形成了许多成熟有效的算法。半个多世纪以来，科研人员研究的重点大都集中于搜索方向 $\boldsymbol{s}$ 的计算。

A.2　一维搜索方法

对于一元函数的极小值问题

$$\min f(x) \tag{A.7}$$

当 $f(x)$ 可微时，理论上说，这个问题的最优解可由方程式 $f'(x) = 0$ 求得。但是，这个方程往往是高度非线性的，很难求出解析解；而且在很多实际问题中 $f(x)$ 不可微，或无法写出其导数表达式，无法通过求解方程式 $f'(x) = 0$ 来得到问题（A.7）的最优解。实际上，一般要用迭代的方法数值求解这一极小值问题，这就是所谓的一维搜索。根据使用目标函数导数信息的不同，一维搜索方法可以分为二阶算法、一阶算法和零阶算法，下面分别介绍这三类算法中比较典型的方法。

A.2.1　二阶算法：牛顿-芮弗逊方法

所谓二阶算法，是指迭代搜索中使用的目标函数的最高阶导数信息为二阶。常用的二阶算法是牛顿-芮弗逊方法（Newton-Raphson method），可以描述如下：对于给定的初始点 x_0 假

定已经求出 $f(x_0)$、$f'(x_0)$ 和 $f''(x_0)$，则在 x_0 邻近可以用二次函数 $q(x)$ 近似 $f(x)$，且保证 $q(x)$ 近似 $f(x)$ 在 x_0 点有相同的函数及一、二阶导数值：

$$q(x) = f(x_0) + f'(x_0)(x - x_0) + \frac{1}{2}f''(x_0)(x - x_0)^2 \qquad (A.8)$$

通过求解 $q(x)$ 的极小点来近似 $f(x)$ 的极小点。$q(x)$ 的极小点 x_1 应满足

$$q'(x_1) = f'(x_0) + f''(x_0)(x_1 - x_0) = 0 \qquad (A.9)$$

由此

$$x_1 = x_0 - \frac{f'(x_0)}{f''(x_0)} \qquad (A.10)$$

当得到 x_1 后又可以利用同样的方法计算 x_2、x_3、……，直至收敛。牛顿-芮弗逊方法的主要优点是收敛速度快，在最优解附近至少是二阶收敛。但是初始点选择对该方法的收敛影响很大，需要计算二阶导数。如果必须用数值方法求二阶导数，则计算时的舍入误差和近似误差就会对算法的效率影响很大。

A.2.2　一阶算法：二分法与割线法

所谓一阶算法，是指迭代搜索中使用的目标函数的最高阶导数信息为一阶。常见的一阶算法主要有二分法（bisection method）和割线法（secant method）。假定我们已经确定出在区间 $[a,b]$ 内只包含一个极值点，不妨设

$$f'(a) \leq 0 , f'(b) \geq 0$$

则二分法确定下一个搜索点为

$$x = \frac{a+b}{2} \qquad (A.11)$$

割线法确定的下一个搜索点为

$$x = b - \frac{f'(b)}{f'(b) - f'(a)}(b - a) \qquad (A.12)$$

式（A.12）给出的搜索点实际上是由两个点 $(a,f'(a))$ 和 $(b,f'(b))$ 定义的直线与坐标系横轴的交点。

根据式（A.11）、（A.12）计算出当前迭代步的搜索点之后，需要进一步判断 $f(x)$ 的极小值点是位于所得搜索点 x 的左侧还是右侧：

如果 $f'(x) > 0$，则 $f(x)$ 的极值点位于 x 的右侧，令 $a = x$；反之，$f(x)$ 的极值点位于 x 的左侧，令 $b = x$；重新构造搜索区间 $[a,b]$，进入下一次迭代搜索。

图 A.1 分别给出了牛顿-芮弗逊方法、二分法和割线法单次迭代搜索的示意图，从图中可以看出，牛顿-芮弗逊方法实际上是一种切线法，所求搜索点为函数 $f'(x)$ 在 $(a,f'(a))$ 点的切线与坐标系横轴的交点。

A.2.3　零阶算法：黄金分割法

所谓一阶算法，是指迭代搜索中只使用目标函数信息，无需导数信息。黄金分割法（golden section method）是最常用的零阶算法。也称为 0.618 法。

假定我们已经确定出在区间 $[a,b]$ 内只包含一个极值点，设 $\varepsilon > 0$ 为允许的最后的搜索

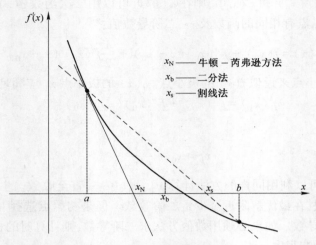

图 A.1　不同一维搜索算法单次迭代示意图

区间长度,令 $\alpha = \dfrac{\sqrt{5}-1}{2}$ (≈ 0.618),则黄金分割法的计算步骤如下:

(1)计算

$$x_{\mathrm{L}} = a_1 + (1-\alpha)(b_1 - a_1)\,,f(x_{\mathrm{L}})$$
$$x_{\mathrm{U}} = a_1 + \alpha(b_1 - a_1)\,,f(x_{\mathrm{U}})$$

令 $k=1$。

(2)若 $b_k - a_k < \varepsilon$,则计算结束,最优解 $x^* \in [b_k, a_k]$,可取 $x^* = (b_k + a_k)/2$;否则,若 $f(x_{\mathrm{L}}) > f(x_{\mathrm{U}})$,则转(3),若 $f(x_{\mathrm{L}}) < f(x_{\mathrm{U}})$,则转(4)。

(3)令 $a_{k+1} = x_{\mathrm{L}}, b_{k+1} = b_k$,再令 $x_{\mathrm{L}} = x_{\mathrm{U}}, f(x_{\mathrm{L}}) = f(x_{\mathrm{U}})$, $x_{\mathrm{U}} = a_{k+1} + \alpha(b_{k+1} - a_{k+1})$,计算 $f(x_{\mathrm{U}})$,转(5)。

(4)令 $a_{k+1} = a_k, b_{k+1} = x_{\mathrm{U}}$,再令 $x_{\mathrm{U}} = x_{\mathrm{L}}, f(x_{\mathrm{U}}) = f(x_{\mathrm{L}})$, $x_{\mathrm{L}} = a_{k+1} + (1-\alpha)(b_{k+1} - a_{k+1})$,计算 $f(x_{\mathrm{U}})$,转(5)。

(5)令 $k = k+1$,返回(2)。

在以上简要介绍的一维搜索算法中,牛顿-芮弗逊方法具有二阶收敛速度,割线法具有超线性收敛速度,而二分法和黄金分割法具有线性收敛速度。虽然理论上二分法和黄金分割法收敛速度比其他两种算法低,但在实际计算中这两种算法非常稳定,对函数特性要求比较弱,在结构优化中也具有广泛的应用。

A.3　无约束优化方法

虽然实际工程优化问题往往是有约束的,但是一方面约束非线性优化问题可以通过罚函数法转化成无约束优化问题;另一方面,无约束优化方法的基本思想极易推广到约束优化问题中的直接方法上去。因此无约束优化方法在数学规划中占有非常重要的地位。

A.3.1　最速下降法

最速下降法(Steepest Descent Method)可以说是非线性规划中最基本的方法之一。在这个方法中，下山方向 $s^{(k)}$ 取成负梯度方向 $-\nabla f(x^{(k)})$，从局部来看该方向是最迅速的下降方向。最速下降法本身并不是十分有效的方法，但它是所有梯度类算法的基础，而且最速下降法的收敛性已有肯定的结论，可以用来作为其他算法的参照。

只要将 A.1.2 节下降算法中的搜索方向取为负梯度方向，便得到了最速下降法的算法：

（1）令 $k=0$，给定初始解 $x^{(0)}$；

（2）求出在设计点 $x^{(k)}$ 处目标函数的梯度 $\nabla f(x(k))$，取搜索方向 $s^{(k)} = -\nabla f(x^{(k)})$；

（3）求搜索步长 $\alpha^{(k)}$，要求

$$f(x^{(k)} + \alpha^{(k)} s^{(k)}) = \min_{\alpha>0} f(x^{(k)} + \alpha^{(k)} s^{(k)});$$

（4）修改 $x^{(k+1)} = x^{(k)} + \alpha^{(k)} s^{(k)}$；

（5）检查收敛准则，不满足时令 $k=k+1$，返回（2）；否则，退出。

由于前后两次迭代的探索方向互相垂直，最速下降法是名不符实，它走着一条"Z"字形的迭代路径，而不是以最快的速度下降到最优点。这是因为在每次迭代的起始点 $x^{(k)}$ 处，所取的负梯度搜索方向是该点处目标函数下降最快的方向，到达一维搜索的终点 $x^{(k)}$ 处时，这个搜索方向却几乎不再有下降趋势，即搜索方向与函数梯度方向正交。最速下降法的搜索过程如图 A.2 所示。

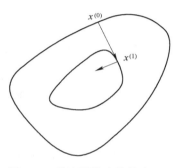

图 A.2　最速下降法的搜索过程

最速下降法虽然很简单，但它存在很严重的缺点：即使对于一个正定二次型目标函数，为了求得足够准确的最小值，可能需要很多次迭代；每次迭代时并不利用以前计算中得到的任何信息；收敛的快慢和目标函数的性质很有关系。如果目标函数接近圆形，迭代所需次数较少；反之，当目标函数是偏心率很大的椭圆形时，收敛很慢。

A.3.2　拟牛顿方法

把一维搜索的牛顿-芮弗逊方法加以推广，可以得到求解无约束多元函数优化问题的迭代格式

$$x^{(k+1)} = x^{(k)} - H^{-1}(x^{(k)}) \nabla f(x^{(k)}) \tag{A.13}$$

式中，$H(x^{(k)})$ 是目标函数 $f(x)$ 的二阶导数所组成的矩阵在 $x^{(k)}$ 处的值，称为海森矩阵。对比式（A.13）与下降算法的基本迭代格式（A.3），可以把搜索方向和搜索步长分别取为

$$s^{(k)} = -H^{-1}(x^{(k)}) \nabla f(x^{(k)}), \alpha^{(k)} = 1 \tag{A.14}$$

结合基本的下降算法，便可以得到求解无约束多元函数优化问题的基本的牛顿-芮弗逊法，简称牛顿法，具体的算法步骤从略。

一般地说，如果目标函数满足一定性质，初始点 $x^{(0)}$ 又足够靠近 x^*，那么牛顿法给出的序列收敛到 x^* 且收敛速度是二阶的。但是，初始点 $x^{(0)}$ 离开 x^* 较远时，牛顿法收敛有时候非常困难。

和最速下降法相比，牛顿法虽然收敛快了，但由于要计算和存储二阶导数矩阵，运算工作量及对计算机容量的要求也就提高了。我们希望有像牛顿法一样具有二阶收敛速度，而又无需计算和存储二阶导数矩阵的更为有效的算法，拟牛顿法（quasi-Newton method）就是这样一

种算法。

下降算法最关键的问题是：给定一个设计点 $x^{(k)}$，从它出发移动设计点时，要寻求一个"最优"的下山方向，即从一个局部来看能使目标函数减少最快的方向。写成数学形式，该问题可提成：求 $s^{(k)}$，使得目标函数 $f(x)$ 在设计点 $x^{(k)}$ 处沿 $s^{(k)}$ 方向的方向导数最小，省略表示迭代次数的上标 k，可以表示为

$$\begin{cases} \min_s \ s^T \nabla f(x) \\ \text{s. t. } \ |s| = 1 \end{cases} \quad\quad (A.15)$$

上式的求解取决于如何度量一个向量的长度。通常采用的是欧几里得长度

$$|s| = (s^T s)^{\frac{1}{2}} = \sqrt{s_1^2 + s_2^2 + \cdots + s_n^2} \quad\quad (A.16)$$

但这不是唯一的长度定义方法，也可以定义为

$$|s|_M = (s^T M s)^{\frac{1}{2}} \qu\quad\quad (A.17)$$

式中，M 为一个对称正定矩阵，符号 $|s|_M$ 表示以 M 为尺度的长度。

引进拉格朗日乘子 λ，可以构造问题 (A.15) 的拉格朗日函数：

$$L(s,\lambda) = s^T \nabla f + \lambda(s^T M s - 1) \qu\quad\quad (A.18)$$

根据拉格朗日乘子法，令拉格朗日函数对 s 的偏导为零，可以求得最优化必要条件

$$Ms = -\frac{\nabla f}{2\lambda} \qu\quad\quad (A.19)$$

λ 可根据 $s^T M s = 1$ 求出，但由于我们感兴趣的只是搜索方向，于是可令：

$$s^{(k)} = -M^{-1} \nabla f(x^{(k)}) \qu\quad\quad (A.20)$$

这是以矩阵 M 为尺度来度量长度时得到的"最好"下山方向。

可以看出，当 $M=I$ 时，局部最好的下降方向为目标函数的负梯度方向，这正是最经典的最速下降法。这样一对比，式 (A.20) 给出的方向可以说成是以 M 为尺度来度量设计空间时的最速下降法。特别是如果取 M 为目标函数的海森矩阵 H，就得到牛顿法中的搜索方向，所以牛顿法可以说成是以海森矩阵 H 为尺度度量设计空间时的最速下降法。

很容易证明，只要 M 是正定矩阵，由上式给出的搜索方向都是下山方向，都可以在下降算法中用作搜索方向。由于牛顿法的启发，很希望把 M^{-1} 取成海森矩阵逆阵的近似，同时又避免计算目标函数的二阶偏导数。这样的想法就可以看作拟牛顿法的基本思想。由于在迭代过程中，设计空间中的长度度量尺度发生了改变，这些方法也叫作变尺度法（Variable Metric Method）。

拟牛顿法的基本迭代格式是（以下我们记 M^{-1} 为 $\overline{H}$）：

$$x^{(k+1)} = x^{(k)} - \alpha \overline{H}^{(k)} \nabla f(x^{(k)}) \qu\quad\quad (A.21)$$

而牛顿法的迭代格式为

$$x^{(k+1)} = x^{(k)} - \alpha H^{-1}(x^{(k)}) \nabla f(x^{(k)}) \qu\quad\quad (A.22)$$

为了使得 $\overline{H}^{(k)}$ 确实与 $H^{-1}(x^{(k)})$ 近似并具有容易计算的特点，必须对 $\overline{H}^{(k)}$ 附加一定的条件：

(1) 为保证探索方向 $s^{(k)}$ 为下山方向，$\overline{H}^{(k)}$ 应当正定。

(2) $\overline{H}^{(k)}$ 应当满足拟牛顿条件：

$$\overline{H}^{(k+1)} [\nabla f(x^{(k+1)}) - \nabla f(x^{(k)})] = x^{(k+1)} - x^{(k)} \qu\quad\quad (A.23)$$

此外,$\overline{\boldsymbol{H}}^{(k)}$ 的计算应该尽可能简单,应当充分利用以前迭代中积累起来的设计点和设计点处梯度的信息。通常 $\overline{\boldsymbol{H}}^{(k)}$ 使用递推公式计算:

$$\overline{\boldsymbol{H}}^{(k+1)} = \overline{\boldsymbol{H}}^{(k)} + \overline{\boldsymbol{E}}^{(k)} \tag{A.24}$$

$\boldsymbol{E}^{(k)}$ 称为校正矩阵。作为开始迭代时的 $\overline{\boldsymbol{H}}^{(0)}$,常常取作单位矩阵 $\boldsymbol{I}$。

满足上面条件的 $\overline{\boldsymbol{H}}^{(k)}$ 的构造方式不是唯一的。不同形式的构造方式就是不同的拟牛顿法。其中,现在公认效果较好的有 DFP 法和 BFGS 法。DFP 法是由 Davidon、Fletcher 和 Powell 提出的,其构造格式为

$$\overline{\boldsymbol{H}}^{(k+1)} = \overline{\boldsymbol{H}}^{(k)} + \frac{\boldsymbol{v}_k \boldsymbol{v}_k^{\mathrm{T}}}{\boldsymbol{v}_k^{\mathrm{T}} \boldsymbol{y}_k} - \frac{\overline{\boldsymbol{H}}^{(k)} \boldsymbol{y}_k \boldsymbol{y}_k^{\mathrm{T}} \overline{\boldsymbol{H}}^{(k)}}{\boldsymbol{y}_k^{\mathrm{T}} \overline{\boldsymbol{H}}^{(k)} \boldsymbol{y}_k} \tag{A.25}$$

BFGS 法是由 Broyden、Fletcher、Goldfarb 和 Shanno 等人提出的,其构造格式为

$$\overline{\boldsymbol{H}}^{(k+1)} = \overline{\boldsymbol{H}}^{(k)} + \left[\left(1 + \frac{\boldsymbol{y}_k^{\mathrm{T}} \overline{\boldsymbol{H}}^{(k)} \boldsymbol{y}_k}{\boldsymbol{v}_k^{\mathrm{T}} \boldsymbol{y}_k} \right) \boldsymbol{v}_k \boldsymbol{v}_k^{\mathrm{T}} - \overline{\boldsymbol{H}}^{(k)} \boldsymbol{y}_k \boldsymbol{v}_k^{\mathrm{T}} - \boldsymbol{v}_k \boldsymbol{v}_k^{\mathrm{T}} \overline{\boldsymbol{H}}^{(k)} \right] / \boldsymbol{v}_k^{\mathrm{T}} \boldsymbol{y}_k \tag{A.26}$$

式中:

$$\boldsymbol{y}_k = \nabla f(\boldsymbol{x}^{(k+1)}) - \nabla f(\boldsymbol{x}^{(k)}) \tag{A.27}$$
$$\boldsymbol{v}_k = \boldsymbol{x}^{(k+1)} - \boldsymbol{x}^{(k)} \tag{A.28}$$

一般认为,BFGS 法比 DFP 法具有更好的数值稳定性。

拟牛顿法的一般算法步骤为:

(1)令 $k=0$,给定 $f(\boldsymbol{x})$ 最优解的初始估计 $\boldsymbol{x}^{(0)}$ 和 $\overline{\boldsymbol{H}}^{(0)} = \boldsymbol{I}$;

(2)计算 $f^{(k)} = f(\boldsymbol{x}^{(k)})$ 及 $\boldsymbol{g}^{(k)} = \nabla f(\boldsymbol{x}^{(k)})$;

(3)计算搜索方向 $\boldsymbol{s}^{(k)} = -\overline{\boldsymbol{H}}^{(k)} \boldsymbol{g}^{(k)}$;

(4)计算搜索步长 $\alpha^{(k)}$,$f(\boldsymbol{x}^{(k)} + \alpha^{(k)} \boldsymbol{s}^{(k)}) = \min\limits_{\alpha>0} f(\boldsymbol{x}^{(k)} + \alpha^{(k)} \boldsymbol{s}^{(k)})$;

(5)计算 $\boldsymbol{x}^{(k+1)} = \boldsymbol{x}^{(k)} + \alpha^{(k)} \boldsymbol{s}^{(k)}$;

(6)检查收敛准则,满足则退出;

(7)计算 $\boldsymbol{g}^{(k)} = \nabla f(\boldsymbol{x}^{(k+1)})$,根据式(A.27)和式(A.28)计算 $\boldsymbol{y}_k, \boldsymbol{v}_k$;

(8)根据式(A.25)或式(A.26)计算 $\overline{\boldsymbol{H}}^{(k+1)} = \overline{\boldsymbol{H}}^{(k)} + \boldsymbol{E}^{(k)}$,令 $k = k+1$,返回(3)。

A.3.3 Powell 方法

Powell 方法是由 Powell 于 1964 年首先提出的一种不需要目标函数导数信息的直接搜索方法。可以证明:在一定的条件下,它是一种共轭方向法。Powell 方法被认为是直接搜索法中比较有效的一种方法。

Powell 方法的基本思想:从选定的初始点 $\boldsymbol{x}^{(0)}$,先依次沿各个坐标方向求目标函数 $f(\boldsymbol{x})$ 的极小点 $x^{(n)}$,然后沿方向 $\boldsymbol{s} = \boldsymbol{x}^{(n)} - \boldsymbol{x}^{(0)}$ 再求一次极小,得到一个新点,仍记为 $\boldsymbol{x}^{(0)}$,考虑到 $\boldsymbol{s}$ 可能比坐标方向更好,为组成下一次迭代要用的 n 个方向,我们丢掉一个坐标方向 $\boldsymbol{s}^{(1)}$,加进方向 $\boldsymbol{s}$;然后重复上述过程得点 $\boldsymbol{s}^{(n)}$,又得到一个新方向 $\boldsymbol{s} = \boldsymbol{x}^{(n)} - \boldsymbol{x}^{(0)}$,再用它来代替一个坐标方向 $\boldsymbol{s}^{(2)}$,…,如此迭代 n 次,即可得到一组彼此 $\boldsymbol{H}$ 共轭的方向($\boldsymbol{H}$ 为目标函数的海森矩阵)。

但这样得到的 n 个方向 $\boldsymbol{s}^{(1)}$、$\boldsymbol{s}^{(2)}$、…、$\boldsymbol{s}^{(n)}$,有时是线性相关或近似线性相关的。因此,人

们又对它做了一些改进,得到了修正 Powell 方法。修正 Powell 方法虽然不再具有二次收敛性,但它的效果还是比较令人满意的。

修正的 Powell 方法的算法步骤可以表述如下:

(1)给定初始点 $\boldsymbol{x}^{(0)}$ 及收敛精度 ε,n 个初始的线性无关的搜索方向(一般取为 n 个坐标轴方向)为 $\boldsymbol{s}^{(0)}$,$\boldsymbol{s}^{(1)}$,$\cdots$,$\boldsymbol{s}^{(n-1)}$,令 $k=0$。

(2)计算探索步长 $\alpha^{(k)}$,$f(\boldsymbol{x}^{(k)}+\alpha^{(k)}\boldsymbol{s}^{(k)})=\min\limits_{\alpha>0}f(\boldsymbol{x}^{(k)}+\alpha^{(k)}\boldsymbol{s}^{(k)})$,计算 $\boldsymbol{x}^{(k+1)}=\boldsymbol{x}^{(k)}+\alpha^{(k)}\boldsymbol{s}^{(k)}$,若 $k<n$,令 $k=k+1$,转向(2);否则,转向(3)。

(3)若 $\|\boldsymbol{x}^{(n)}-\boldsymbol{x}^{(0)}\|<\varepsilon$,计算结束,取 $\boldsymbol{x}^*=\boldsymbol{x}^{(n)}$;否则求整数 $j(0\leqslant j\leqslant n-1)$,使

$$\Delta=f(\boldsymbol{x}^{(j)})-f(\boldsymbol{x}^{(j+1)})=\max_{0\leqslant i\leqslant n-1}[f(\boldsymbol{x}^{(i)}-f(\boldsymbol{x}^{(i+1)}]$$

(4)令 $f_1=f(\boldsymbol{x}^{(0)})$,$f_2=f(\boldsymbol{x}^{(n)})$,$f_3=f(2\boldsymbol{x}^{(n)}-\boldsymbol{x}^{(0)})$,若 $2\Delta\leqslant f_1-2f_2+f_3$,则方向 $\boldsymbol{s}^{(0)}$,$\boldsymbol{s}^{(1)}$,$\cdots$,$\boldsymbol{s}^{(n-1)}$ 不变,令 $\boldsymbol{x}^{(0)}=\boldsymbol{x}^{(n)}$,$k=0$,返回(2);否则,令

$$\boldsymbol{s}^{(n)}=\frac{\boldsymbol{x}^{(n)}-\boldsymbol{x}^{(0)}}{\|\boldsymbol{x}^{(n)}-\boldsymbol{x}^{(0)}\|},或 \boldsymbol{s}^{(n)}=\boldsymbol{x}^{(n)}-\boldsymbol{x}^{(0)}$$

$\boldsymbol{s}^{(i)}=\boldsymbol{s}^{(i+1)}$,$i=j,j+1,\cdots,n-1$;转向(5)。

(5)计算搜索步长 $\alpha^{(n)}$:

$$f(\boldsymbol{x}^{(n)}+\alpha^{(n)}\boldsymbol{s}^{(n)})=\min_{\alpha>0}f(\boldsymbol{x}^{(n)}+\alpha^{(n)}\boldsymbol{s}^{(n)})$$

计算 $\boldsymbol{x}^{(0)}=\boldsymbol{x}^{(n)}+\alpha^{(n)}\boldsymbol{s}^{(n)}$,$k=0$,返回(2)。

A.4 约束优化方法

无约束优化方法是优化方法中最基本最核心的部分。但是,在工程实际中,优化问题大都是属于有约束的优化问题,即其设计变量的取值要受到一定的限制,用于求解约束优化问题最优解的方法称为约束优化方法。

根据约束条件类型的不同可以分为三种,其数学模型分别如下:

(1)不等式约束优化问题

$$\begin{cases} \min f(\boldsymbol{x}) \\ \text{s. t.} \quad g_u(\boldsymbol{x})\leqslant 0 \quad u=1,2,\cdots,p \end{cases} \tag{A.29}$$

(2)等式约束优化问题

$$\begin{cases} \min f(\boldsymbol{x}) \\ \text{s. t.} \quad h_v(\boldsymbol{x})=0 \quad v=1,2,\cdots,q \end{cases} \tag{A.30}$$

(3)一般约束优化问题

$$\min f(\boldsymbol{x})$$
$$\text{s. t.} \begin{cases} g_u(\boldsymbol{x})\leqslant 0 \quad u=1,2,\cdots,p \\ h_v(\boldsymbol{x})=0 \quad v=1,2,\cdots,q \end{cases} \tag{A.31}$$

A.4.1 约束优化问题最优解的必要性条件

对于一般约束优化问题,其约束分为两类:等式约束和不等式约束。在可行设计点 $\boldsymbol{x}^{(k)}$ 处,对于不等式约束,若 $g_u(\boldsymbol{x}^{(k)})=0$,则称第 u 个约束 $g_u(\boldsymbol{x})$ 为可行点的起作用约束;否则,则

称 $g_u(\boldsymbol{x})$ 为可行点 $\boldsymbol{x}^{(k)}$ 处的不起作用约束。即对于不等式约束而言,只有在可行域的边界上的点才有起作用约束,所有约束对可行域内部的点都是不起作用约束。对于等式约束,凡是满足该约束的任一可行点,该等式约束都是起作用约束。

约束优化问题的最优解不仅与目标函数有关,而且与约束集合的性质有关。在可行设计点 $\boldsymbol{x}^{(k)}$ 处,起作用约束在该点的邻域内不但起限制可行域范围的作用,而且还可以提供可行搜索方向的信息。由于约束最优点一般发生在起作用约束上,不起作用约束在求解最优点的过程中,可以认为是无任何影响,所以可以略去不起作用约束,把所有起作用约束当作等式约束来求解最优点。

约束优化问题最优解的必要性条件,是指在满足约束条件下,目标函数局部极小点的存在条件。一般约束优化问题最优解的必要性条件可以表示为

$$\begin{cases} \nabla f(\boldsymbol{x}^*) + \sum_{u=1}^{p} \lambda_u \nabla g_u(\boldsymbol{x}^*) + \sum_{v=1}^{q} \mu_v \nabla h_v(\boldsymbol{x}^*) = 0 \\ \lambda_u g_u(\boldsymbol{x}^*) = 0 \\ \lambda_u \geqslant 0, u = 1, 2, \cdots, p \end{cases} \qquad (\text{A.32})$$

上式也称为 Kuhn-Tucker 条件。在优化实用计算中,为判断可行迭代点是否是约束最优点,可以检查其是否满足 K-T 条件。Kuhn-Tucker 条件的几何意义是:在约束极小点处,目标函数的负梯度一定能表示为所有起作用约束在该点梯度的线性组合,并且对于不等式约束的权重系数非负。

A.4.2 惩罚函数法

惩罚函数法(Penalty Function Method)是一种使用很广泛、很有效的间接解法。它的基本原理是将约束优化问题

$$\min f(\boldsymbol{x})$$
$$\text{s. t.} \begin{cases} g_u(\boldsymbol{x}) \leqslant 0 & u = 1, 2, \cdots, p \\ h_v(\boldsymbol{x}) \leqslant 0 & v = 1, 2, \cdots, q \end{cases} \qquad (\text{A.33})$$

中的不等式约束和等式约束经过加权转化后,与原目标函数一起构成新的目标函数——惩罚函数

$$\phi(\boldsymbol{x}, r^{(k)}, m^{(k)}) = f(\boldsymbol{x}) + r^{(k)} \sum_{u=1}^{p} G(g_u(\boldsymbol{x})) + m^{(k)} \sum_{v=1}^{q} H(h_v(\boldsymbol{x})) \qquad (\text{A.34})$$

通过改变加权因子 $r^{(k)}$、$m^{(k)}$ 的值,求得惩罚函数的一系列无约束最优解,并使其不断逼近原约束优化问题得最优解。

式(A.34)中 $r^{(k)} \sum_{u=1}^{p} G(g_u(\boldsymbol{x}))$ 和 $m^{(k)} \sum_{v=1}^{q} H(h_v(\boldsymbol{x}))$ 称为加权转化项,并根据它们在惩罚函数中的作用,分别称为障碍项和惩罚项。障碍项的作用是当迭代点在可行域内时,在迭代过程中阻止迭代点越出边界。惩罚项的作用是当迭代点在非可行域或不满足不等式约束条件时,在迭代过程之中迫使迭代点逼近约束边界或等式约束曲面。

1. 内点惩罚函数法

内点惩罚函数法简称内点法。其基本思想是将新目标函数定义在可行域内,序列迭代点

在可行域内逐步逼近约束边界的最优点。内点法只能求解具有不等式约束的优化问题。

对于求解只具有不等式约束的优化问题(A.29),内点法惩罚函数可以定义为

$$\phi(\boldsymbol{x},r^{(k)}) = f(\boldsymbol{x}) - r^{(k)}\sum_{u=1}^{p}\frac{1}{g_u(\boldsymbol{x})} \tag{A.35}$$

或

$$\phi(\boldsymbol{x},r^{(k)}) = f(\boldsymbol{x}) + r^{(k)}\sum_{u=1}^{p}\ln(-g_u(\boldsymbol{x})) \tag{A.36}$$

式中　$r^{(k)}$——惩罚因子,它是从大到小且趋近于零的数列,即 $r^{(0)} > r^{(1)} > r^{(2)} > \cdots$。

2. 外点惩罚函数法

外点惩罚函数法简称外点法。其基本思想是将新目标函数定义在可行域之外,序列迭代点从可行域之外逐步逼近约束边界的最优点。外点法可以求解具有不等式约束和等式约束问题的优化问题。

对于一般约束优化问题(A.31),外点法惩罚函数可以定义为

$$\phi(\boldsymbol{x},r^{(k)}) = f(\boldsymbol{x}) + r^{(k)}\sum_{u=1}^{p}(\max(0,g_u(\boldsymbol{x})))^2 + r^{(k)}\sum_{v=1}^{q}(h_v(\boldsymbol{x}))^2 \tag{A.37}$$

式中,$r^{(k)}$ 为递增序列,即由小到大趋近于无穷大的数列。惩罚函数式(A.37)对于不等式约束存在 max 函数,在约束边界处不可微,对于需要利用约束函数导数信息的优化方法的求解造成了很大的困难。

3. 混合惩罚函数法

混合惩罚函数法简称混合法,将内点法和外点法结合在一起,可以求解具有不等式约束和等式约束问题的优化问题。对于一般约束优化问题(A.31),混合法的惩罚函数可以定义为

$$\phi(\boldsymbol{x},r^{(k)}) = f(\boldsymbol{x}) - r^{(k)}\sum_{u=1}^{p}\frac{1}{g_u(\boldsymbol{x})} + \frac{1}{\sqrt{r^{(k)}}}\sum_{v=1}^{q}(h_v(\boldsymbol{x}))^2 \tag{A.38}$$

式中　$r^{(k)}$——递减序列。

参 考 文 献

[1]汪树玉,刘国华,包志仁. 结构优化设计的现状与进展[J]. 基建优化,1999, 20(4): 3-14.

[2]钱令希. 工程结构优化设计[M]. 北京:水利电力出版社, 1983.

[3]柴山. 离散变量结构优化设计[D]. 大连:大连理工大学,1996.

[4]隋允康,王文军. The Analytical Solution with Respect to Characteristics of Elements′ Cross-Section as Variables of the Plane Frame[J]. Applied Mathematics and Mechanics,1998,19(4): 381-390.

[5] G. E. P. Box, K. B. Wilson. On the Experimental Attainment of Optimum Conditions (with Discussion)[J]. Journal of Royal Statistical Society,1951,B13:1-45.

[6]隋允康,宇慧平. 响应面法的改进及其对工程优化的作用[M]. 北京:科学出版社, 2011.

[7]蔡新,郭兴文,张旭明. 工程结构优化设计[M]. 北京:中国水利水电出版,2003.

[8]孙焕纯,王跃方,柴山. 静定化假设对结构优化设计解的影响[J]. 大连理工大学学报,2005,45(2): 161-165.

[9]孙焕纯, 柴山, 王跃方. 离散变量结构优化设计[M]. 大连:大连理工大学出版社, 1995.

[10]赵丽红, 郭鹏飞, 孙洪军, 宁丽莎. 结构拓扑优化设计的发展、现状及展望[J]. 辽宁工学院学报,2004, 24(1):46-49.

[11]柴山, 王跃方, 刘书田. 桁架结构拓扑优化设计可行域研究[J]. 力学季刊,2004(3): 403-409.

[12]柴山,石连栓,孙焕纯. 包含两类变量的离散变量桁架结构拓扑优化设计[J]. 力学学报,1999,31(5): 574-584.

[13]杜春江. 连续体结构拓扑优化理论及其在炮塔结构设计中的应用研究[D]. 南京:南京理工大学,2008.

[14]隋允康,彭细荣. 结构拓扑优化 ICM 方法的改善[J]. 力学学报,2005,37(2): 190-197.

[15]王勖成. 有限单元法[M]. 第2版. 北京:清华大学出版社,2003.

[16]Anil K. Chopra. 结构动力学[M]. 第2版. 北京:清华大学出版社,2005.

[17]ANSYS Inc. Mechanical APDL Theory Reference Release 15. 0[Z],2013.

[18]ANSYS Inc. Mechanical APDL Modeling and Meshing Guide Release 15. 0[Z],2013.

[19]ANSYS Inc. ANSYS Mechanical User′s Guide, Release 15. 0[Z],2013.

[20]ANSYS Inc. Mechanical APDL Structural Analysis Guide , Release 15. 0[Z],2013.

[21]ANSYS Inc. Mechanical APDL Thermal Analysis Guide , Release 15. 0[Z],2013.

[22]ANSYS Inc. ANSYS Parametric Design Language Guide , Release 15. 0[Z],2013.

[23]ANSYS Inc. Design Exploration User′s Guide , Release 15. 0[Z],2013.

[24]王友刚. 基于 ANSYS 二次开发的载货车车架参数化建模和自由度耦合系统开发[D]. 淄博:山东理工大学,2010.

[25]王孟. 载货车车架轻量化设计方法研究与软件开发[D]. 淄博:山东理工大学,2011.